Rainer Willmann · Die Art in Raum und Zeit

Die Art in Raum und Zeit

Das Artkonzept
in der Biologie und Paläontologie

Von Dr. Rainer Willmann

1985 · Mit 89 Einzeldarstellungen
in 46 Abbildungen

Verlag Paul Parey · Berlin und Hamburg

Anschrift des Autors:
Dr. Rainer Willmann
Geologisch-Paläontologisches Institut
der Universität Kiel
Olshausenstraße 40
D-2300 Kiel

**CIP-Kurztitelaufnahme der Deutschen
Bibliothek**

Willmann, Rainer:
Die Art in Raum und Zeit: d. Artkonzept in d.
Biologie u. Paläontologie / von Rainer Willmann.
-- Berlin; Hamburg: Parey, 1985.
ISBN 3-489-62134-4

Einband: Christian Honig, BDB/BDG,
D-5450 Neuwied 1 unter Verwendung
einer Zeichnung des Autors.

Gesetzt aus der Rheinländer Baskerville-Antiqua

Satz: Volker Spiess, D-1000 Berlin 62
Druck: Color-Druck G. Baucke,
D-1000 Berlin 49

Bindung: Verlagsbuchbinderei Dieter Mikolai,
D-1000 Berlin 10

ISBN 3-489-62134-4 · Printed in Germany

Vorwort

Kaum ein biologisches Thema hat eine so eingehende und langanhaltende Diskussion erfahren wie die Frage um Wesen, Struktur und Entstehung der organismischen Art. Möglicherweise gibt es, wie *Ernst Mayr* kürzlich betonte, in den Biowissenschaften kein zweites Konzept, das bis heute so kontrovers erörtert wird.[1]

Die Hauptursache der Kontroverse liegt darin begründet, daß die Art in grundverschiedener Weise aufgefaßt wird: Einerseits bemüht man sich darum, sie als natürliche, d.h. als real existierende Einheit zu verstehen, und andererseits erscheint die Art aus praktischen Erwägungen oft als Produkt des menschlichen Geistes, als „morphologische" oder „typologische" Spezies. Mit einem typologischen Artbegriff in seiner reinen Form wird heute in der Regel nicht mehr gearbeitet. Vielmehr bemüht man sich um eine Näherung an jenes Konzept, nach dem die Spezies eine natürliche Einheit ist. Das Resultat ist ein Kompromiß, der vielen zwar nicht als befriedigend, aber als akzeptabel erscheint. Er aber führte dazu, daß man in mancher Hinsicht zu den Kernpunkten der Artproblematik nicht mehr vorstieß.

Die vorliegende Abhandlung soll dazu beitragen, daß die Art als real-objektives Gebilde mit objektiv bestehenden Grenzen in Raum und Zeit verstanden wird. Damit ist gleichzeitig zu begründen, warum typologisch orientierte Artkonzepte nicht akzeptiert werden können. Der Grund dafür liegt vor allem darin, daß die Art allgemein als die grundlegende Einheit des Evolutionsgeschehens gilt. Die Mechanismen der Evolution wirken aber nicht in Einheiten, die der Mensch willkürlich innerhalb der natürlichen Vielfalt unterscheidet, sondern in Einheiten, die von der Natur vorgegeben sind. Folgt man einem typologischen Artbegriff, kann die Art nicht in ihrer Bedeutung als Umschlag biologischen Geschehens verstanden werden. Es ist klar, daß es sich auf weite Bereiche der Forschung auswirkt, welchem Artkonzept man folgt — steht die Art doch ausdrücklich oder stillschweigend im Mittelpunkt fast aller biologischen und paläontologischen Untersuchungen.

Nun hat zwar das sogenannte „biologische Artkonzept" als relativ spät entwickelte Komponente der Evolutionstheorie eine Vielzahl von Problemen beseitigt, aber nach Ansicht zahlreicher Autoren beantwortet es viele Fragen nur unbefriedigend, und anderen zufolge ist die Theorie der Biospezies keineswegs abgeschlossen. Vor allem hier soll das vorliegende Buch einsetzen.

Eine Untersuchung über die theoretischen Aspekte der Art in Raum und Zeit vereinigt die Betrachtungsweisen zweier institutionell oft sehr getrennter biologischer Forschungsrichtungen: der Biologie im engeren Sinne und der Paläontologie. Infolge dieser Trennung wurden und werden manche gemeinsamen Probleme von nur einer Warte aus erörtert. Das ist beim Artproblem besonders deutlich: Von den Paläontologen wurde die Art nahezu ausschließlich im Zeitablauf, von den Rezent-Biologen in erster Linie im Raum betrachtet. Wenn ich den Schwerpunkt auf die Grenzen der Arten in der Zeit lege, dann vor allem deswegen, weil über die Art im Zeitquerschnitt schon unverhältnismäßig mehr geschrieben wurde.

Auf die Erörterung realer Beispiele habe ich weitgehend verzichtet. Das hätte vom Kernthema — der **Theorie** der Art — abgelenkt, und es hätte oft auch eine Wiederholung von Beobachtungen bedeutet, die in *E. Mayrs* „Artbegriff und Evolution" (1967) besprochen sind. Auf dieses Werk — obwohl in seiner Originalausgabe mittlerweile über 20 Jahre alt — möchte ich ausdrücklich als grundlegende Ergänzung verweisen. Nur im Abschnitt über die Art im Zeitablauf sind Beispiele etwas häufiger eingestreut.

Vermutlich immer nimmt das Interesse an der Theorie der Art seinen Ausgang in Arbeiten am Objekt, meist wohl in systematisch-taxonomischen Untersuchungen. Das war auch bei mir der Fall, wobei ich mich seit langem sowohl mit den Artgrenzen und der subspezifischen Gliederung rezenter als auch fossiler Organismen beschäftigt habe. Darüber hinaus wurde vor vielen Jahren mein Interesse an der Arttheorie sehr direkt durch Herrn Dr. *H. Pieper* gefördert.

Herrn Prof. Dr. *H. Böger* und Herrn *Pieper* danke ich herzlich für zahlreiche Anmerkungen zu einem früheren Entwurf dieser Arbeit. Fast alle ihre Kommentare sind der endgültigen Fassung in irgendeiner Weise zugutegekommen — was aber nicht bedeutet, daß unsere Standpunkte in jedem Fall dieselben wären. Herr *Böger* machte mich außerdem auf zwei wichtige Bücher aufmerksam, die die Gestaltung einiger Abschnitte des historischen Teiles (Kap. 2) bestimmt haben: *M. Foucaults* „Ordnung der Dinge" und *C. Levi-Strauss'* „Das wilde Denken". — Seit 1980 habe ich Gedanken zu dem vorliegenden Buch wiederholt auf Vorträgen zur Diskussion gestellt. Ich möchte es nicht versäumen, an dieser Stelle zahlreichen Kollegen für ihre Bemerkungen und für ihre Kritik zu danken.

Frau *Runze* half bei der Literaturbeschaffung und den Korrekturen, Frau *Egger* schrieb immer wieder neue Versionen des Manuskriptes. Frau *Rippe* fertigte die Reinzeichnungen zu den Abbildungen 12—14 und 35 an. Seit vielen Jahren — so auch im Zusammenhang mit der Fertigstellung dieses Buches — hat meine Mutter wiederholt mit der Übernahme von Schreib- und Korrekturarbeiten ausgeholfen. — Mein besonderer Dank gilt dem Hause Paul Parey, insbesondere Herrn *G. Fritsch*, für die verlegerische Betreuung.

Schließen möchte ich mit einem Dank an meine Familie. Da das Manuskript parallel zur Erledigung meiner „eigentlichen" Aufgaben entstand, gewährten mir meine Frau Heidi, seit 1981 auch unsere Kinder Sophia und Julian Leander die Zeit für die Arbeiten an diesem Buch.

Kiel, im Herbst 1984   *Rainer Willmann*

Inhalt

1 Einleitung

Hat die Biologie die Aufgabe, Bau, Leben und Leistungen der heutigen Tiere und Pflanzen sowie ihre ökologischen und entwicklungsgeschichtlichen Beziehungen zu untersuchen, so kommt der Paläontologie dieselbe Aufgabe für die vorzeitlichen Organismen zu. Die Unterschiede zwischen Paläontologie und Biologie fallen besonders in ihren Anwendungsbereichen und bei den Untersuchungsmethoden ins Gewicht. Hier berühren sich auf breiter Front Paläontologie und Geologie, während zwischen Biologie und Geologie nur ein vergleichsweise lockerer Kontakt besteht. Im Kern aber decken Paläontologie und Biologie weitgehend dasselbe Feld ab. Die Paläontologie ist, wie z.B. *Rud. Richter* (1943: 16) und *O.H. Schindewolf* (1944: 1) betonten, vor allem eine biologische Wissenschaft, und es fällt auf, daß viele Paläontologen — besonders aus der Mikropaläontologie und der Paläoökologie — ausgedehnte biologische Forschungen betreiben, während umgekehrt viele Biologen sich auch dem fossilen Objekt widmen.

Im Rahmen der Evolutionsforschung hat die Paläontologie insofern einen Vorteil, als nur sie in der Lage ist, stammesgeschichtliche Abläufe zu verfolgen. Vor allem mit dem Aufschwung der Mikropaläontologie hat die zuvor sehr begrenzte Zahl bekannter evolutiver Formenreihen bedeutend zugenommen. Den Veränderungen, die wir an ihnen beobachten können, waren Populationen von Organismen unterworfen, die entweder Teile einer Art oder eine gesamte Art bildeten. Erkennbar ist der Wandel an der zeitlichen Verschiebung der Variationsbreiten in stratigraphisch aufeinanderfolgenden Fossilvergesellschaftungen. Solche Formenreihen bieten einen geeigneten Anknüpfungspunkt für Erörterungen über die Beziehungen zwischen Artwandel und den Grenzen der Arten im zeitlichen Ablauf.

Schon seit Jahrhunderten gilt der Art ein hohes wissenschaftliches Interesse. Zunächst wurde sie als Grundelement in der Systematik betrachtet, und später sah man im Artbildungsprozeß den Hauptvorgang des Evolutionsgeschehens. Dennoch mußte *E. Mayr* noch 1940 (: 257) feststellen, daß in der Biologie niemand so recht wisse, was eine Art eigentlich sei. Vor allem in botanischen und paläontologischen Arbeiten liest man bis heute sehr unterschiedliche Auffassungen über den Speziesbegriff.

Die Neontologie mit ihren großen Teilbereichen Zoologie und Botanik, zusammenfassend meist als Biologie bezeichnet, und die Paläontologie sind die beiden — institutionell oft allzusehr getrennten — Zweige der Biologie im weiteren Sinne. Es muß befremden, daß ausgerechnet das ihnen gemeinsame taxonomische Grundelement, eben die Art, in der Paläontologie oft anders beurteilt wird als in der Neontologie. *Rhodes* (1956: 49) hielt das für völlig widernatürlich, und *Thomas* (1956: 17—18) meinte, da eine jede Population einer Evolutionsreihe zu ihrer Zeit völlig einer heutigen, in Bezug auf die Zeit nicht-dimensionalen Art entsprochen habe, und weil der Evolutionsprozeß dynamisch und kontinuierlich ablaufe, dürfe es nur ein einziges und gemeinsames Artkonzept geben.

In der Neontologie besteht im wesentlichen Übereinkunft darin, daß Arten (hypothetisch-)reale Einheiten darstellen, wenn man sie als geschlossene Fortpflanzungsgesellschaften begreift.[2] Wenn aber solche „Biospezies" oder „Arten im Sinne des Biospezies-Konzeptes" reale und objektiv bestehende Naturgegebenheiten sind, dann muß das entsprechende Konzept zwangsläufig auch für die Paläontologie verbindlich sein.

Früher diente die Ordnung der Organismen vor allem der Archivierung. Dabei spielten in hohem Maße subjektive Gesichtspunkte eine Rolle, und dementsprechend war auch eine typologische bzw. willkürliche Artfassung zulässig. Willkürlich sind die rein morphologisch definierten Einheiten. *Herre* (1974: 213) sagte unmißverständlich, daß der morphologische Artbegriff „eine unzulängliche Grundlage von Erörterungen zur Stammesgeschichte" darstellt. Aber eine unzulängliche Grundlage ist ein solcher Artbegriff in gleichem Maße für alle anderen Bereiche der biowissenschaftlichen Forschung.

Auf den morphologischen und damit auf einen typologisch orientierten Artbegriff wird im folgenden nur wenig eingegangen. Arten sind keine „Formtypen" (Abb. 1—6). Obwohl man mit *Dullemeijer* (1976: 26) vielleicht davon ausgehen kann, daß die wissenschaftliche Forschung stets mit einer Typologie beginnt, so ist doch das Verharren auf einem typologischen Artkonzenpt ganz allgemein formuliert nicht mehr „zeitgemäß" (*Mayr* 1967: 25).

Das hat natürlich seinen tieferen Grund. In den Naturwissenschaften besteht Fortschritt in der Konkurrenz und im Wechsel von Theorien. Die in diesem Fall entscheidende übergeordnete und wissenschaftlich nicht mehr bestrittene biologische Theorie ist die Evolutionstheorie. Taxonomische Forschung ohne jeden engeren Verbund mit ihr bliebe inzwischen biologisch ohne Sinn und weitgehend beliebig. Und so wurde von der Taxonomie denn auch ein wichtiges Resultat der Evolutionsforschung fast allgemein akzeptiert, das sie besonders betraf: das Biospezies-Konzept.

Die Evolutionslehre bildet also den Rahmen der modernen taxonomisch-systematischen Arbeit. Somit ist in der Taxonomie vor allem zu berücksichtigen, daß die von ihr bearbeiteten Objekte, die Biospezies, evoluierende Systeme sind. Ein typologisches Artkonzept hingegen steht außerhalb der

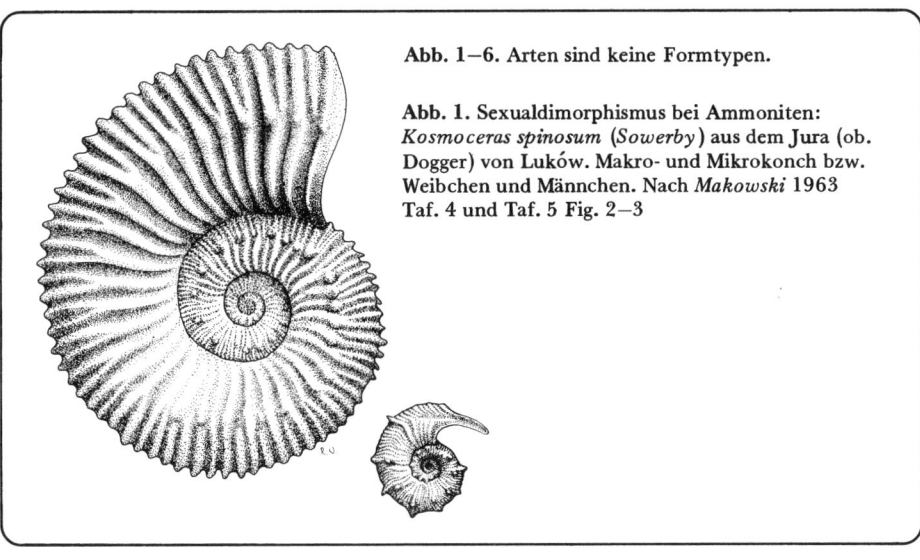

Abb. 1–6. Arten sind keine Formtypen.

Abb. 1. Sexualdimorphismus bei Ammoniten: *Kosmoceras spinosum* (*Sowerby*) aus dem Jura (ob. Dogger) von Luków. Makro- und Mikrokonch bzw. Weibchen und Männchen. Nach *Makowski* 1963 Taf. 4 und Taf. 5 Fig. 2–3

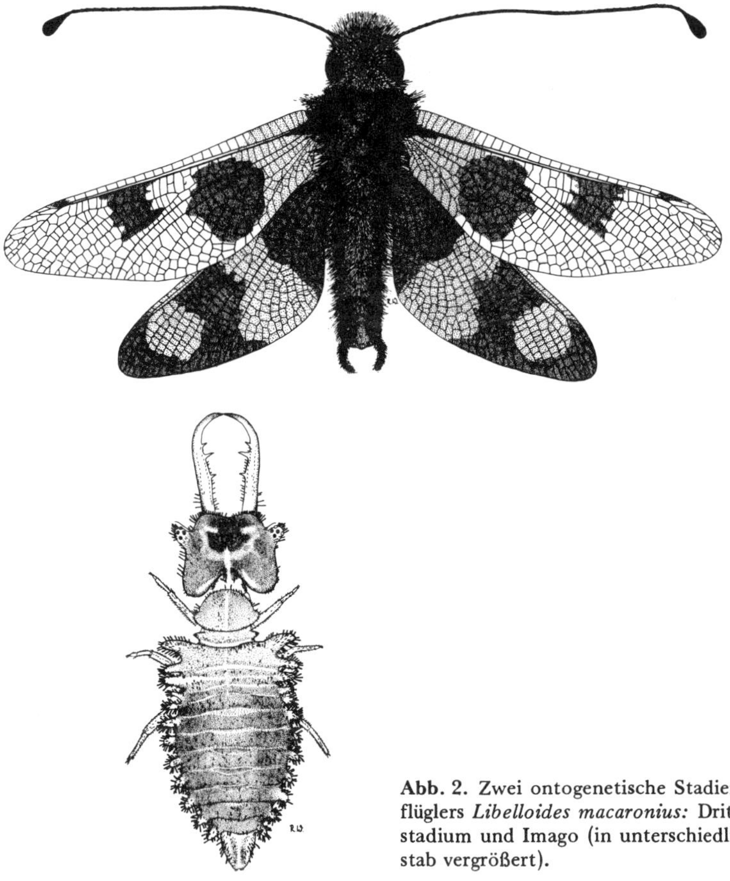

Abb. 2. Zwei ontogenetische Stadien des Netzflüglers *Libelloides macaronius:* Drittes Larvenstadium und Imago (in unterschiedlichem Maßstab vergrößert).

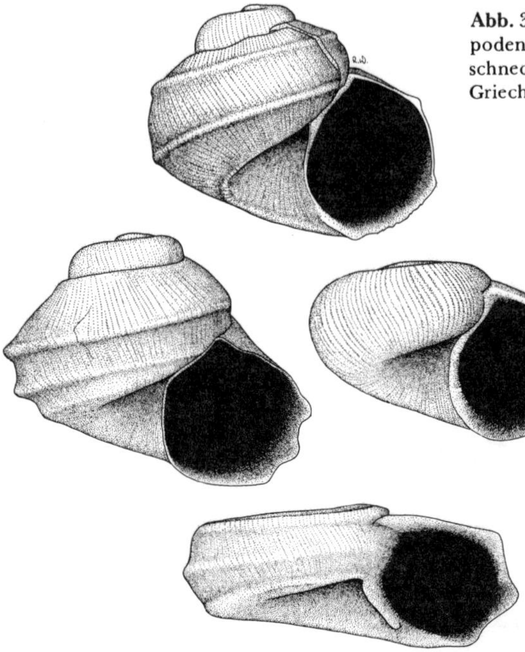

Abb. 3. Individuelle Variabilität bei Gastropoden: Gehäuse der pliozänen Süßwasser-
schnecke *Valvata kamirensis* von Rhodos/
Griechenland.

Abb. 4. Geographische Variabilität bei Eidechsen.
Drei Unterarten der rezenten *Lacerta pityusensis* von
den westlichen Balearen (= Pityusen). a: *L. p. canen-
sis* von Cana östl. Ibiza (grün, seitlich braun), b.: *L. p.
grueni* von Trocados bei Ibiza (sandfarben), c.: *L.p.
maluguerorum* von Bleda plana bei Ibiza (schwarz,
ventral blau). Aus *Rensch* 1972 Abb. 6.

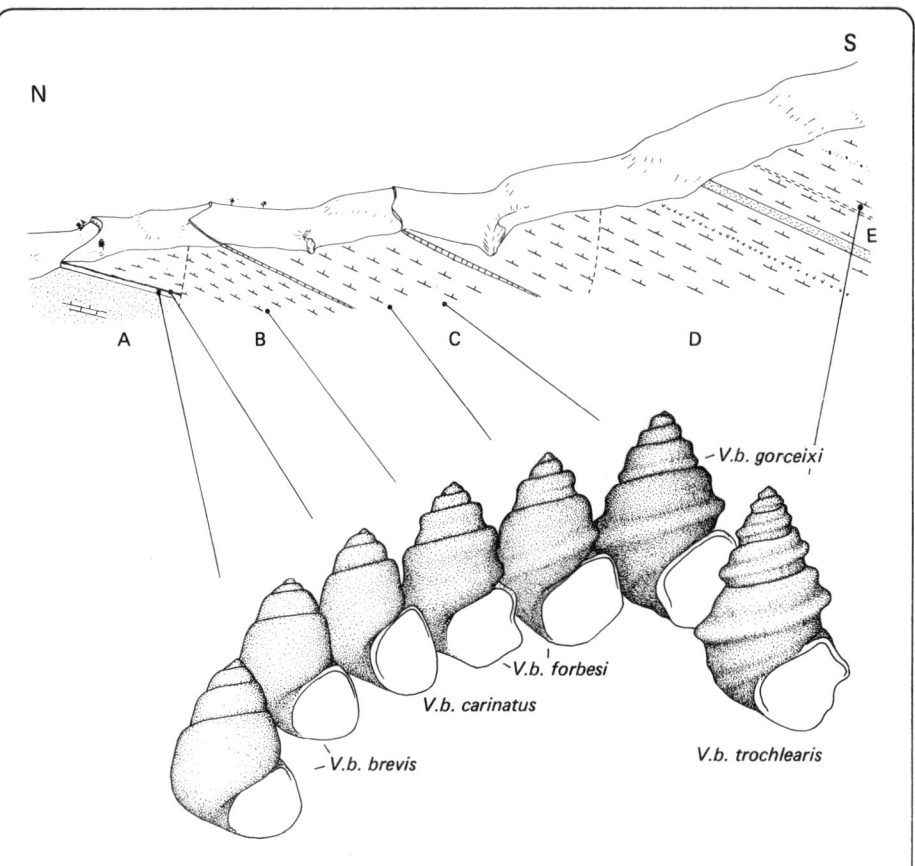

Abb. 5. Die zeitlich aufeinanderfolgenden Formen („Chrono-Subspezies") der Süßwasser-schnecke *Viviparus brevis* im Pliozän und Pleistozän der Insel Kos (Griechenland). A—E: Sefto- bis Elia-Formation.

Evolutionstheorie: typologisch festgelegte Arten evoluieren per definitionem nicht.

Die typologisch ausgerichtete Taxonomie arbeitete weitgehend praxisbe-zogen. Den theoretischen Unterbau hatte sie stark vernachlässigt. Bliebe nun die taxonomische Gliederung der Organismen theoretisch nicht fun-diert, würden fehlende oder falsche Konzepte früher oder später zu Unklar-heiten oder Widersprüchen führen — und das würde den wissenschaftlichen Kenntniszuwachs und dann auch die praktische Arbeit zweifellos beein-trächtigen.

Auf die praktische Bedeutung eines wissenschaftlich fundierten Artbegriffs ging bei-spielsweise *Sucker* (1978: 41) unter Hinweis auf die rund 200 Wildkartoffelarten der Gattung *Solanum* ein. Hier besteht ein Übermaß an Fehlbeschreibungen und Synony-men, was zum Teil auf der Anwendung eines ungeeigneten Artbegriffs beruht (*Brücher* 1974). Ziel müsse es nach *Brücher* und *Sucker* sein, diese Arten als eine biologische Ein-

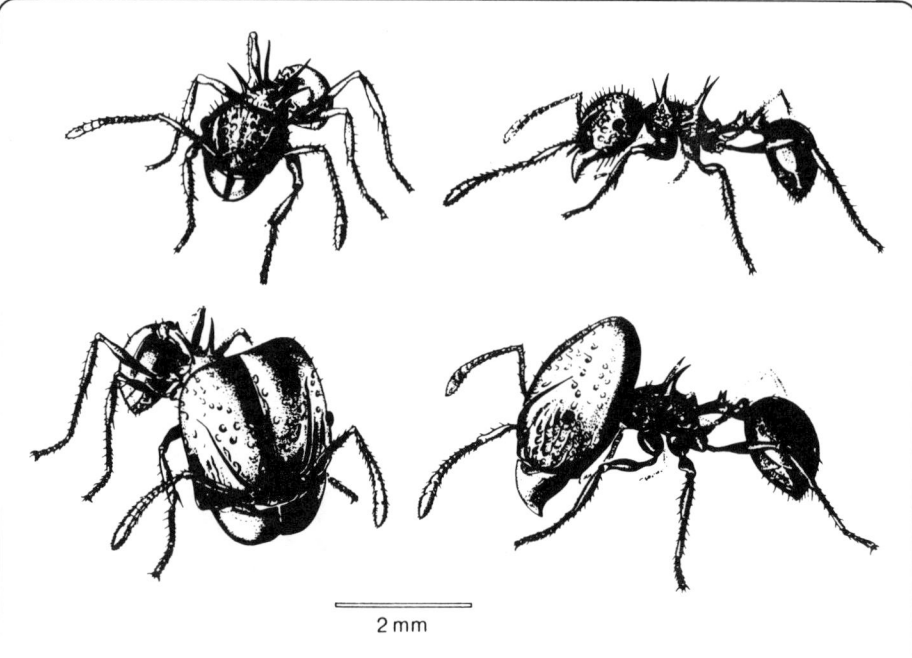

2 mm

Abb. 6. Modifikative Variabilität am Beispiel von Ameisen: Vertreter zweier Arbeiterkasten von *Acanthomyrmex nobilis*, rezent auf Celebes. Aus *Wilson* 1979.

heit aufzufassen. Ein weiteres Beispiel wird in Kapitel 5.1 näher erläutert: In einem fossilen See in Griechenland lassen sich in manchen Schneckengattungen je nach Artkonzept entweder ein bis zwei oder bis zu zehn Arten zählen.

Die Konsequenzen, die sich aus den verschiedenen Artkonzepten im einzelnen ergeben, hat man sich in vieler Hinsicht noch kaum vergegenwärtigt. Das ist der eine Aspekt, der zu den nachstehenden Ausführungen angeregt hat. Der andere ist die Tatsache, daß die Entwicklung des Biospezies-Konzeptes noch nicht als abgeschlossen gilt (*Löther* 1972: 221, *Sucker* 1978, *Bonik* 1981: 16). Mein Anliegen ist es, das Wesen der Biospezies als naturgegebenes Objekt besser bekannt zu machen. Zum anderen ist es mein Ziel, daß der Artbegriff, d.h. der Inhalt des Biospezies-Konzeptes, dem Objekt in stärkerem Maße gerecht wird.

Ein solches Ziel ist immer dann geboten, wenn die gebräuchlichen Begriffe infolge unseres Kenntniszuwachses das Real-Gegenständliche nur noch ungenügend bezeichnen. Da im biologischen Artkonzept der Faktor Zeit bisher weitgehend unbeachtet blieb, glaube ich, daß diese Situation besteht. So wird denn im folgenden auch die Beziehung zum Zeitablauf eine wesentliche Rolle spielen. Die Frage nach den Artgrenzen in der Zeit ist ein ganz entscheidender Punkt, wenn Werden und Vergehen der biologischen Spezies untersucht werden sollen.

In paläontologischen Arbeiten findet man nur selten Erörterungen zum biologischen Artkonzept. Das mag an der verbreiteten Auffassung liegen, an Fossilien lasse sich nur mit großer Unsicherheit ermitteln, welche Individuen einst zu ein und derselben Fortpflanzungsgemeinschaft gehört haben. Daher soll von der theoretischen Seite her das Problem um das Biospezies-Konzept in der Paläontologie erörtert werden, und ich hoffe, daß sich hieraus manche Anregung für die Praxis ergibt. Dementsprechend wird die praxisbezogene Frage, ob (und wie) wir im Einzelfall die Grenzen der Arten im Zeitablauf ermitteln können, zurückgestellt. Dieses Problem und auch die Frage, ob bzw. wie genau es möglich ist, die zu einer natürlichen Art gehörenden Individuen als Teile einer einstigen Fortpflanzungsgemeinschaft zu erkennen, rühren nicht an der Richtigkeit des biologischen Artkonzeptes.

Abriß der Problemstellung und ihrer Lösung

Auf den nächsten Seiten möchte ich die wesentlichen Punkte der späteren Diskussion um die Grenzen der Arten in Raum und Zeit schon einmal kurz anschneiden und zugleich andeuten, in welcher Weise bestehende Probleme einer Lösung zugeführt werden.

Der Wandel der Arten vollzieht sich allmählich — wenn auch durchaus mit unterschiedlicher Geschwindigkeit. Neben diesem Vorgang der „Höherentwicklung" („Anagenese", *Rensch* 1947) spielt der Prozeß der phylogenetischen Aufspaltung („Kladogenese") eine bedeutende Rolle. Sie hat im Zusammenhang mit dem Auftreten von Fortpflanzungsisolation zu der Artenvielzahl der Organismen geführt.

Fortpflanzungsisolation verhindert die Erzeugung fruchtbarer Bastarde zwischen zwei Arten. Sie wird durch biologische, d.h. durch im Organismus liegende Mechanismen bewirkt und schützt eine Population vor einem Geneintrag von außen. Resultat ist eine Stabilisierung des Genotyps, und Resultat ist auch, daß der Genotyp aus diesem Grunde eine eigene Entwicklung erleben kann. Derart voneinander geschiedene Populationen sind es, die wir Arten nennen. Damit ist eine Art eine Gruppe von Populationen, die von anderen solchen Gruppen fortpflanzungsmäßig (reproduktiv) isoliert ist. Allein Arten in diesem Sinne sind (hypothetisch-)reale Einheiten. Sie werden als Arten im Sinne des biologischen Spezieskonzeptes oder als Biospezies bezeichnet.

Von der reproduktiven Isolation streng zu unterscheiden ist eine räumliche Trennung der Populationen, die Separation.

Um die Struktur der Arten im Laufe der Zeit zu erläutern, sei kurz die Aufspaltung einer Population in Tochterarten betrachtet.

Nehmen wir an, eine Art teilt sich in zwei geographisch voneinander getrennte Populationen (vgl. Abb. 7). Wenn sich bei beginnender Eigenentwicklung der beiden Populationen ein Unterschied bemerkbar macht, zwi-

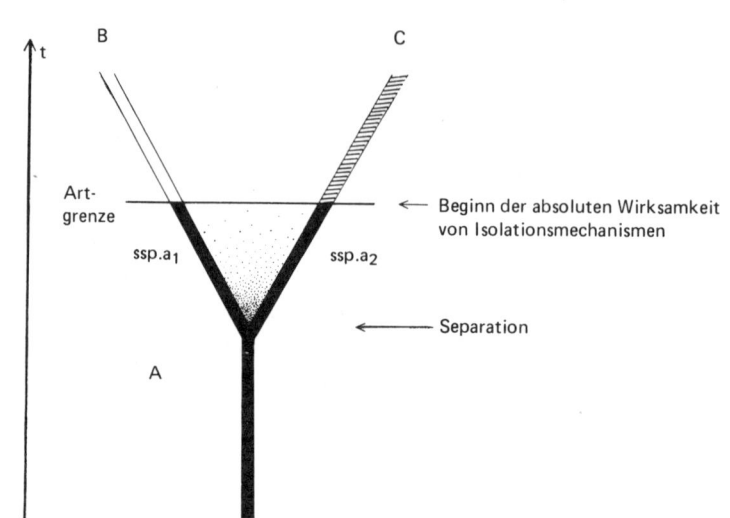

Abb. 7. Speziation: Aufspaltung einer Stammart (A) in zwei Tochterarten B und C. Der reproduktiven Isolation geht eine äußere (geographische oder ökologisch bedingte) Aufspaltung (Separation) voraus. Die sich anschließend entwickelnden biologischen Isolationsmechanismen werden allmählich wirksam, was durch die sich nach oben verringernde Dichte des Punktrasters angedeutet ist. Solange die Isolation nicht voll wirksam ist, stehen sich die divergierenden Populationen als Unterarten (ssp. a_1 und a_2) gegenüber. t = Zeitachse.

schen ihnen aber noch keine voll wirksamen biologischen Isolationsmechanismen bestehen, bilden sie verschiedene Unterarten (a_1, a_2 in Abb. 7). Sobald reproduktive Isolation entwickelt ist, sprechen wir davon, daß die beiden Populationen im Verhältnis zueinander biologische Arten (B und C in Abb. 7) geworden sind.

Der Inhalt des Begriffes „reproduktive Isolation" bringt es mit sich, daß dieses Artkriterium nur im Zeitquerschnitt Gültigkeit haben kann. Es ist folglich sinnlos zu fragen, ob z.B. die Individuen der Art B von ihren Vorfahren reproduktiv isoliert waren.

Wohl aber kann man sinnvoll fragen, ob die frühen Vertreter von Entwicklungslinie B von den gleichalten frühen Vertretern von C reproduktiv isoliert waren. Die Beantwortung dieser Frage führt zur Ermittlung der in Abb. 7 eingetragenen Artgrenze.

Somit kann auch der biologische Artbegriff zunächst nur im Zeitquerschnitt Anwendung finden. Taxonomisches Arbeiten bedeutet demnach zu entscheiden, ob die Organismen ein und desselben Zeitpunktes im Verhältnis zueinander Arten im Sinne des biologischen Artbegriffs waren. Dies ist von besonderem Interesse bei jenen Formen, von denen man annehmen kann, daß sie phylogenetisch nächstverwandt sind.

Will man die zeitlich aufeinanderfolgenden Evolutionsstufen einer lükkenlosen, sich nicht aufspaltenden Formenreihe als verschiedene Taxa behandeln, sieht man sich der Situation gegenüber, daß in einem solchen Kontinuum keine natürlichen Grenzen existieren. Man muß eine subjektive Gliederung vornehmen: Subjektiv sind Wahl der Position und Anzahl der unterschiedenen Taxa in der Formenreihe. Oft werden diese Taxa ebenfalls als Arten bezeichnet. Zur Verteidigung einer solchen taxonomischen Gliederung wird oft angeführt, man orientiere sich dabei an den morphologischen Unterschieden, wie sie innerhalb von oder auch zwischen verschiedenen rezenten Biospezies zu beobachten sind. Tatsächlich aber kann niemand angeben, was „morphologisch so geringfügig" voneinander verschieden ist, daß es noch in eine Art zu stellen ist, und was bereits zu verschiedenen Arten gerechnet werden muß. Schließlich können sich verschiedene Biospezies morphologisch völlig gleichen (Zwillingsarten, „sibling species"), während andererseits zwischen Subspezies ein und derselben Art erhebliche Unterschiede bestehen können (Abb. 4). Die morphologisch gegeneinander abgegrenzten „Spezies" in einer Formenreihe sind menschliche Konstruktionen auf der Basis naturgegebener Ähnlichkeiten. Eine allgemeine Übereinkunft bei diesem Verfahren ist im Einzelfall weder zu erwarten noch möglich.

Die Methode, Arten im zeitlichen Kontinuum abzugrenzen, indem man sich an der Divergenz zwischen Arten des heutigen Zeitquerschnittes orientiert, reicht bis in jene Zeit zurück, da man auch die rezenten Arten als morphologische Typen betrachtete. Somit besteht die taxonomische Gliederung der Formenreihen in Anlehnung an die Erfahrungen mit der rezenten Artenvielfalt letztlich in der Übernahme eines vor-evolutionären Klassifikationsbewußtseins. Als man schließlich erkannte, daß die Existenzform „Art" an das Vorhandensein von reproduktiver Isolation gebunden ist, wurde dieses Verfahren biologisch unsinnig. Doch das wurde bisher nur vereinzelt wahrgenommen.

Allerdings wird nur selten behauptet, man habe es bei den allochronen Evolutionsstufen einer Formenreihe mit verschiedenen **Bio**spezies zu tun. Vielmehr handele es sich um Chronospezies, denen ein morphologischer Artbegriff zugrundeliegt; diese benutze man ganz bewußt neben dem Biospezies-Konzept. Das Wesen der Grenzen zwischen auseinander hervorgehenden Chronospezies dürfe niemals mit den Grenzen zwischen Biospezies verwechselt werden.

Niemand wird bestreiten, daß Chronospezies willkürlich in der Zeit begrenzte Einheiten sind. Viele werden mit demselben Atemzug darauf hinweisen, daß sei eben das Wesen des praxisbezogenen Artbegriffs. Aber einen solchen Hinweis habe ich stets als Bemühung empfunden, dem eigentlichen Problem auszuweichen. Und das Problem lautet kraß formuliert: Solche Einheiten existieren in der Natur nicht als reale Objekte. Ich glaube daher, daß sie in einem Forschungsgebiet, das sich zu den Naturwissenschaften rechnet, nicht geduldet werden sollten. Sie könnten uns dabei behindern, uns ein stärker an die Wahrheit angelehntes Bild vom Naturgeschehen zu machen.

Mit dieser Feststellung ist freilich kaum gedient, wird nicht zugleich die Frage beantwortet, was anstelle der bisher üblichen taxonomischen Gliederung von Populationenfolgen treten soll. Die Antwort ergibt sich teilweise aus der vorstehenden Kritik am Chronospezies-Konzept: Grundsätzlich ist als Spezies nur das zu bezeichnen, was natürlich begrenzt als real-objektive Einheit existiert. Im Zeitquerschnitt gilt das für Arten im Sinne reproduktiv isolierter Fortpflanzungsgemeinschaften (Biospezies), im zeitlichen Kontinuum für jene Einheiten, die sich durch den Entstehungsmodus eben dieser Biospezies verselbständigen. Diesen Entstehungsmodus nennt man Speziation, und das ist die phylogenetische Aufspaltung in Verbindung mit dem Auftreten reproduktiver Isolation zwischen den sich trennenden Populationen. Wenn wir *Brauer* (1885) folgen wollen, nach dem „Entstehen und Vergehen die Grenzen des zeitliche Existierenden" sind (vgl. Anm. 17), dann liegen die Grenzen einer Biospezies im Zeitablauf zum einen in jener phylogenetischen Aufspaltung, mit der sie selbst entstanden ist, zum anderen in jener, mit der sie sich in Tochterarten aufspaltet (es sei denn, sie stirbt nachkommenlos aus; vgl. Abb. 8). Diese Position der Grenzen ist unabhängig von der morphologischen Divergenz zwischen verschieden alten Populationen. (Zu chronologischen Unterarten vgl. Kapitel 5).

Hennig (z.B. 1950: 101–102, 1966: 58, 1974: 292) vertrat wohl als erster konsequent die Auffassung, daß die Begrenzung der Arten durch phylogenetische Aufspaltungsereignisse (Speziationen) die einzige sei, die mit unseren Vorstellungen von der Entstehung der Arten in Einklang steht. Seine Auffassung der organismischen Art entspricht entgegen der Meinung von *Mayr* (1974: 109) in besonderer Weise dem Biospezies-Konzept, wie im Hauptteil dieses Buches gezeigt werden soll.

Nun wird eine Population nur in Bezug zu ihrer nächstverwandten Population eine Art, d.h. in Bezug zu jener Population, von der sie sich per Aufspaltung der letzten gemeinsamen Stammart verselbständigt hat. Bei der Erörterung um das Wesen der biologischen Art hat das bisher keine bedeutende Rolle gespielt; meist wurden eine oder mehrere Populationen in Relation zu **mehreren** beliebigen synchronen Populationen gesehen. Das äußert sich auch in *Mayr*s weithin bekannter Definition der Art, in der es heißt: "Species are groups of interbreeding natural populations that are reproductively isolated from other such groups."

Eine Population erreicht Artstatus, wie gesagt, nicht in Bezug auf eine beliebige, sondern in Bezug zu ihrer nächstverwandten Population (Abb. 7). Diese Beziehung zur Schwesterart (oder zur nächstverwandten monophyletischen Artengruppe) ist für die Erörterung der Existenzdauer von Biospezies von Bedeutung (*Willmann* 1981: 15, 60, 69). Denn wenn man diese Argumentation fortführt, kann man sagen, daß eine Biospezies vor allem in

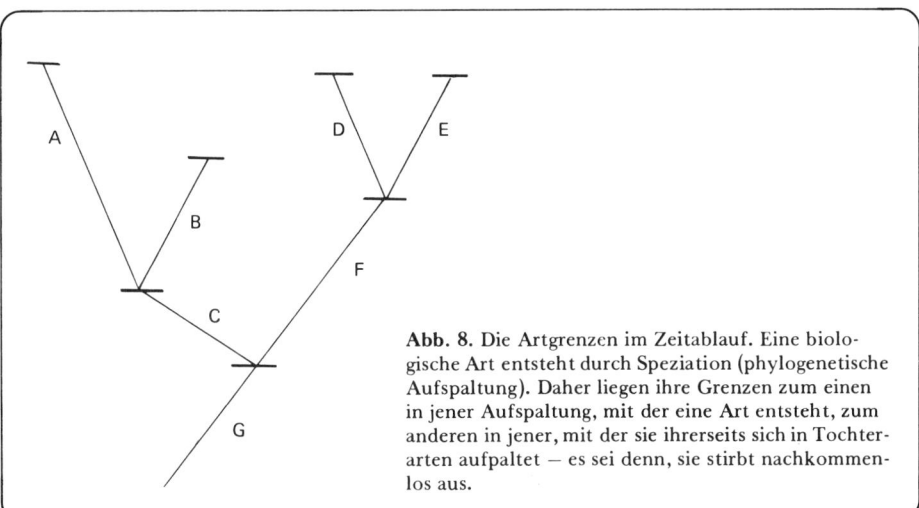

Abb. 8. Die Artgrenzen im Zeitablauf. Eine biologische Art entsteht durch Speziation (phylogenetische Aufspaltung). Daher liegen ihre Grenzen zum einen in jener Aufspaltung, mit der eine Art entsteht, zum anderen in jener, mit der sie ihrerseits sich in Tochterarten aufpaltet – es sei denn, sie stirbt nachkommenlos aus.

Relation zu ihrem Schwestertaxon eine Art ist. Das impliziert, daß jede Art in dem Augenblick zu existieren beginnt, in dem auch ihr Schwestertaxon entsteht. Es gehen bei einem Artbildungsvorgang also stets zwei (Schwester-)Arten aus einer Stammart hervor. Daher kann eine Art eine phylogenetische Aufspaltung nicht „überleben". Mit anderen Worten: Es kann sich nicht eine Art von einer Stammart abspalten, welche dann fortexistiert.

Damit kehren wir zum Problem zeitlich aufeinanderfolgender Arten zurück. Oben wurde gesagt, Biospezies lassen sich nur im Zeitquerschnitt zueinander in Beziehung setzen. Das gilt allerdings nur eingeschränkt: Die Lage der Artgrenzen in phylogenetischen Aufspaltungen schließt ein, daß in diesen Punkten Arten im Sinne des Biospezies-Konzeptes aufeinanderfolgen: Verschiedene Biospezies sind die Stammarten und die aus ihnen hervorgehenden Tochterarten.

Der folgende Hauptteil beginnt mit einem Abriß der Entwicklung des Artbegriffs. Darin soll gezeigt werden, wie früh manche modern anmutenden Gedanken bereits formuliert waren, daß ihnen aber oft der theoretische Rahmen fehlte, um als Vorwegnahme neuerer Überlegungen gelten zu können. Und das wiederum soll verdeutlichen, daß und warum das heutige „biologische" Artkonzept nicht vor 1859 und auch nicht vor 1920 entwickelt werden konnte. Und wohl am ehesten über die Geschichte lassen sich andere als die derzeit aktuellen Artkonzepte verständlich machen, von denen einige als tradierte Ausschnitte der geschichtlichen Entwicklung durchaus noch eine Rolle in den heutigen Biowissenschaften spielen.

2 Der Artbegriff im Laufe der Geschichte

Der Begriff, den sich die Menschen von der Art machen, entspricht dem Wissensstand in der jeweiligen Kultur: Der Artbegriff spiegelt das allen Arten Gemeinsame und Wesentliche wider, soweit es bekannt ist (vgl. auch *Sucker* 1978: 47). Oft wurde der Inhalt des Artbegriffs in einer „Definition" dargestellt. Sie enthält die wichtigsten Kriterien aus dem Inhalt des jeweiligen Artbegriffs. Die Wiedergabe von Artdefinitionen eignet sich daher in besonderem Maße, das Bild zu verdeutlichen, das zu verschiedenen Zeiten und in verschiedenen Kulturen von der Art bestand, und so wird der Leser einigen solchen Definitionen in den folgenden Abschnitten — und auch bei der späteren Erörterung des biologischen Artkonzeptes — begegnen.

Die Anfänge

Die Guaraní-Indianer in Argentinien und Paraguay benannten die Tierarten nach einem wohldurchdachten System, das unserer heutigen biologischen Nomenklatur in gewisser Weise ähnelte: Man verwandte binomische oder trinomische Ausdrücke, und diese Bezeichnungen wurden vom versammelten Stammesrat unter genauer Berücksichtigung der Merkmale der Arten festgelegt.

Ein solches Verfahren setzt einen geistigen Rahmen voraus, der der modernen wissenschaftlichen Haltung außerordentlich nahekommt. So meint *Levi-Strauss* (1968: 27, 55), dessen Buch das vorstehende Beispiel entnommen wurde, daß die oft hervorragende Artenkenntnis vieler „Wilder" für ein Denken spricht, das dem des Naturforschers und Geheimwissenschaftlers der Antike und des Mittelalters weitgehend gleicht. Und umgekehrt: In ihrem Denken liegen die Wurzeln der späteren wissenschaftlichen Auseinandersetzung mit einem Thema.

Sich Gedanken über einen „Artbegriff" zu machen, setzt voraus, daß man den Arten Gemeinsames kennt. Das wiederum heißt, daß dem Beobachter eine Vielzahl von Arten geläufig sein muß: Schon lange sind zahlreiche Fälle registriert, in denen primitive Gesellschaften über eine umfassende Artenkenntnis verfügen. So berichtete *Mayr* (1967: 26), daß einem Jägerstamm auf Neuguinea die dortige Vogelwelt genauso gut bekannt war wie der Wissenschaft — die Ornithologen hatten 137 Arten nachgewiesen, die Einheimischen kannten 136 und verwechselten nur zwei.[3] Die Hanunóo auf den Philippinen unterscheiden rund 1600 Pflanzentypen, und sie alle tragen einen Namen. Entgegen der oft geäußerten Meinung, nach der in solchen Stämmen oft nur ein kleiner Teil der örtlichen Flora verwendet wird, wird diese hier zu 93% ausgewertet (*Conklin* 1954 nach *Levi-Strauss* 1968: 14, 163). Und die Coahuilla-Indianer, die in einem weiten Wüstengebiet Kaliforniens lebten, konnten den Reichtum des scheinbar so armen Landes kaum ausschöpfen: Sie kannten mindestens 60 nahrhafte Pflanzen und 28 weitere von medizinischem Wert oder mit stimulierenden Wirkstoffen (*Barrows* 1900: 55). Wie *Fox* (1953, z.B. 286—290) zeigte, interessieren sich Eingeborene — in seinem Fall die philippinischen Negritos — darüber hinaus oft auch für solche Pflanzen, die ihnen selbst nicht direkt nützen, sondern in einer besonderen Beziehung zu Tieren stehen. Die Kenntnis solcher Beziehungen wurde dann für die Jagd von Bedeutung.

Aus derartigen Beobachtungen an naturverbunden lebenden Völkerschaften läßt sich schließen, daß der Mensch schon sehr früh **bewußt** wahrgenommen hat, daß es innerhalb der organismischen Vielfalt Einheiten gibt, die aus mehreren Individuen bestehen. Offenbar schon frühzeitig war ihm bekannt, daß diese Einheiten Kollektive von morphologisch, ethologisch oder in ihren Lautäußerungen ähnlichen Individuen sind, und bekannt war ihm auch, daß sich eine solche Einheit an eben solchen Merkmalen von allen anderen Kollektiven gut unterscheiden läßt.[4] Es war für ihn ja auch lebensnotwendig, die ihn umgebenden Tiere und Pflanzen genau zu kennen: Er mußte abschätzen können, wie sich eine bestimmte Lebensform verhielt, wenn er ihr begegnete, und er mußte vorausbestimmen können, in welcher Weise sie zu behandeln war, wollte er seine Jagd- oder Sammelausbeute nicht wieder verlieren. Der damit verbundenen Abstraktion vom Individuum auf das Kollektiv widerspricht nicht, daß ihm auf der Jagd oft ganz bestimmte Einzeltiere vertraut wurden, und daß er oft gerade solche Individuen in Zeichnungen darstellte, um sie magisch in seine Gewalt zu bekommen (vgl. *Krumbiegel* 1933: 111—112).

Dem bewußten Registrieren der Formenvielfalt und -gleichheit schloß sich die Benennung an. Sie diente der Weitergabe und Speicherung von Erfahrungen. Die Benennung von Kollektiven ähnlicher Individuen erfolgte auf unterschiedlichen Abstraktionsniveaus. Dieses Niveau wird weitgehend von den Interessen innerhalb der jeweiligen Gesellschaft bestimmt, und oft ist das Interesse beschränkt auf die direkt nutzbaren Organismen. Voraussetzung für diese Einschränkung aber ist eine genaue Kenntnis auch der übrigen Pflanzen und Tiere. Allerdings werden dann nutzlose Organismen oft weniger detailliert mit Begriffen belegt als die genutzten, oder die Kenntnis der Tiere, von denen eine Gefährdung ausgeht, wird genauer überliefert als die Kenntnis harmloser und nutzloser Arten.

Von dem genauen Kennenlernen der Floren- und Faunenelemente bis hin zu der Erkenntnis, daß ihren Erscheinungsweisen eine besondere Existenzform zugrundeliegt, ist es ein relativ weiter Schritt. Dieser Schritt wurde von den Naturvölkern offenbar kaum vollzogen. Er deutet sich aber schon in der älteren überlieferten Literatur an, etwa bei *Homer,* der Gesamtheiten übereinstimmender Organismen mit einem dementsprechenden Begriff bezeichnete: So spricht er vom genos der Rinder (Odyssee 20, 212) und an anderer Stelle vom genos der Menschen (Ilias 12, 23). In der heutigen Wissenschaft ist dieser Schritt vollzogen, wenn wir Kollektive von Individuen unter bestimmten Voraussetzungen „Arten" nennen, d.h. wenn wir uns über das Wesen der als Arten bezeichneten Einheiten Gedanken machen. Das Resultat dieser Überlegungen kann in einer entsprechenden „Definition" („Beschreibung") Niederschlag finden.

Günther (1967: 11–12) führte aus, daß die Naturwissenschaften letztlich der rationalen, logisch-vernünftigen Ordnung der erfahrbaren Dinge der vorgegebenen Welt dienen. Dabei wird nach Vorstellungsbildungen gesucht, deren Inhalt für möglichst umfangreiche Gruppen natürlicher Objekte gelten soll. Wo Beschreibung der Objekte und Definition der Vorstellungsbildungen der empirischen Erfahrung nicht widersprechen, gelten wissenschaftliche Tatsachen als erkannt. In diesem Augenblick wird eine anfängliche Arbeitshypothese zur wissenschaftlichen Theorie. Da Hypothesen frei erfunden und vorgeschlagen werden, muß ein Regulativ bestehen, das eine „Verwilderung" der Theoriengebäude ausschließt. Die wissenschaftliche Objektivität muß gesichert sein. Das wird dadurch erreicht, daß Hypothesen erst nach kritischer Prüfung allgemein akzeptiert werden (*Hempel* 1974: 28).

Wird eine Theorie durch empirische Befunde gestützt, so beweist das keineswegs, daß die Theorie die Wirklichkeit zutreffend beschreibt. Aber sie bleibt gültig, solange sie nicht falsifiziert — widerlegt — und durch eine besser erklärende Theorie ersetzt wird.

Alle unsere Ergebnisse naturwissenschaftlicher Forschung einschließlich der sogenannten Naturgesetze sind Hypothesen bzw. Theorien — letzteres dann, wenn ihre Absicherung als gut bewertet wird. Hypothesen und Theorien können sich gegenüber Versuchen ihrer Falsifikation als so beständig erwiesen haben, daß wir sie als Tatsache anerkennen. Die Theorie, daß sich die Organismen im Laufe der Erdgeschichte verändert haben, gilt heute als eine solche Tatsache. Und früher galt es als „Tatsache", daß die Quastenflosser vor Beginn des Tertiärs ausgestorben seien. Sie wurde 1938 widerlegt, als man vor der ostafrikanischen Küste mit *Latimeria* ein lebendes Exemplar dieser urtümlichen Fische entdeckte.

In den biologischen Wissenschaften werden meistens keine „Naturgesetze" formuliert. Statt dessen arbeitet man Konzepte aus, entwickelt sie weiter und verfeinert die Definitionen, die den Inhalt der Konzepte beschreiben. In dieser Flexibilität, die es erlaubt, daß dem Wissenszuwachs Rechnung getragen werden kann, liegt ein wesentlicher Unterschied zu den Naturgesetzen (*Mayr* 1982a: 43, 45).

In dieser Weise waren und sind die verschiedenen Konzepte der organismischen Art, die Auffassungen darüber, was eine solche Art eigentlich ist, Theorien. Die Komplexität, die Verschiedenheit der Teilprobleme und die über lange Zeit bestehende Schwierigkeit, Einzelannahmen eindeutig und allgemein zu falsifizieren, brachten es mit sich, daß in den verschiedenen gesellschaftlichen Kreisen zeitweise unterschiedliche Art-Theorien Anerkennung fanden. Aber bis zum Beginn der naturwissenschaftlichen Verarbeitung eines allgemeinen „Artproblems" war ein weiter Weg zurückzulegen.

Die Erfahrung mit Naturvölkern zeigt, daß der Mensch auf niedriger kategorialer Stufe bei ähnlicher Erfahrung offenbar in weitgehend übereinstimmender Weise gruppiert – d.h., etwa auf der Stufe der Art, nicht aber z.B. auf der Stufe umfassender Einheiten wie den „Klassen" der heutigen Biologie. Dies geschieht unabhängig von dem Kulturkreis, in dem er aufgewachsen ist. Manche Autoren leiteten daraus ab, daß Arten objektiv bestehen müßten und keine willkürlich „erfundenen" Einheiten seien.

Eine solche Ableitung ist nur zulässig, wenn man annimmt, daß nicht nur die Arten objektiv existierende Einheiten sind. Voraussetzung ist auch, daß unsere Reflexion der Realität nicht aufgrund individuell völlig verschiedener Denkprozesse rein subjektiv ist. Wäre letzteres der Fall, wäre zu erwarten, daß unsere Denkmuster kulturell und vielleicht sogar individuell erheblich variieren, und entsprechend unterschiedlich müßten die Bilder ausfallen, die sich die Menschen von der Natur machen. Offenbar aber spielen solche Unterschiede keine bedeutende Rolle. *Riedl* (1981: 13) wies darauf hin, warum das so ist. Die Muster in der Natur sind ungleich älter als die geistigen Methoden, sie wahrzunehmen und zu verrechnen. Daher können nur die Naturmuster die Ursache der Denkmuster sein. Jene Verrechnungen, die der Ordnung der realen Welt am gemäßesten sind, wurden im Verlauf des evolutiven Werdeganges durch die Selektion begünstigt, und daher sind unsere Erkenntnis-Mechanismen als Resultat der Evolution eng an die Realitäten dieser Welt gekoppelt.

In den vorwissenschaftlichen Kulturen dürfte es meist als selbstverständlich gegolten haben bzw. gelten, daß eine vorgegebene Zahl an Tier- und Pflanzenarten existiert, die der Mensch wahrnehmen kann. Eines der ältesten Zeugnisse dafür finden wir im biblischen Schöpfungsbericht, wo es z.B. heißt: „Gott schuf Tiere auf Erden, ein jegliches nach seiner Art (Gestalt), und allerlei Gewürm auf Erden nach seiner Art." Diese frühen Ausführungen verraten auch eine tiefe Vertrautheit mit dem Wesen einer Tierart, denn etwas später heißt es (1. Buch Mose 6, 19–20), daß Noah „Tiere von allem Fleisch, je ein Paar, Männlein und Weiblein" in seine Arche nahm, „daß sie lebendig bleiben. Von den Vögeln nach ihrer Art, von dem Vieh nach seiner Art und allerlei Gewürm nach seiner Art". Aus diesem Zitat geht hervor, daß Männchen und Weibchen ein und derselben Art angehören. (Das muß-te *Ray* 1686 zu Beginn der modernen wissenschaftlichen Beschäftigung mit der organismischen Art noch besonders betonen!) Man erachtete im „bibli-schen" Altertum Männchen und Weibchen auch für den Erhalt der Art als notwendig: Da man nicht die Männchen oder Weibchen einer Art durch die einer anderen ersetzen konnte, mußte je ein Pärchen mitgenommen werden. So fließt bereits hier ein, daß Arten reproduktiv voneinander isolierte Fort-pflanzungsgemeinschaften sind. Das ist ein wesentlicher Bestandteil des heutigen Artkonzeptes; den biblischen Viehhaltern dürfte er selbstverständ-lich gewesen sein. Eine solche Selbstverständlichkeit in vorwissenschaftli-cher Zeit freilich schließt ein, daß man sich hierüber nicht weiter den Kopf zerbrochen haben dürfte. So sehen wir dieses Thema erst bei *Aristoteles* (384–322 v. Chr.) und seinem Schüler *Theophrastos* (372/70–288/86 v. Chr.) berührt.

Von *Aristoteles* zu *Albertus Magnus*

Schon *Demokritos* (geb. um 460 v. Chr.) soll umfangreiche biologische For-schungen unternommen haben. Er gilt als einer der ersten Empiriker, d.h. Erfahrungswissenschaftler, und in dieser Hinsicht trat *Aristoteles* in seine Fußstapfen, indem er sich von den Anschauungen seines Lehrers *Platon* (427–347 v. Chr.) löste. *Platon* hatte als Begründer der idealistischen Phi-losophie die erkennbare Welt als Schein gedeutet, und hinter ihr sollten als ewige Prinzipien die Ideen stehen. *Platons* Ideenlehre ist für uns insofern von Bedeutung, als in ihr die Natur als gesetzmäßige Einheit verstanden wird: Allen natürlichen Objekten liegt *Plato* zufolge eine bestimmte Wesen-heit zugrunde. Ohne dieses Stadium der Erkenntnis wäre Naturwissenschaft in der heutigen Form nicht möglich. Damit wäre letzlich auch der Weg ver-schlossen geblieben, Artbegriffe zu erarbeiten und das Wesen der organismi-schen Erscheinungsformen zu begreifen.

Aristoteles zeichnete mit seinen empirisch-wissenschaftlichen Untersu-chungen fast alle späteren biologischen Forschungen vor. Er unterschied zwei taxonomische Kategorien – Art (eidos, lateinisch species) und Gat-tung (genos), die für ihn im allgemeinen der logischen Über- und Unterord-nung dienten. So bildeten die Krebse eine Gattung für alle zu ihnen gehö-renden Arten, stellten aber eine Art innerhalb der „blutlosen Tiere" – die-se nun als Gattung – dar. Ein und dasselbe Säugetier bezeichnete er einmal als genos, ein andermal als eidos. Ein solcher Wechsel in der Anwendung des Begriffs der Art auf das biologische Objekt läßt sich bis in die Neuzeit hin-ein verfolgen – bis hin zu *Linné* (*Mayr* 1982a: 255).

Sucker (1978: 15) erläuterte, daß „Art" (und „Gattung") Ausdruck der Ähnlichkeit oder des Vorhandenseins einheitlicher Wesensmerkmale bei ei-ner Anzahl gleicher Objekte waren. Diese einheitlichen Merkmale erfuhren in den Aristotelischen Beschreibungen eine „Hervorhebung" – ein nach

Sucker hier erstmals ausführlich entwickeltes Abstraktionsverfahren. Es beruht auf dem Verzicht, „unwesentliche" Merkmale zu erwähnen.

Entscheidend für die Umgrenzung der Arten — man sollte vielleicht besser sagen: für die Klassifizierung der Individuen — waren nicht die Fortpflanzungsbeziehungen. Daran änderte sich auch in den folgenden Jahrhunderten nichts. Vielmehr nutzte man, was viel leichter registriert werden konnte, die äußeren, vor allem die optisch wahrnehmbaren Merkmale. Zwar nahm man zur Kenntnis, daß Arten Fortpflanzungsgemeinschaften darstellen, nicht aber, daß sie voneinander fortpflanzungsmäßig isoliert sind. *Aristoteles* beispielsweise schrieb, daß in Libyen aus der Vereinigung verschiedener Arten neue entstünden, was dadurch gefördert werde, daß es dort sehr trocken sei und sich viele Arten an den wenigen Wasserstellen träfen. Darüber hinaus war die Annahme verbreitet, Arten könnten sich in andere umwandeln.

Aber genau diesem Punkt stand *Aristoteles* kritisch gegenüber. „Denn es wird ja nicht jedes Beliebige aus jedem Samen, sondern aus einem bestimmten Samen nur ein bestimmtes Ding" (zit. nach *Zimmermann* 1953: 52). Und *Plinius d.Ä*. (23—79 n. Chr.; Naturalis Historia VIII, Kap. 69) schrieb: „Man hat beobachtet, daß die von verschiedenen Gattungen erzeugten Jungen . . . keinem ihrer Eltern gleichen und daß bei jeder Tierart die so Erzeugten selbst unfruchtbar sind; deswegen pflanzen sich auch die Mauleselinnen nicht fort."

Die Römer hatten kaum etwas Eigenes zur Naturwissenschaft beigetragen. Aber sie sammelten die Ergebnisse der Griechen; *Plinius* z.B. zitierte in seiner Naturalis Historia angeblich 327 Verfasser. Dieses Werk mit einer ganzen Anzahl abergläubischer Annahmen zur Umwandlung von Arten überlebte nach dem Zusammenbruch des Weströmischen Reiches das frühe Mittelalter in Europa, und hierauf stützten sich die Schriften fast aller späteren naturkundlichen Autoren. Denn als die Mohammedaner im 7. Jahrhundert große Teile des Oströmischen Reiches — darunter Ägypten — eroberten, wurde die abendländische Wissenschaft vom damaligen Hauptreservoir an griechischem Wissensgut isoliert. Der Gründung der Klosterschulen ist es zu verdanken, daß im Westen überhaupt einiges an alten Kenntnissen bewahrt wurde — wieder und wieder neu kompiliert. Zu einer eigenen Weiterentwicklung der Wissenschaften war man aber nicht in der Lage.

Die christliche Lehre führte im frühen Mittelalter ohnehin von einem Studium der Natur ab. Man war primär nicht an wissenschaftlichen Erkenntnissen interessiert, sondern erwartete, daß die Natur Symbole für geistliche Wahrheiten liefere. Abschnitte aus *Plinius'* Naturgeschichten wurden mit Legenden verwoben, um christliche Lehrsätze zu illustrieren. Noch im 13. Jahrhundert konnte *Alexander Neckam* (1157—1217) sein Werk „De Naturis Rerum" zum Zwecke moralischer Belehrung schreiben. Es galt, in dem, was man beobachtete, ein Symbol oder Zeichen für eine tiefere Wirklichkeit zu erkennen. An keiner Stelle fließen Gedanken darüber ein, was die Arten eigentlich sind — außer daß es sich um Gottesschöpfungen handelt.

Allerdings war nie die Tradition abgebrochen, Pflanzen wegen ihrer medizinischen Bedeutung unter einem praktischen Aspekt zu sehen. Das englische „Leech Book" (Arztbuch) aus dem 7. Jahrhundert zeugt von einer ausgedehnten Kenntnis der einheimischen Pflanzenwelt, und in einem der Benediktinernonne *Hildegard von Bingen* (1098—1179) zugeschriebenen Werk werden etwa 1000 Pflanzen und Tiere mit ihrem deutschen Namen aufgezählt. Dabei ist besonders hervorzuheben, daß sie im Gegensatz zu anderen Autoren jener Epoche nur jene Pflanzen bespricht, die sie aus eigener Anschauung kennt (anders bei den Tieren). Eine der wichtigsten zoologischen Schriften des Mittelalters ist das Werk „De arte venandi cum avibus" von Kaiser *Friedrich II.* (1194—1250; „Über die Kunst mit Vögeln zu jagen"). Darin werden zahlreiche Vögel naturgetreu abgebildet. Zum Teil beruhen die Ausführungen auf genauen Beobachtungen und Experimenten, denn *Friedrich II.* betrachtete es als unabdingbar, die Naturdinge genau zu untersuchen. Dabei scheute er sich nicht, *Aristoteles* Fehler nachzuweisen — anders als viele andere seiner Zeit, die dazu neigten, der Autorität des großen Griechen mehr Glauben zu schenken als ihren eigenen Beobachtungen. Einen verbreiteten Volksglauben über die Wandelbarkeit der Arten führte *Friedrich* ad absurdum, indem er darlegte, daß die Ringelgänse nicht aus den Knospen bestimmter Bäume ausgebrütet werden. Aber sein Werk war zunächst kaum jemandem zugänglich — es wurde erst 1596 gedruckt —, und so blieben seine Ansichten und seine Methodik nahezu ohne Nachwirkungen.

So wandelte sich die Einstellung im abendländischen Kulturkreis erst bei zunehmendem geistigen Kontakt weiterer Bevölkerungskreise mit der orientalischen Welt. Hier waren während des frühen und hohen Mittelalters eine ganze Anzahl biologischer Abhandlungen entstanden. In seiner „Zusammenstellung über die Kräfte der Heil- und Nahrungsmittel" behandelte *Ibn el Beithar* um 1200 etwa 1400 Pflanzen aus dem Mittelmeergebiet, und *Muhammed el Damiri* (1349—1405) beschrieb etwa 900 Tierarten.

Daß sich die Tier- und Pflanzenarten leicht verändern konnten, nahmen, dabei auf den Vorstellungen von *Aristoteles* und anderen fußend, auch die Araber an (*Zirkle* 1959: 19). Sie hatten die Errungenschaften der griechischen Wissenschaft teils direkt von den byzantinischen Griechen, teils von den nestorianischen Christen Ostpersiens und teils aus den Übersetzungen griechischer Texte ins Arabische und Syrische übernommen. Mit dem Aufleben des Handels zwischen abendländischen und islamischen Völkern sikkerte das von ihnen gesammelte Wissen dann allmählich in Europa ein. Schon bald wurden zahlreiche Schriften aus dem Arabischen in europäische Landessprachen oder ins Lateinische übersetzt, zum Schluß vermehrt auch direkt aus dem Griechischen. Um 1300 lagen fast sämtliche Werke des

Aristoteles in Übersetzungen aus dem Griechischen vor (*Crombie* 1977: 42).

Davon sah sich zunächst die Kirche berührt. Die Lehre des *Aristoteles* wurde vielfach als Konkurrenz zur christlichen Theologie empfunden. Daher folgte recht bald eine Verurteilung einer deterministischen Interpretation seiner Schriften durch den Bischof von Paris und den Erzbischof von Canterbury (1277). Das eröffnete die Möglichkeit, eigene Hypothesen ohne Rücksicht auf die Autorität des *Aristoteles* aufzustellen. Vor allem aber seine Naturphilosophie selbst versetzte weite Teile des mittelalterlichen Abendlandes in die Lage, eine eigene Naturwissenschaft zu entwickeln.

Zur gleichen Zeit zeugt die Neigung zu naturalistischen Abbildungen von einem wachsenden Interesse an der Naturbetrachtung (*Crombie* 1977: 140—142). *R. Bacon* (1214—1294) vertrat die Auffassung, daß sich die Wissenschaft auf eine direkte Beobachtung der natürlichen Erscheinungen gründen müsse. Dieser Forderung entsprach in vieler Hinsicht *Albertus Magnus* (*A. von Bollstaedt*, 1193—1280), der in seinem Werk „De animalibus" ausgezeichnete Beschreibungen zahlreicher Tiere gab. Von ihm stammen die seit *Aristoteles* wohl ersten Beobachtungen zur geographischen Variabilität der Arten; so bemerkte er, daß das Eichhörnchen, in Deutschland rotbraun gefärbt, im Osten grau wird. Wegen vergleichbarer Beispiele bei Vögeln hielt er die Farbe als Artmerkmal für unwichtig.

Anders als *Aristoteles* benutzte *Albertus* die Begriffe genus und species nicht nur relativ zueinander, sondern zum Teil auch als Kennzeichnung bestimmter Organismengruppen bzw. — wie *Zimmermann* (1953: 97) sich ausdrückte — „als Symbol für einen Formenkreis". Aus diesem Grunde konnte *Albertus* auch monotypische Gattungen, also Gattungen mit nur einer einzigen Art, anerkennen. Das war bei *Aristoteles* nicht möglich gewesen, dienten ihm die Begriffe „Gattung" und „Art" doch der logischen Über- bzw. Unterordnung.

Spätmittelalter und Beginn der Neuzeit

Als nach 1450 die ersten klassischen Abhandlungen gedruckt vorlagen, stellte man allgemein fest, daß es auch andere Arten gab als nur jene, die die alten Autoren erwähnt hatten. Das hatten im 13. Jahrhundert schon *Rufinus* als der wohl beste Pflanzenkenner seiner Zeit und *Albertus Magnus* gewußt. Vollends deutlich wurde das, als aus der Neuen Welt und aus Asien gänzlich neuartige Tiere und Pflanzen bekannt wurden.

Viele botanische Werke des 16. Jahrhunderts wurden mit dem Ziel verfaßt, Bestimmungshilfen zu liefern. Vor allem die medizinische Anwendung erforderte es, daß man „echte" von „falschen" Kräutern zuverlässig unterscheiden konnte. Hier nun war man gezwungen, Artmerkmale ausfindig zu machen, und unabhängig vom jeweiligen Erfolg oder Mißerfolg (gemessen an den heutigen Kenntnissen) implizierte dies zu einem gewissen Grade die

Frage, was eine Art überhaupt ist. Zugleich ging es um die Erfassung aller
bekannten Arten. Unter den zoologischen Werken ist hier vor allem die „Historia Animalium" von *Conrad Gesner* (1516–1565) zu nennen, in der der
Autor einen engen Realitätsbezug anstrebte und sich um gute Abbildungen
bemühte (*Dürers* berühmte Zeichnung des Panzernashorns findet sich hier).
C. Bauhin (1560–1624) beschrieb 1623 in seiner „Pinax theatri botanici"
bereits 6000 Pflanzen. Er benutzte systematisch eine weitgehend binomina-
le Nomenklatur und unterschied erstmals konsequent zwischen „genus"
und „species". Die Gattungsnamen sind bei ihm Substantiva, die Artnamen
bestehen aus einem oder mehreren Eigenschaftsworten.

Bemühungen, einzelne Tiere und Pflanzen wirklich umfassend und genau
kennenzulernen, scheinen in jener Zeit unter dem Eindruck der Fülle neuer
Formen sehr im Hintergrund geblieben zu sein. Dies aber war neben dem
Wissen um die Formenvielfalt eine wichtige Voraussetzung, um das Wesen
der Art verstehen zu können. Schon aus diesem Grunde können Erörterungen um den Artbegriff für jene Zeit nicht erwartet werden.[5]

Die aus dem Mittelalter übernommene Annahme, daß sich die Arten ohne Schwierigkeiten wandeln könnten, war nach wie vor verbreitet. Sie grün-
dete sich teilweise sogar auf sorgfältigen Beobachtungen – schon *Albertus
Magnus* hatte als Beleg die Veredelung wilder Pflanzen oder das Verwildern
von Kulturpflanzen genannt. Die Schwierigkeit lag darin, daß man als Spezies auch das bezeichnete, was heute als Varietät einer Art geführt wird
(*Zirkle* 1959: 641).

Neben einer fundierten Kenntnis eines „Arten"wandels bestanden aber
auch abergläubische und aus heutiger Sicht abenteuerlich anmutende Vorstellungen von einer Metamorphose der Organismen. So erwähnte *Paracelsus* (1493–1541), daß aus der „Baumgans" die Schildkröte geboren werde,
aus der Ente der Frosch und aus dem Aal die Maus. „Denn wie der Aal seinen Körper von der Luft und dem Wasser hat, so muß man von der Entstehung der Maus wissen, daß sie aus dem Stroh in der Luft wird. Wenn aber
das Stroh halb im Wasser und halb in der Luft liegt, so wird ein Aal daraus
und aus dem Aale werden auf Erden wiederum Mäuse" (zit. nach *Zimmermann* 1953:152).

Bei derartigen Ausführungen muß man berücksichtigen, daß im Europa
des 16. Jahrhunderts die Ähnlichkeit der Dinge eine große Rolle spielte
(vgl. *Foucault* 1971: 46–56). Die Ähnlichkeit dachte man sich in mindestens vier Formen auftretend, der convenientia, der aemulatio, der Analogie
und der Sympathie. Bewirkt die Sympathie aus den Tiefen der Welt heraus
die Annäherung der entferntesten Dinge, so stellen sich die „Convenientes"
bei Annäherung nebeneinander und vermischen sich an ihrer Peripherie. Die
convenientia gehört aber weniger zu den Dingen selbst als zu deren Umwelt.
Ähnlich ist die aemulatio, die aber vom Gesetz des Ortes unabhängig wirkt.
Sie läßt die Dinge sich von einem Ende des Universums zum anderen ohne

Verkettung nachahmen. Convenientia und aemulatio überlagern sich in der Analogie, die wie die aemulatio die Gegenüberstellung der Ähnlichkeiten durch den Raum hindurch erzeugt; durch ihre Kraft werden zahlenmäßig unbeschränkt Verwandtschaften hergestellt: Das Verhältnis der Sterne zum Himmel z.B. findet sich wieder zwischen Gras und Erde, zwischen Sinnesorganen und Gesicht usw. Aus einer solchen Vorstellungswelt heraus, nicht aus der empirischen Beobachtung, entwickelte *Paracelsus* seine Gedanken. Die Empirie spielte eine andere Rolle: Es galt Zeichen an der Oberfläche zu ermitteln, die Aufschluß über verborgene Affinitäten geben würden. Daß z.B. der Eisenhut Augenkrankheiten heilen kann und zwischen ihm und den Augen eine Sympathie besteht, verraten seine Samenkörnchen: Sie sind in weiße Schälchen eingefaßt, etwa so, wie die Augen von den Lidern verschlossen werden. Erst Anfang des 17. Jahrhunderts löste man sich von der Anlehnung an die Ähnlichkeiten.

Noch etwas spielt im Wissen des 16. Jahrhunderts eine wesentliche Rolle, und das erklärt das ständige Erwähnen von Fabelwesen und uns unwahrscheinlich anmutenden Berichten: Trotz der Bedeutung der direkten Beobachtung bestand noch immer ein Vorrang des Geschriebenen. Man unterschied im allgemeinen nicht zwischen Beobachtung, Dokument und Fabel. So finden wir bei vielen erfahrenen Wissenschaftlern bis hin zu *U. Aldrovandi* (1522–1605) neben sorgfältigen Beschreibungen der Tiere und Pflanzen unkritisch Übernommenes, Hinweise auf die mythologische, religiöse und medizinische Bedeutung, Angaben über Wappen, auf denen sie zu finden sind, oder über die Ähnlichkeiten. Die Geschichte eines Tieres oder einer Pflanze zu schreiben, hieß berichten, was dem Autoren an Informationen zur Verfügung stand — und diese Informationen waren zum überwiegenden Teil Literatur. „Die Ursache dafür ist nicht darin zu sehen, daß man die Autorität des Menschen der Exaktheit eines nicht geschulten Blickes vorzieht, sondern daß die Natur in sich selbst ein ununterbrochenes Gewebe aus Wörtern und Zeichen, aus Berichten und Merkmalen, aus Reden und Formen ist . . . *Aldrovandi* war kein besserer oder schlechterer Beobachter als *Buffon* [siehe unten], er war nicht leichtgläubiger als er oder weniger der Treue des Blickes oder der Rationalität der Dinge verhaftet . . . *Aldrovandi* betrachtete metikulös eine Natur, die durch und durch geschrieben war" (*Foucault* 1971: 72).

Galilei beklagte diese Situation 1610 in einem Brief an *Kepler*. „Die Hauptphilosophen unseres Gymnasiums", schrieb er, „glauben, daß die Wahrheit nicht in der Welt und in der Natur, sondern in der Vergleichung der Texte (wie sie es ausdrücken) gesucht werden müsse."

Neuer Aufbruch: Das Artkonzept im 17. und 18. Jahrhundert

R. Descartes (1596–1650) merkt um 1630 an, „daß sich uns, wenn auch durchaus unwillkürlich und trotz aller Vorsicht, doch infolge der allzu

gründlichen Lektüre der Makel von Irrtümern anhefte" (publ. posthum
1701: 10). Und weiter heißt es (ibid.: 11): „. . . wenn wir auch alle Argumente von *Plato* und *Aristoteles* gelesen hätten, aber über die vorliegenden
Gegenstände ein festes Urteil zu fällen nicht imstande wären: alsdann nämlich hätten wir offenbar nicht Wissenschaft, sondern Geschichte gelernt".
Wie *Foucault* (1971: 89) schrieb, hörte der Text auf, „zu den Zeichen und
Formen der Wahrheit zu gehören". Die Neuorientierung der Naturwissenschaft drängte die mit den Dingen zuvor eng verschmolzene Sprache in den
Hintergrund und hob das Objekt mit den ihm eigenen Merkmalen hervor.
Damit verlor der Text als Dokument an Bedeutung. Die Dinge selbst wurden zum Dokument, archiviert in Herbarien, Gärten und Naturalienkabinet-
ten. *Aldrovandi* beispielsweise hatte ein Herbar mit rund 4000 Pflanzen zusammengestellt und 1567 in Bologna einen der ersten akademischen botanischen Gärten gegründet (*Mägdefrau* 1973: 35—36).

In dieser Zeit wurde die Frage nach dem Wesen der organismischen Art
konkretisiert. Damit begann die Theorienbildung um Wesen und Struktur
der biologischen Spezies. Indem man versuchte, diese zuvor eher unbewußt
wahrgenommene Einheit zu definieren, wurde sie zum wissenschaftlichen
Problem (*Uhlmann* 1923: 5—6). Dabei berücksichtigte man weitgehend
auch die Fortpflanzungsbeziehungen. Großen Anklang fand die Artauffassung von *John Ray* (1627—1705). Er hatte 1686 geschrieben, ihm erscheine
„kein Kriterium für die Artbestimmung sicherer als diejenigen Untersu-
chungsmerkmale, die noch bei der Fortpflanzung durch Samen erhalten
bleiben. So hat es nichts zu sagen, welche Variationen im Individuum oder
in der Spezies auftreten; sind sie Abkömmlinge des Samens ein- und derselben Pflanze, so sind sie zufällige Variationen und nicht solche, die eine Art
unterscheiden . . . Ein Unterschied im Geschlecht genügt nicht, um Artverschiedenheit zu beweisen, weil sich jedes Geschlecht von demselben Samen
ableitet . . . und nicht selten von denselben Eltern. . . Tiere, die spezifisch
verschieden sind, bewahren ihre Artverschiedenheit dauernd; niemals entspringt eine Art aus einem Samen einer anderen oder umgekehrt"(nach *Beddall* 1957: 133—134). Damit war der Art als Kategorie eine ganz bestimmte
Stufe unter den Kollektivbegriffen für die organismische Vielfalt zugewiesen: Der Begriff „Art" wurde taxonomischer Fachterminus, die Art selbst
basale Einheit der Klassifikation. Zugleich war ein wesentlicher Schritt in
Richtung auf das Biospezies-Konzept getan. *Ray* ergänzte noch, daß Neu-
züchtungen keine neuen Arten sein können, weil die Zahl der Arten in der
Natur festgelegt sei: Schließlich ruhte Gott nach Erschaffung der Arten von
seinen Werken aus (vgl. *Zimmermann* 1953: 140).

Ähnlich wie *Ray* schrieb *Leibniz*, daß bei den Pflanzen und Tieren die
Art durch die Erzeugung definiert werde, „so daß jedes Gleiche, welches
aus demselben Ursprung oder Samen kommt oder gekommen sein könnte,
von derselben Art wäre" (1735: 323). Im Anschluß daran kritisierte er, daß

„viele Leute indessen die Arten der Thiere mehr nach ihrer äußeren Gestalt als nach ihrer Abkunft" bestimmen (S. 335). Nun mache freilich „im streng mathematischen Sinne . . . der geringste Unterschied, wonach zwei Dinge nicht in Allem einander gleich sind, daß sie der Art nach sich unterscheiden" (S. 322), aber um diesen Artbegriff gehe es nach *Leibniz* bei den Organismen nicht. Er zeigte auf, daß es eine erhebliche innerartliche Variabilität gebe — dazu wählte er als Beispiele die Rassen der Hunde und für extreme Fälle vor allem Mißbildungen beim Menschen —, und daß die unterschiedlichen Formen dennoch nicht verschiedenen Arten angehörten. Somit sei erwiesen, daß, „wenn unsere Definitionen von der Äußerlichkeit . . . abhängen, sie unvollkommen und vorläufige sind" (1735: 329).[6]

Erst im 18. Jahrhundert kam man allgemein zu dem Schluß, daß Arten unveränderlich seien. Diese Auffassung wurde rasch in kirchlichen Kreisen aufgegriffen und als mit der Bibel in Einklang stehend befunden. Und die Theologie dominierte über die Naturwissenschaften. Dies wurde besonders deutlich bei den evolutionistischen Ansätzen von *G.L. de Buffon* (1707—1788), der seine diesbezüglichen Erörterungen schließlich der theologischen Lehrmeinung unterordnete (wie er Freunden gegenüber verriet, allerdings nur, um seine Ruhe zu haben; *Grassé* 1973: 6). Infolge seiner Gedanken zur Artumwandlung war *Buffon* auch einer der ganz wenigen Autoren des 18. Jahrhunderts, der von ausgestorbenen Arten sprach.

Ansonsten wurden Fossilien, falls überhaupt als Reste von Organismen angesehen, als Arten aufgefaßt, die heute noch existieren (*Leonardo da Vinci* 1505, *G. Fracastoro* 1517 u.a.). *Robert Hooke* (1635—1703) schrieb zwar, daß sich viele Fossilien von heute lebenden Formen unterscheiden, dennoch sei es zweifelhaft, daß sie von ausgestorbenen Arten stammen, weil man die rezente Fauna zu schlecht kenne. Diese Auffassung wurde damals allgemein geteilt (*Zittel* 1899, *Hölder* 1960: 369—370). Und warum sollte es auch ausgestorbene Arten geben: wäre es nicht mit der Weisheit und Güte des Schöpfers unvereinbar, wenn man davon ausginge, er habe eine ganze Art ohne Gnade untergehen lassen?
So nahm man vielfach an, daß die Fossilien aus sehr entfernten und ungenügend erforschten Gegenden in den heimatlichen Boden geschwemmt worden seien. Nach *J.H. Chemnitz* (1777) beispielsweise seien die Fossilien von Stevns Klint (Dänemark) „ganz unleugbar ostindisch" und durch die Sintflut von dort herangebracht (vgl. *Schindewolf* 1948: 75), und *Jussieu d.Ä.* meinte 1718 bzw. 1722, die Farne in der Steinkohle könnten aus Südamerika oder Indien herbeigeschwemmt worden sein (*Tschulok* 1922: 46).

Der Begriff der (unveränderlichen) Art bei *C. Linné* (1707—1778) reflektiert den Einfluß der Theologie besonders deutlich: Es gibt so viele Arten, konstatierte er 1736 in den „Fundamenta Botanica" (S. 18) und 1751 (S. 99) in der „Philosophia Botanica", wie das Unendliche Wesen am Anbeginn geschaffen hat („Species tot sunt, quot diversas formas ab initio produxit Infinitium Ens"). Vielen seiner Zeitgenossen erschien im Zeitalter der Aufklärung diese Auffassung, zu der sich ja auch *J. Ray* bekannt hatte, als überholt. In Kenntnis artlicher Veränderungen war *Linné* später selbst von der Annahme abgekommen, die Arten seien seit der Schöpfung gleichgeblieben. In „Species Plantarum" (1753: 745) schrieb er über die vier Arten der Gat-

tung *Scorpiurus,* es bestehe kein Zweifel, daß sie alle einst aus einer Art entstanden sind („Species hasce omnes olim ex una species ortas esse dubium
non est"). In zahlreichen Fällen deutete er die Pflanzen als Hybriden anderer Arten, war insgesamt aber, wie *Uhlmann* (1923: 18) betonte, noch weit
davon entfernt, an eine auch heute noch ablaufende Umwandlung zu denken. 1766 allerdings strich er den Passus „nulla species nova" aus der Einleitung zu einer neuen Ausgabe des „Systema Naturae" (*Ramsbottom* 1938:
217). Der Mode, alle möglichen Arten als Hybriden zu deuten, setzte *J.G.
Koelreuter* (1733–1805) durch Kreuzungsexperimente bald ein Ende. Zugleich belegte er damit die Annahme der interspezifischen Fortpflanzungsisolation. Einmal mehr wurde die Meinung erschüttert, daß Arten leicht ver-
änderbar seien.

Linné war es auch, der als erster die Varietäten den Arten unterordnete.
Zuvor hatte man trotz der Hinweise von *J. Ray* Arten, Varietäten und Kul-
turformen nicht sonderlich unterschieden. „Varietas est planta mutata a
causa accidentali" schrieb *Linné* (1751: 100) – die Varietät ist eine Pflanze,
die aufgrund einer äußeren Ursache verändert ist, z.B. Wärme oder Wind,
und sie unterscheidet sich durch Größe, Blütenfülle, Kräuselung, Farbe, Ge-
schmack und Duft. Arten und auch Gattungen waren für *Linné* durch die
Natur vorgegebene Erscheinungen. Ihre „Aufstellung" hing seiner Auffassung
nach nicht von der Willkür des Menschen ab.

1766 veröffentlichte *A. Duchesne* (1747–1827) ein Buch über Zuchtver-
suche mit Erdbeeren. Er hatte das Auftreten neuer und sich konstant ver-
haltender Rassen beobachtet und folgerte, daß alle Erdbeerrassen von nur
einer einzigen herkommen. Dennoch blieb auch er von der Konstanz der
Arten überzeugt – daß solche Rassen beginnende neue Arten sein könnten,
dieser Gedanke kam ihm nicht (vgl. *Zacharias* 1884).

Die Vorstellung von der Konstanz der Arten dominierte im gesamten 18.
und frühen 19. Jahrhundert. Dabei dürften die ursprünglichen Äußerungen
Linnés eine erhebliche Rolle gespielt haben, und später machte sich der Einfluß von *G. Cuvier* (1769–1832) bemerkbar.[7] Außerdem hatte sich auch
Buffon als wohl einflußreichster Biologe des 18. Jahrhunderts gegen die Abstammungslehre ausgesprochen (s.u.). Allerdings waren für *Buffon* die Arten
nicht unbedingt statisch. Zwar hatte er 1749 („Theorie de la terre") die
Möglichkeit diskutiert, daß alle Tiere von einem einzigen Lebewesen abstammen könnten, übernahm aber doch die gängige Auffassung, daß Arten
konstant seien. (1761 spielte er allerdings erneut mit dem Gedanken, daß
mehrere Arten einen gemeinsamen Ursprung und sich unter dem Einfluß
äußerer Umstände verändert hätten, und er baute derartige Vermutungen
später noch weiter aus).

Und schließlich hatte auch *I. Kant* (1724–1804) die Annahme einer Abstammung der Organismen von einer oder wenigen Ursprungsformen abgelehnt. Dabei stand er einer innerartlichen Entwicklung offenbar aufge-

schlossen gegenüber. Aber der Gedanke an eine Herkunft aller Organismen aus einem gemeinsamen Stamm entfernte sich nach seiner Ansicht zu weit vom Boden der Naturforschung (z.B. 1785: 792).[8]

Kant begründete, warum eine Abstammung verschiedener Arten voneinander unwahrscheinlich sei — bzw. warum, wenn doch Entwicklung stattfindet, diese schließlich zum Stillstand kommen müsse: Da nichts in einem Geschöpf umsonst sei, alle Lebensformen zweckmäßig konstruiert seien, sei man gezwungen, ein Stehenbleiben der Natur anzunehmen (vgl. *Uhlmann* 1923: 43).

Buffon machte sich auch Gedanken zum Artkonzept. Grundsätzlich lehnen sie sich eng an die Ansicht von *J. Ray* an. Allerdings hob *Buffon* die reproduktive Isolation hervor: Zu derselben Art gehören nach ihm jene Tiere, die miteinander Nachkommen erzeugen und dabei die Merkmale der Art bewahren; verschiedene Arten sind jene Tiere, die miteinander keine Nachkommenschaft hervorbringen können.[9] Diese Vorstellungen fanden weithin Anerkennung.

Die meisten großen Naturforscher des 17., 18. und 19. Jahrhunderts waren beeinflußt von *Platons* Idealismus. Entsprechend stand hinter den Spezieskonzepten die Vorstellung, daß die einander so ähnlichen Individuen einer jeden Art Abbilder einer zeitlosen Idee seien und die Arten sich durch eine bestimmte Wesenheit oder Essenz auszeichnen. Vertreter dieser Anschauung werden daher auch als Essentialisten bezeichnet. Zu ihnen gehören *Ray* ebenso wie zumindest zeitweise *Buffon* oder *Linné*.

Der Essentialismus bedingt ein weitgehend typologisches Artkonzept: All jene Objekte gehören zu ein und derselben Art, denen dieselbe Wesenheit eigen ist, und die Wesenheit läßt sich aus der Ähnlichkeit der Individuen erschließen. In Variationen kam die Essenz nur unvollkommen zum Ausdruck. *Heslop-Harrison* (1963: 21) wies darauf hin, daß die naive Form typologischen Denkens die linnésche Systematik ad absurdum führen mußte: Sie bedingte ein ständiges Suchen nach Unterschieden als Grundlage für „Art"-Definitionen, und zwangsläufig resultierte hieraus eine endlose Vervielfachung der „Arten" aufgrund immer feinerer Merkmale. Um das zu verhindern, mußte eine Möglichkeit der Merkmalsbewertung hinsichtlich der Artzugehörigkeit gefunden werden. Sie ließ sich durchführen, indem man das Kriterium der Fortpflanzungsisolation berücksichtigte. Doch welche Tierformen miteinander Nachkommen erzeugen, darüber gab es nur ganz ungenügende Kenntnisse. Unbestritten war, daß stark voneinander verschiedene Arten verschiedenen Fortpflanzungsgemeinschaften angehörten. Aber auf die Frage nach den Beziehungen zwischen ähnlichen Formen aus ein und derselben Familie gab es noch kaum eine Antwort.

Der Essentialismus stand bestens mit der biblischen Schöpfungsgeschichte in Einklang. Sehr weitgehend unvereinbar ist er hingegen mit einer Leh-

re, die einen Wandel innerhalb von Arten oder auch Gattungen zuläßt oder
darüber hinaus eine umfassende Stammesgeschichte erklärt (*Mayr* 1970: 4).

Der Artbegriff im Rahmen der Evolutionstheorie

Nach *Mayr* (1967: 23) ist es das große Verdienst *Linnés*, den seit *Aristoteles* und *Plinius* verbreiteten Volksglauben an die leichte Wandelbarkeit der
Arten zerstört zu haben. Damit konnte auch der Ursprung der Arten zum
naturwissenschaftlichen Problem werden. Wären die Arten die willkürlichen
und ephemeren Einheiten der vorlinnéschen Zeit geblieben, hätte der gesamte Begriff der Evolution keinen Sinn bekommen. Nun aber ergab sich
ein großer Kreis wissenschaftlicher Erhellung: Aus der Annahme der Artkonstanz resultierte über die Frage nach der Herkunft der Arten die Evolutionstheorie, und sie sollte schließlich zu einem Spezieskonzept führen, in
dem die Wandelbarkeit der Arten eine große Rolle spielt.

Nach den früheren philosophischen Erörterungen begründete als erster
J.B. Lamarck (1744—1829), ursprünglich ebenfalls von der Unveränderlichkeit der Arten überzeugt (vgl. *Kuhn-Schnyder* 1948: 410), die Annahme eines Artenwandels wissenschaftlich (1802, 1809). Seine Lehre konnte sich
aber nicht durchsetzen, obwohl *Lamarck* mit dem Gedanken an eine Evolution der Organismen keineswegs allein stand: Z.B. hatte auch *G.R. Treviranus* (1776—1837) im Jahre 1805 klar seine Überzeugung dargelegt, daß
die „Tiere der Vorwelt . . . in andere Gattungen übergegangen sind", und
J.C.M. Reinecke (1769—1818) hatte aus seinen Untersuchungen an Jura-
Ammoniten geschlossen, daß es einen Wandel im Laufe der Zeit gebe. Er
faßte seine Beobachtungen in einem markanten Satz zusammen: „Unzutreffend ist also auch die Vorstellung, der Tag der Schöpfung sei vorüber"
(s. *Heller & Zeiss* 1972: 21). Aber kaum jemand griff diese Gedanken auf,
und niemand entwickelte sie wissenschaftlich begründet weiter. Noch 40 Jahre später gewann der deutsche Paläontologe *H.G. Bronn* (1800—1862) einen Preis der Pariser Akademie der Wissenschaften für eine Arbeit, in der er
den Schluß zog, daß alle Arten ursprünglich geschaffen und nicht durch
Umbildung entstanden seien (*Günther* 1967: 54, *Schmidt* 1960: 236). Wie
festgefügt diese Lehrmeinung in der ersten Hälfte des 19. Jahrhunderts war,
geht aus einer bekannten Äußerung *Darwins* hervor: „Endlich zeigt sich ein
Lichtschimmer", schrieb er 1844 an den Botaniker *Hooker,* „und ich bin
beinahe überzeugt . . ., daß die Arten (mir ist, als gestünde ich einen Mord
ein) nicht unveränderlich sind."[10]

Schon *Lamarck* hatte immer wieder darauf hingewiesen, daß Arten nur
eine relative Konstanz eigen sei. Zwar seien sie durchaus real, aber dies bedeute nicht zugleich auch Stabilität. Somit bestünden Arten auch nicht
ewig. *Lamarcks* Artdefinition dürfte die erste sein, in die diese zeitliche Begrenztheit einging: „. . . il est utile de donner le nom ‚espèce' à toute collection d'individus que la génération perpétue dans le même état tant que les

circonstances de leur situation ne changent pas assez pour faire varier leurs habitudes, leur caractère et leur forme" (Philosophie Zoologique I: 75, 1809, zitiert nach *Szyfman* 1977: 224).

Ch. Darwin (1809—1882) stellte dem Lamarckismus seine Theorie vom Wandel der Arten zur Seite, die der individuellen Variabilität wesentliche Bedeutung beimißt. Jene Formen aus dem gesamten Variationsspektrum — Spiegel einer unterschiedlichen Lebens- und Fortpflanzungsbefähigung im weitesten Sinne — haben die größten Chancen, Nachkommen zu hinterlassen, die unter den jeweiligen Umweltbedingungen am geeignetesten, heute würde man sagen: am besten angepaßt sind. Dies bildet die Grundlage der Evolutionslehre in ihrer derzeitigen Form. Die Evolutionstheorie gilt als die bedeutendste Theorie der biologischen Wissenschaften, und mit ihr setzte sich nach 1859 allgemein die Auffassung durch, daß Arten nicht unveränderlich sind. Dennoch blieb die Diskussion darüber, was Arten eigentlich sind.

Zum einen ging es um die Frage, ob Arten „denkunabhängig", also unabhängig vom sie wahrnehmenden Menschen, existieren, oder ob sie als Geistesprodukte des menschlichen Klassifizierungsbedürfnisses Artefakte sind. Die Antworten waren natürlich wiederum eng damit verknüpft, was man im Vergleich zu heute als „Art" bezeichnete. *John Locke* (1632—1704) glaubte, „the boundaries of species, whereby men sort them, are made by man" (*Dobzhansky* 1958: 19). Das stand im Gegensatz zu der späteren Auffassung, nach der eine jede Art Gottesschöpfung war; entschieden wurde diese Frage vorerst nicht.[11] Zum anderen gewann seit *Darwin* der Faktor Zeit in den Erörterungen um die Artabgrenzung Bedeutung. *Darwin* selbst kam zu dem Ergebnis, daß eine scharfe Grenze zwischen auseinander hervorgehenden Arten nicht bestehen könne.

Neue Arten entstünden aus den Varietäten der früheren, meinte er, daher sei es schon einmal schwierig zu entscheiden, was als Varietät und was als Art zu bezeichnen sei. „On the view that species are only strongly marked and permanent varieties, and that each species first existed as a variety, we can see why it is that no line of demarcation can be drawn between species, commonly supposed to have been produced by special acts of creation, and varieties which are acknowledged to have been produced by secondary laws" (*Darwin* 1859: 469). Wegen der Schwierigkeit der Grenzziehung im Kontinuum der Generationenfolge schloß 15 Jahre später *M. Neumayr* (1845—1890), daß der Speziesbegriff aus der Paläontologie zu verdrängen sei (s.u.). Diese Schwierigkeit wird in der Paläontologie allgemein noch heute gesehen. Sie beruht auf einer unglücklichen Kombination von Morphospezies-Konzept und Evolutionstheorie sowie maßgeblich auf der Auffassung, die Entstehung neuer Arten erfolge durch eine „Höherentwicklung" und nicht (nur) bei phylogenetischer Aufspaltung.

Darwins Erörterungen um das Art- bzw. Varietäten-Problem zeigten eine
weitere Schwierigkeit auf: Konnte man bestimmte Varianten einer alten
Spezies wegen ihrer habituellen Übereinstimmung mit der aus ihr hervorgehenden neuen Art schon zu letzterer rechnen? Das hieße, nur den Merk-
malskomplex der Individuen zu berücksichtigen und außer acht zu lassen,
daß alles, „was sich scharet und paaret" (*L. Oken* 1830, nach *Plate* 1914:
123) zu einer Art zu zählen ist. Diese Frage gewann an Bedeutung, nachdem *Hilgendorf* (1866, 1867) an den Steinheimer Planorbiden erstmals eingehend Sequenzen auseinander hervorgehender Formen, sog. „Formenreihen" untersucht hatte. Nicht zuletzt im Hinblick auf die Anforderungen
der Biostratigraphie, für die man „Formtypen" haben zu müssen glaubte,
ließ man sich zu einem strikten Morphospezies-Konzept verleiten, das noch
100 Jahre später von Bedeutung sein sollte: Man stellte zu einer Art unabhängig von ihrem Alter all jene wenigen Individuen einer Population und einer Populationenfolge, die einem Holotypus fast völlig glichen. Stärker abweichende Individuen, die durchaus derselben einstigen Fortpflanzungsgemeinschaft entstammen konnten, wurden einer anderen Art zugeordnet.
Die Ursache für diese Entwicklung lag nicht zuletzt darin, daß viele Autoren
nach dem Zusammenbruch der Annahme von der Konstanz der Arten nur
noch die Individuen als wirkliche Einheiten ansahen; Arten waren, wie
Beurlen (1939: 243) schrieb, nur noch Zusammenfassungen ähnlicher Individuen aus Zweckmäßigkeitsgründen. Infolgedessen pulverisierten einige
Autoren die fossile Formenvielfalt geradezu, trotz weitsichtiger und wohl-
begründeter Einwände, wie sie z.B. von *Rowe* (1899: 541) im Zusammenhang mit seinen Untersuchungen an der Formenreihe des Seeigels *Micraster*
vorgetragen wurden. Vielleicht hat diese Entwicklung um so mehr dazu beigetragen, daß Arten allgemein als Populationen begriffen wurden.
   Wie *Kottler* kürzlich zeigte, gilt es nur in eingeschränktem Maße, daß Arten für *Darwin* nur willkürlich abgrenzbar und nicht viel mehr als extreme
Varianten waren. Denn ganz anders äußerte sich *Darwin* in seinen „Notebooks on transmutation of species", die in den 60er Jahren dieses Jahrhunderts veröffentlicht wurden. Darin heißt es, für die Entscheidung, ob zwei
Formen artlich verschieden sind, sei ausschlaggebend, ob zwischen ihnen
Kreuzungs-Infertilität bestehe. In diesem Zusammenhang erkannte *Darwin*
auch, daß sich „gute" Arten morphologisch außerordentlich stark ähneln
können (*Kottler* 1978: 279). Sein Artbegriff kam damit dem modernen
biologischen Spezieskonzept sehr nahe. *Darwin* scheint in jener Zeit nicht
bezweifelt zu haben, daß Arten voneinander wohl abgegrenzt waren. Auch
in späteren Arbeiten wie im „Descent of Man" betonte er, daß der normale und beste Hinweis auf artliche Verschiedenheit durch die Unmöglichkeit
der Verschmelzung gegeben sei (*Kottler* 1978: 293). (Dem „Origin" zufolge
lag für *Darwin* im Vorhandensein oder Fehlen von Kreuzungssterilität die
einzige Unterscheidungsmöglichkeit zwischen Varietät und Art.)

Die verbreitete Annahme, Arten seien für *Darwin* eher willkürliche Einheiten gewesen, resultierte wesentlich aus mehreren Abschnitten in „The Origin of Species". Daß er sich darin in dieser Weise äußerte, kann mit dem Ziel seines Buches zusammenhängen: Er wollte beweisen, daß eine Art nicht unwandelbar sei, sondern daß sie über ihre verschiedenen Varietäten in eine neue Art übergehen konnte. Wer an die Schöpfungsgeschichte glaubte, für den beruhte die Existenz einer jeden Art auf einem eigenen Schöpfungsakt, während die Varietäten einer Art durch gemeinsame Herkunft genealogisch miteinander verwandt waren. Wenn *Darwin* von der weitgehenden Übereinstimmung von Arten und Varietäten sprach (s.o.), dann implizierte dies den Hinweis darauf, daß auch verschiedene Arten in dieser Weise miteinander verwandt waren und daß auch ihnen eine gemeinsame entwicklungsgeschichtliche Herkunft zukam.[12] Außerdem schrieb er im Dezember 1856 in einem Brief an *Hooker*, die vielen Versuche, die Art zu definieren, wurzelten seiner Meinung nach im Bemühen, das Undefinierbare zu definieren.[13]

Darwin gab also mit zunehmender Erfahrung seine alte Vorstellung von der Art auf. *Mayr* (1982a: 267–268) hält es für möglich, daß dazu sein enger Kontakt mit Botanikern beitrug, und im Zusammenhang mit seinen Ausführungen über den allmählichen Wandel der Arten mußte ohnehin jede Motivation fehlen, Arten als gut gegeneinander abgegrenzte bzw. abgrenzbare Einheiten herauszustellen.

Darwin hat somit nicht direkt zur weiteren Entwicklung des Artbegriffes beigetragen. Aber seine Anregungen können wohl kaum überschätzt werden: Seine Arbeiten wirken bis heute als das Fundament der modernen Neontologie und Paläontologie nach, und letztlich fußt auf seinen Überlegungen auch das heutige Artkonzept.

Wie erwähnt, war bereits im Altertum und dann wieder im Mittelalter erkannt, daß Arten geographisch variieren. Dies führte noch vor 1859 zum Konzept der geographischen Unterart. Solche Unterarten wurden im 18. Jahrhundert im allgemeinen nicht von den Rassen der Kulturpflanzen und Haustiere, von individuellen und nichtgenetischen Varianten usw. unterschieden und wie noch bis weit ins 19. Jahrhundert hinein als Varietät bezeichnet. Allerdings differenzierte schon *J. Esper* 1781 zwischen wesentlichen Varietäten, die er als subspecies bezeichnete, und unwesentlichen „varietates" (Abänderungen, Varietäten), „variationes" (Abarten) und anderen.

Stresemann (1951) wies darauf hin, daß sich die moderne Erforschung der geographischen Variabilität bis auf *I. Kant* zurückführen lasse. *Kant* schrieb (1775: 17–18), daß die Natur „bei der Wanderung . . . der Tiere und Gewächse . . . neue . . . Abartungen und Rassen" hervorbringt. Auch beim Menschen dachte sich *Kant* die verschiedenen Rassen in enger Beziehung zu ihrer geographischen Verbreitung aus einem einzigen Stamm hervorgegangen (1775, 1785; 1789: 156: „Die Entwicklung der Anlagen richtete sich nach den Örtern".) Die Forderung von *Kant* (1781), es seien „unter jeder Art, die uns vorkommt, Unterarten und zu jeder Verschiedenheit kleinere Verschiedenheiten zu suchen", aber blieb, wie *Stresemann* (1951: 200) ausführte, ohne Einfluß auf die Taxonomie. Erst *H. Schlegel* (1804—1884) hat die geographischen Subspezies besonders hervorgehoben. Einem Vorschlag *Bruchs* aus dem Jahre 1829 folgend, benannte er sie in seiner Übersicht der europäischen Vögel (1844) konsequent und in durchaus modernem Sinne ternär.

Daß man die Existenz beständiger geographischer Subspezies allgemein anerkannte (und man sie nicht wie offenbar *Gloger* 1833 auf eine nichtgenetische Anpassung zurückführte), war Voraussetzung für die so bedeutsame Theorie der geographischen Speziation. Sie besagt, daß eine räumliche Separation als der vielleicht wichtigste äußere Initiator für die Vervielfachung der Arten anzusehen ist. Diese Annahme findet sich schon in mehreren relativ frühen Arbeiten. Immer wieder werden die Ausführungen von *L. von Buch* (1825) hervorgehoben. Nach *von Buch* können sich nach einer geographischen Isolation sehr konstante Varietäten herausbilden. Wenn eine solche Varietät später das Areal einer anderen Varietät erreicht, ist es möglich, daß sie sich mit dieser nicht mehr kreuzen kann, so daß sie nun als zwei verschiedene Arten anzusehen sind. Eingehend begründet wurde diese Theorie vor allem von *M. Wagner* (1868).

Vor dem Hintergrund der auf den Galapagos gesammelten Erfahrung, daß eine aus mehreren geographisch separierten Populationen bestehende Art dazu neigt, in mehrere neue Arten zu zerfallen, entwarf *Darwin* in seinen „Notebooks on transmutation" schon vor *Wagner*, aber nach *von Buch* eine fast vollständige Theorie der geographischen Speziation (*Kottler* 1978: 284, 291). Dabei erkannte er, daß eine solche Artbildung durch das Auftreten reproduktiver Isolation komplettiert werden muß.

Für *Darwin* war die geographische Separation ursprünglich also ebenfalls von Bedeutung. In seinem Hauptwerk aber hatte er sie ganz in den Hintergrund gerückt (vgl. *Mayr* 1967: 383—384). Es ging *Darwin* darin nicht so sehr um die Frage der Vervielfachung der Arten als vielmehr darum, die Annahme eines Evolutionsgeschehens an sich zu untermauern, d.h. ihm war vor allem an dem Problem der Umwandlung der Arten im Laufe der Zeit gelegen.[14] Beide Formen des Artwandels unterschied nach *Szyfman* (1977: 220) schon *Lamarck* in aller Klarheit.

Voraussetzung für den Erfolg von *Darwins* Selektionstheorie war, daß man eine Art nicht mehr als eine Vielzahl weitgehend identischer Individuen begriff. Vielmehr mußte erkannt werden, daß jedes Individuum einer Art biologisch einzigartig ausgestattet ist, und nur wer diese Tatsache und ihre tiefere Bedeutung verstand, konnte sich erklären, wie (und daß) natürliche Selektion wirkt. Diese Erkenntnis bildet zugleich die Grundlage des modernen „Populationsdenkens". Das Aufkommen dieser Anschauungsweise ist nach *Mayr* (1970: 5) die vielleicht bedeutendste konzeptuelle Revolution in der Biologie. Die großen Unterschiede, die zwischen den Individuen einer Art bestehen können, werden nicht mehr zum Teil als Abweichungen vom Normaltypus angesehen, und sie werden schon gar nicht mehr negativ bewertet, wie das von den Essentialisten gern getan wurde. Vielmehr gilt der Normaltypus als eine statistisch begründete Abstraktion. Variabilität ist das „Normale", und sie ist für den Bestand der Arten in einer sich verändernden Umwelt auch notwendig. Allen Varianten wird grundsätzlich eine gleich hohe biologische Bedeutung zugestanden.

Ein etwas anderes Problem war die Frage nach der Artvervielfachung. Der Artwandel impliziert nicht zwangsläufig auch eine Artvervielfachung. Die Mechanismen dieses Evolutionsmodus ließen sich wirklich schlüssig erst im Zusammenhang mit der Etablierung des „biologischen Spezieskonzeptes" beantworten (*Mayr* 1970: 19). Denn dieses Konzept enthält einen wesentlichen Hinweis auf eine zwischen zwei Arten bestehende Fortpflanzungsisolation. Das Aufkommen einer solchen Isolation bedeutet das Entstehen zweier Arten aus einer Stammart.

Das biologische Artkonzept wird heute als nahezu allgemeingültig angesehen. „Biospezies" sind nach der Formulierung von *Mayr* (1969: 26) „groups of interbreeding natural populations that are reproductively isolated from other such groups". Diese Definition ist das Resultat zahlreicher Beschreibungen der Art, die insbesondere etwa seit der letzten Jahrhundertwende ausgearbeitet und verfeinert wurden. Mit ihr wird endgültig berücksichtigt, daß Arten aus einer Vielzahl merkmalsverschiedener geographischer Unterarten und lokaler Populationen bestehen können, die als Gesamtheit eine von anderen solchen Gemeinschaften reproduktiv isolierte Fortpflanzungsgemeinschaft bilden. Die morphologische Ausprägung als Kriterium der Artzugehörigkeit tritt in den Hintergrund, und tatsächlich erwies sie sich oft als trügerisch. Betrachtet man eine zeitliche Sequenz solcher Fortpflanzungsgemeinschaften, sieht man die Biospezies um den historischen Aspekt erweitert. — Als besondere Schwierigkeit ist die Beziehung des Biospezies-Konzeptes zu uniparentalen Organismen hervorzuheben. Fast alle Autoren gehen davon aus, daß es für sie nicht zutrifft. Danach kommt dem biologischen Artbegriff allgemeine Bedeutung nicht zu. Diesen Mangel versuchte man immer wieder durch Entwicklung eines ökologisch ausgerichteten Spezieskonzeptes zu beseitigen, doch blieben die Resultate hinter dem mit dem Biospezies-Konzept Erreichten zurück.

3 Das biologische Artkonzept

3.1 Die Entwicklung des Biospezies-Konzeptes und das Wesen der organismischen Art

Zu Beginn der 40er Jahre dieses Jahrhunderts schuf man den — inzwischen schon wieder etwas in Vergessenheit geratenen — Begriff „neue Systematik". Mit der so bezeichneten, synthetisch angelegten Theorie und Methodik wurde versucht, den biologischen Gegebenheiten in der Vielfalt der Organismen stärker gerecht zu werden als in früheren Jahren. *Mayr, Linsley* und *Usinger* charakterisierten den Unterschied zwischen „alter" und „neuer" Systematik in etwa wie folgt:

„In der alten Systematik ist eine typologische, d.h. eine rein morphologisch definierte und nicht-dimensionale Art von zentraler Bedeutung. „Nicht-Dimensionalität" besagt, daß die geographische Variabilität kaum Beachtung findet. Viele Arten sind nur durch eines oder durch wenige Exemplare bekannt, und nicht zuletzt aus diesem Grunde bildet das Individuum die taxonomische Grundeinheit.

In der neuen Systematik wurde die rein morphologische Artdefinition durch eine biologische Definition ersetzt, mit der auch ökologische, geographische, genetische und andere Faktoren berücksichtigt werden. Die Population, in der Praxis repräsentiert durch eine angemessene Serie von Individuen, ist die grundlegende taxonomische Einheit. Sehr viel Aufmerksamkeit wird der internen Gliederung der Arten gewidmet. Die Interessen eines Taxonomen bestehen nicht nur darin, neue Formen zu erkennen und zu beschreiben, sondern sind allgemeiner angelegt. Manche Spuren der neuen Systematik finden sich durchaus schon in Arbeiten aus der ersten Hälfte des 19. Jahrhunderts (*Mayr, Linsley & Usinger* 1953: 13—14, z.T. leicht verändert und gekürzt).

Den „biologischen" Artbegriff kann man als das Kernstück dieser „neuen Systematik" ansehen. Er löste die typologisch orientierte Art-Auffassung ab, und damit waren nun alle für die Phylogenetik, Biogeographie, Genetik, Systematik usw. relevanten Fragen unter dem Gesichtspunkt zu beantworten, daß Arten etwas anderes sind als starre Formtypen. Wir wollen auf den folgenden Seiten untersuchen, was es mit dem biologischen Artkonzept auf sich hat.

Bis zum Anfang des 20. Jahrhunderts, vereinzelt noch in den 50er Jahren, hatte man darauf hingewiesen, daß zwischen vielen — nämlich morphologisch definierten — Arten keine Fortpflanzungsbarriere bestand. Solche Arten konnten also Bastarde bilden oder sogar miteinander verschmelzen. Oft wurde daraus abgeleitet, daß eine Art lediglich eine vom Menschen eingerichtete, der Klassifizierung dienliche Gruppe sei und keine fest umrissene natürliche Einheit. Nach dieser Ansicht würde es kein Artkonzept geben können, das uns das Wesen einer real-objektiven, von uns als Art bezeichneten Einheit begreiflich macht. Andere Autoren aber waren überzeugt, daß Arten sehr wohl real existieren. Sie sahen schon frühzeitig die Aufgabe darin, „für die bestehenden objektiven Einheiten eine möglichst genaue und möglichst weitgehende Definition zu finden und nicht eine bestimmte, je nach dem praktischen Bedarf zurechtgeschnittene Maßeinheit in die bestehende Mannigfaltigkeit der Organismen hineinzutragen" (*Remane* 1927: 3). Die Meinung, daß Arten natürliche Einheiten sind, wird heute fast allgemein geteilt.

Dazu galt es zu erkennen, was das Wesen der Art eigentlich ist. Das aber bereitete erhebliche Schwierigkeiten. So konnte *Mayr* (1940: 257) seine Verwunderung darüber ausdrücken, „daß in gut bearbeiteten Gruppen kaum jemals Zweifel darüber bestehen, was eine Art ist und was nicht, obwohl es keine absolut zuverlässigen Spezies-Kriterien gibt". Daß dies möglich war, liegt daran, daß viele Arten morphologisch so stark divergieren, daß man sie unterscheiden kann, ohne daß man sich über das Wesen der Arten im klaren zu sein braucht. Der Schlüssel wurde gefunden, als die Fortpflanzungsisolation in den Mittelpunkt des Interesses rückte.

Fortpflanzungsisolation

Vielleicht ist zunächst eine kurze Erläuterung des Begriffes „Fortpflanzungsisolation" von Nutzen. Die durch sie verursachte Trennung mehrerer Populationen beruht nicht auf äußeren Faktoren wie z.B. der geographischen Verbreitung. Beispielsweise ist es auch nicht richtig zu sagen, zwei Populationen seien deswegen voneinander reproduktiv isoliert, weil die eine im Silur, die andere in der Kreidezeit vorkam. Reproduktive Isolation beruht ausschließlich auf Mechanismen, die im Organismus selbst verankert sind und ein Verschmelzen von gleichzeitig am selben Ort vorkommenden Populationen verhindern.

Früher sah man ausschließlich in der Sterilitätsschranke einen Isolationsmechanismus. Tatsächlich aber wird die Fusion sympatrisch vorkommender Arten durch eine Vielzahl von Faktoren verhindert. So sind zahlreiche reproduktiv voneinander isolierte Arten bekannt, die doch nicht intersteril sind. Das zeigt sich oft in der Gefangenschaft, denn hier werden nicht selten die Mechanismen durchbrochen, die in der Natur eine Vermischung verhindern. Man darf aus solchen Vorkommnissen unter unnatürlichen Bedingungen also nicht schließen, daß keine reproduktive Isolation bestünde.

Bei den möglichen Isolationsmechanismen werden oft zwei große Gruppen unterschieden: (1) Mechanismen, die vor und während der Paarung wirksam sind, und (2) Mechanismen, die im Anschluß an eine Paarung eingreifen. *Mayr* (1967: 80) und *Levin* (1978: 186) publizierten eine Klassifikation, die die Reihenfolge widerspiegelt, in der die Schranken überwunden werden müssen.

Zur ersten Gruppe der Isolationsmechanismen gehören folgende Faktoren:

a. Die potentiellen Partner aus zwei sympatrischen Arten begegnen sich nicht, z.B. weil sie zu verschiedenen Zeiten im Jahr geschlechtsreif werden.

b. Infolge verschiedener Verhaltensweisen erfolgt keine Paarung (ethologische Isolation). Dazu zu zählen wären auch unterschiedliche akustische oder chemische Lockreize und bei den Pflanzen Fälle, in denen die Gameten wegen artspezifischer Bestäuber nicht auf andere Arten übertragen werden (Isolation infolge Abhängigkeit von bestimmten Bestäubern).

c. Es kommt zur Paarung, aber es findet keine Übertragung von Sperma statt (mechanische Isolation).

Zu den nach einer Paarung wirkenden Isolationsmechanismen gehören:

a. Trotz Spermaübertragung erfolgt keine Befruchtung (gametische Mortalität).

b. Das Ei wird befruchtet, aber die Zygote stirbt ab (zygotische Mortalität).

c. Es entsteht ein Bastard, der aber vermindert lebenstüchtig ist.

d. Der Bastard ist voll lebenstauglich, aber steril oder erzeugt eine unfruchtbare F_2-Generation (Bastard-Sterilität).

Bei absolut wirksamen, vor der Paarung eingreifenden Isolationsmechanismen bringen die potentiellen Geschlechtspartner zweier Arten keinerlei Nachkommen hervor. Wenn nur Mechanismen bestehen, die nach der Paarung absolut wirksam werden, dann werden keine oder sterile Hybride gebildet. Fehlen Isolationsmechanismen, dann sind mehrere Populationen durch eine Hybridzone miteinander verbunden, das heißt durch ein Areal, in dem fertile Bastarde verbreitet sind.

Isolationsmechanismen sind dabei nicht Eigenschaften einzelner Populationen oder Arten. Isolationsmechanismen entstehen, wenn verwandte Populationen in dieser Hinsicht verschieden sind — "isolating mechanisms reside at the hypothetical interface between populations or species" (*Levin* 1978: 288).

Littlejohn (1981) meint, der Terminus „reproduktive Isolationsmechanismen" sei als zusammenfassender Oberbegriff nicht unbedingt wünschenswert, denn er bezeichne zu heterogene Mechanismen und Faktoren. Meines Erachtens aber ist dieser Ausdruck sehr hilfreich und sollte keinesfalls aufgegeben werden. Natürlich ist nicht zu leugnen, daß Arten auf sehr unterschiedliche Weise reproduktiv voneinander isoliert sind — die obige Zusammenstellung zeigt das in aller Deutlichkeit. Aber in unserem Zusammenhang, bei der Bestimmung der Grenzen einer Art, ist entscheidend, daß es Mechanismen gibt, die ein Verschmelzen sympatrischer Populationen verhindern. Welcher Art sie im einzelnen sind, ist dabei von untergeordneter Bedeutung.

Reproduktive Isolation und das biologische Artkonzept

Stresemann hatte 1919 (:66) betont, daß morphologische Divergenz unabhängig von physiologischer Divergenz sei, und daß nur die letztere (im Falle reproduktiver Isolation) den Beweis der Existenz zweier Spezies biete. Mit der weiteren Ausarbeitung dieses Gedankens führte die Diskussion um das Wesen der Art um 1940 zum sogenannten „biologischen" Spezies-Konzept. *Wright* (1940: 162) charakterisierte Arten als "groups within which all subdivisions interbreed sufficient freely to form intergrading populations whereever they come in contact, but between which there is so little interbreeding that such populations are not found". Auch *Huxley* legte (1942: 165) in seiner Spezies-Definition verstärkt Wert auf die Fortpflanzungsbeziehungen. 1940 (S. 18) hatte er geschrieben: „Arten können insofern als natürliche Einheiten angesehen werden, als sie Gruppen sind, die (a) ein bestimmtes Verbreitungsgebiet haben, (b) sich selbst erhalten, die (c) morphologisch oder seltener nur physiologisch voneinander unterscheidbar sind und die sich (d) normalerweise nicht kreuzen".

In Anlehnung an *Stresemann* 1920 (zitiert in *Remane* 1927: 5) formulierte dann *Mayr* seine weithin bekannte Definition: Arten sind „Gruppen von wirklich oder potentiell sich kreuzenden Populationen, die reproduktiv von anderen solchen Gruppen isoliert sind" (1942: 120) bzw. "groups of interbreeding natural populations that are reproductively isolated from other such groups" (*Mayr* 1969: 26). Arten in diesem Sinne sind es, die (hypothetisch-)real oder, wie sinngemäß *Plate* 1914: 118 schrieb, unabhängig von der Existenz des Menschen Bestand haben. Ähnlich äußerten sich in den letzten 40 Jahren zahlreiche Zoologen und Botaniker,[15] und auch viele Paläontologen teilten schon frühzeitig diese Auffassung.[16] Alle anderen Formen von Arten bilden keine objektiven, d.h. natürlichen Einheiten (zur „Agamospecies" s. unten).

Damit wurde das zuvor nur als weitverbreitet erkannte Phänomen der reproduktiven Isolation als das entscheidende Kriterium dafür gewertet, ob zwei Individuengruppen selbständige Arten sind. Besonders klar brachte diese Auffassung bereits *Standfuss* (1906: 264) zum Ausdruck.[17]

In Arbeiten aus der Zeit des Übergangs vom morphologischen oder morphologisch mitgeprägten zum biologischen Artbegriff ist deutlich die Suche nach Neuem erkennbar — teilweise noch zu einer Zeit, in der die heute „gültige" Spezies-Definition bereits vorlag. In dieser Phase bemühte man sich, nicht-morphologische Kriterien als Entscheidungshilfe bei der Frage nach der Artzugehörigkeit zu finden bzw. die klassischen Merkmale wie die Morphologie, Unterschiede im Verhalten oder in den Lautäußerungen in den

Hintergrund zu rücken. Ein Beispiel finden wir bei *Huxley* (1940: 11): ". . . there is no single criterion of species. Morphological difference; failure to interbreed; infertility of offspring; ecological, geographical, or genetical distinctness — all those must be taken into account, but none of them is decisive".

Das aber führte zumindest zum Teil am eigentlichen Ziel vorbei, welches darin bestand, zu erfassen, was das Wesen der Art ist. Die von *Huxley* genannten Kriterien würden meistens wieder nur erlauben, für einzelne Arten anzugeben, worin sie sich von anderen unterscheiden. Das aber war nicht der Kern des Problems. Dieser lag in der Ursache dieser Verschiedenheit. Die Vermengung dieser beiden völlig unabhängigen Fragestellungen kommt besonders deutlich in einem Passus von *Hiltermann* (1954: 397) zum Ausdruck, in dem es heißt, daß das physiologische Kriterium der Art nur als ein Teil der Artdefinition zu werten sei.

Typisch für die Übergangszeit ist vielleicht auch eine Bemerkung von *Hennig* (1950: 288). Zumindest zeigt sie die Ungewißheit um das Wesen der Art. „Man kann sehr wohl", schrieb er, „einen engen genetischen und einen umfassenden taxonomischen Artbegriff mit weiter Grenzziehung nebeneinander benutzen", und ergänzte (S. 287—288): „Für genetische und bestimmte ökologische Untersuchungen wird man die Einheitsgrenzen eng wählen müssen, während bei tiergeographischen und phylogenetischen Untersuchungen, die sich um größere Zusammenhänge bemühen, eine weitere Fassung der Grenzen der Elementareinheit zweckmäßig sein wird. Man wird für beide Einheitsbegriffe im allgemeinen unbedenklich die Bezeichnung Art wählen dürfen." Eigenartigerweise findet sich eine ganz ähnliche Äußerung noch bei *Sucker* (1978: 80).

Aber während und noch lange nach der Etablierung des biologischen Artkonzeptes wurde das Kriterium der reproduktiven Isolation nicht durchweg konsequent berücksichtigt. *Du Rietz* (1930: 363, 365) unterschied z.B. zwischen „Arten, die voneinander durch absolute sexuelle Isolation getrennt sind" und „Arten, die miteinander durch Hybrid-Populationen verbunden sind", wobei die Hybriden durchaus normal fertil sein könnten. Später führten sowohl *Hennig* (1950) als auch *Mayr* (1967) viele Beispiele bastardierender „Arten" an. In der Botanik sind derartige Fälle gang und gäbe. So schrieb *Grant* (1976: 45): „Natürliche Bastardierung und Genaustausch können zwischen biologischen Arten erfolgen, . . . solange die Kreuzungsbarrieren zu weniger als 100% wirksam sind".

Mayr hatte aber schon 1957 (1957b: 223) darauf hingewiesen, daß Verschmelzen zweier Arten wegen der gegebenen Artdefinition ein logischer Widerspruch sei, und nach *Key* (1981: 439) habe *Mayr* (1942: 120) in der ersten Version seiner Artdefinition wahrscheinlich ebenfalls die „absolute" Isolation gemeint. Konsequent berücksichtigt wurde das Kriterium der reproduktiven Isolation nur von wenigen — so von *Klausnitzer & Richter* (1979: 239), die klipp und klar schrieben: „Eine fertile Nachkommen ergebende Artbastardierung ist unmöglich".

Tatsächlich ist es notwendig, die **absolut** wirksame reproduktive Isolation als Kriterium aufzugreifen. Ohne dies würde unser Begriff von der Art stets die Umgrenzung von willkürlichen Einheiten erlauben, denn bei „schwacher" Fortpflanzungsisolation gibt es Übergangspopulationen und damit keine natürliche Grenze. Damit würden die als Arten bezeichneten Taxa wieder per definitionem nicht in allen Fällen natürlichen Einheiten entsprechen. Wenn wir also als Art das bezeichnen wollen, was in der Natur als kleinste, von allen anderen Populationen biologisch isolierte Einheit besteht, und wenn sich das Artkonzept auf reale Objekte beziehen soll, wie es in meinen Augen für einen naturwissenschaftlichen Forschungszweig unabdingbar ist, dann muß mit „reproduktiver Isolation" die absolute Isolation gemeint sein. Das ist das eine Kriterium jenes strikten biologischen Artbegriffs, das ich im folgenden vereinzelt als „konsequentes Biospezies-Konzept" hervorheben werde.

Allerdings kann trotzdem die Entstehung neuer Arten durch Hybridisierung zweier Spezies vorkommen. Durch Allopolyploidie z.B. — verbreitet bei Angiospermen, Farnen und anderen — kann eine neue Art als Nachkomme zweier Biospezies entstehen. Allopolyploide (Amphipolyploide) entstehen durch Vervielfachung der Chromosomen einer Zygote mit zwei ungleichen (auf der Bastardierung von zwei Arten beruhenden) Chromosomensätzen:

Es ist möglich, daß zwei Biospezies unfruchtbare Hybriden hervorbringen (wären diese Hybriden fertil, bestünde keine reproduktive Isolation zwischen den Elternformen, und folglich wären diese nicht verschiedene Spezies). Kommt es bei den Hybriden zu einer Verdoppelung der Chromosomenzahl, so können normale Gameten gebildet werden; der Allotetraploid ist fertil. Zwischen ihm und seinen beiden diploiden Elternarten besteht aber reproduktive Isolation. Ein F_1-Hybride wäre triploid. Polyploide mit ungerader Chromosomenzahl sind wegen meiotischer Unregelmäßigkeiten steril (*Grant* 1977: 212; *White* 1978: 261).

Sehr oft wird eine biologische Art als Fortpflanzungsgemeinschaft bezeichnet. Aber damit kennzeichnet man das Wesen der Art nicht ausreichend: Eine Art ist **auch** eine Fortpflanzungsgemeinschaft — wobei aber eingeschränkt werden muß, daß dies nur für biparentale (zweielterliche) Arten gilt (s.u.). Um die Art zu charakterisieren, ist es notwendig, das Kriterium der reproduktiven Isolation zu ergänzen, denn sonst würden Arten nicht von Unterarten und anderen infraspezifischen Kategorien unterschieden (*Ghiselin* 1975: 537).

Allerdings macht eine bloße Kombination der beiden Kriterien Fortpflanzungsgemeinschaft und Fortpflanzungsisolation noch immer nicht das biologische Artkonzept aus — finden wir sie doch ausdrücklich schon bei *Buffon* (1749) und anderen Autoren des 18. und des frühen 19. Jahrhunderts. Solange Arten für weitgehend konstant gehalten und weder im Rahmen einer echten Evolutionstheorie gesehen noch als Populationsphänomen begriffen wurden, war, wie *Mayr* (1968: 166) unterstrich, die Entwicklung des Biospezies-Konzeptes nicht möglich.[18]

Da uns das Wesen der organismischen Art somit bekannt ist, dürften im Grunde genommen alle Gruppierungen rezenter und fossiler Individuen nicht (mehr) als Arten bezeichnet werden, die bewußt nicht am Biospezies-Konzept orientiert sind. Nur Arten im Sinne des Biospezies-Begriffs sind natürliche, d.h. real-objektive Einheiten, und nur solche Einheiten sollten und können die Objekte der Biologie als eines naturwissenschaftlichen Zweiges sein.

„Ring-species"

Ein besonderes Problem bieten geographische Rassenkreise. Das sind Ketten allopatrischer Populationen, in denen die Individuen aus den jeweils benachbarten fertile Nachkommen zu erzeugen vermögen, während zwischen den entfernten Populationen bereits Fortpflanzungsisolation bestehen kann (*Rensch* 1929: 14, 1972: 24—25). Nachweisbar wird das Bestehen reproduktiver Isolation bei den sogenannten „ring-species". Hier berühren sich die Endglieder der Populationenkette wieder. Man kennt inzwischen zahlreiche „Rassen"kreise, deren Endglieder voneinander reproduktiv isoliert sind (vgl. *Mayr* 1967: 400—404). Am bekanntesten ist der Rassenkreis der Silbermöwe, der zirkumpolar verbreitet ist und in Europa mit den beiden „Arten" *Larus argentatus* und *L. fuscus* (Silber- und Heringsmöwe) seine Endpunkte findet (Abb. 9). Die Frage aber ist, ob solche Endglieder wirklich eigene Arten bilden.

Wie z.B. *Remane* (1927: 5—6) und *Hull* (1965. 4) kommen *Klausnitzer & Richter* (1979) zu dem Schluß, daß auch dann, wenn „Individuen zweier Populationen (A, B) nicht direkt miteinander fertile Nachkommen zu erzeugen vermögen . . . sie trotzdem . . . zu einer Art gezählt werden müssen, wenn beide Populationen mit einer dritten (C) fertile Nachkommen erzeugen können". Damit werden also zwei voneinander reproduktiv isolierte Populationen zu ein und derselben Art gerechnet.[19] Würden wir in einem solchen Fall anerkennen, daß zwei biologische Arten existieren, dann könnten wir sie nur willkürlich gegeneinander abgrenzen, denn zwischen ihnen ist es noch nicht zu einer Unterbrechung im Genfluß gekommen, wie sie bei isoliert nebeneinander existierenden Arten sonst besteht.

Man könnte zu dem Schluß kommen, es sei letztlich eine Frage der Betrachtungsweise, wie wir die Glieder solcher „ring-species" bezeichnen. Denn daß die sich überlappenden Endpunkte im Verhältnis zueinander Arten darstellen, sei ebensowenig in Zweifel zu ziehen wie die Feststellung, daß ein Fortpflanzungskontinuum über die die Endpunkte verknüpfenden und den Ring auf dem längeren Wege schließenden Populationen besteht.

Diese Auffassung genügt aber nicht den Anforderungen des konsequenten Biospezies-Konzeptes. Ohne Frage ist bei derartigen Formenkreisen eine Artaufspaltung bereits weit vorangeschritten — so weit, daß sie zur Fortpflanzungsisolation zwischen den entfernteren Populationen geführt hat. Die Aufspaltung ist aber noch nicht vollendet, wie das Bestehen einer ununterbrochenen Fortpflanzungsgemeinschaft über die zwischengeschalteten Populationen zeigt. Solange aber die Aufspaltung nicht abgeschlossen ist, solange existiert auch keine absolute Fortpflanzungsisolation. Und solange

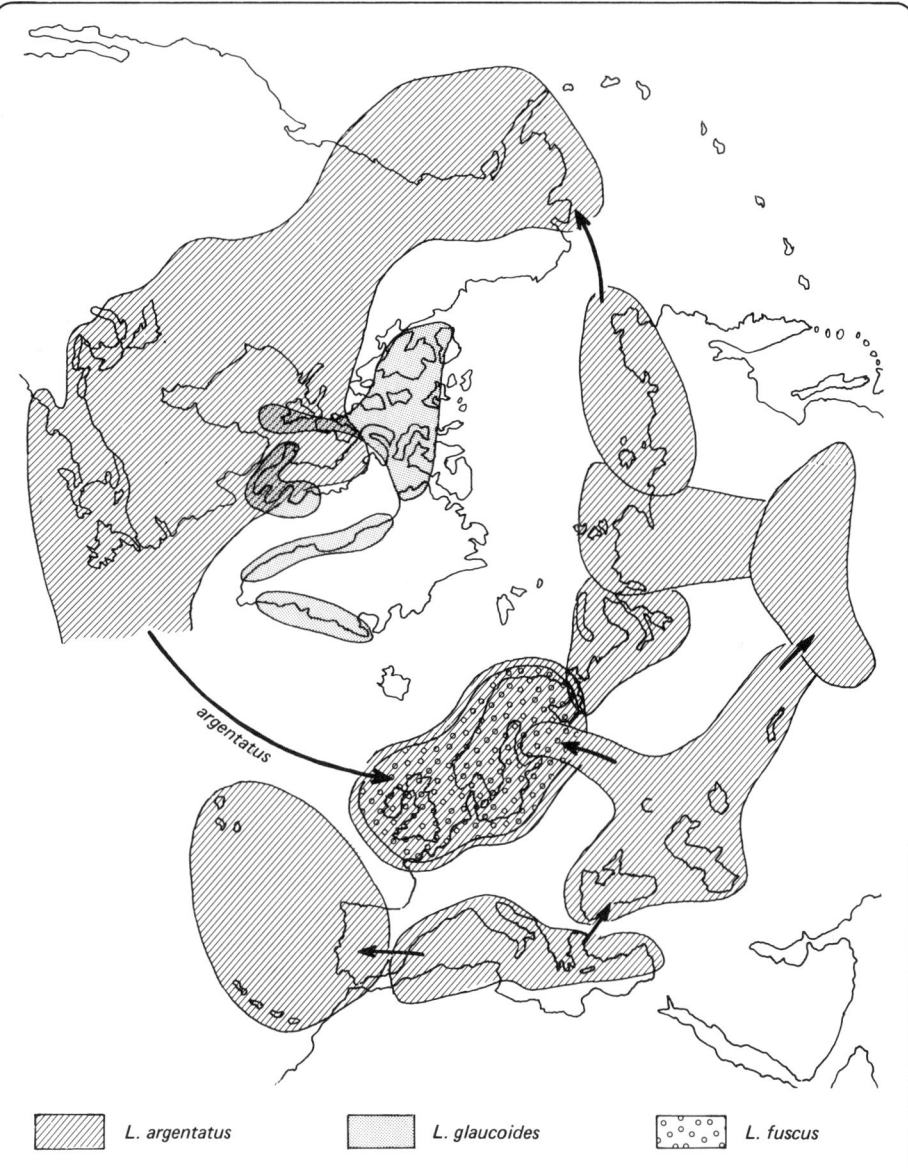

| L. argentatus | L. glaucoides | L. fuscus |

Abb. 9. „Ring-species", Formenkreise mit sich überlappenden Endgliedern am Beispiel der zirkumpolaren Verbreitung der Silbermöwe (*Larus argentatus*) mit Verwandten nach *Mayr* 1967. Offenbar wurde das Verbreitungsgebiet von *L. argentatus* während des Pleistozäns in mehrere Refugien untergliedert. In der aralo-kaspischen Region entwickelte sich die gelbfüßige *cachinnans*-Gruppe (c). Aus ihr ging später die *fuscus*-Gruppe hervor. Aus einer Gruppe mit rötlichen Füßen in Ostasien (*vegae* und Verwandte) entwickelt sich der typische *argentatus* Nordamerikas, der in jüngster Zeit auch Europa besiedelte. Wo sich *vegae* und *cachinnans* treffen, besteht Genaustausch, und dasselbe gilt für die Berührungszone von *cachinnans* und *argentatus* im nördlichen Baltikum. Hingegen leben *argentatus* und *fuscus* an den europäischen Küsten nebeneinander, ohne sich zu vermischen. – In einem nordamerikanischen Isolat entwickelte sich *L. glaucoides,* der heute ebenfalls sympatrisch mit *L. argentatus* vorkommt.

dies nicht der Fall ist, besteht die Gesamtheit der Populationen eines solchen Formenkreises als einheitliche Biospezies.

Larus argentatus und *L. fuscus* sind somit lediglich Subspezies ein und derselben Art, und das, obwohl sie in Europa sympatrisch verbreitet und hier — quasi auf direktem Wege — auch reproduktiv voneinander isoliert sind. (Allerdings kommt es in seltenen Fällen zu einer Verbastardierung). Aber die Isolation ist nicht absolut, denn die beiden Formen sind über eine Kette von Populationen miteinander verbunden. Im Falle von „ring-species" können also durchaus zwei Unterarten an ein und demselben Ort leben, ohne sich zu vermischen.

3.1.1 Einwände gegen das Biospezies-Konzept

Die interne Gliederung der Arten

Vereinfachend wird oft formuliert, die Art sei die Grundeinheit des evolutiven Geschehens. Besonders explizit und verbunden mit einer Kritik am Biospezies-Konzept haben daraufhin *Ehrlich & Raven* (1969) und *Sokal* (1974) die evolutive Bedeutung lokaler Populationen stärker in den Vordergrund gerückt. Im Anschluß daran stellte *van Valen* (1976: 236) die provozierende Frage: "Why, other than for names, must there always be species?" Die Antwort hierauf möchte ich mit den nachstehenden Bemerkungen versuchen zu geben.

Die genannten Autoren gingen von der Überlegung aus, daß Genfluß, der Austausch von Genmaterial zwischen benachbarten Populationen einer Art, eine wesentlich geringere Rolle spiele als oft angenommen wird. So komme geographisch separierten Populationen oft eine Bedeutung zu, die der von Arten gleiche. Aber das steht weder im Gegensatz zum Biospezies-Konzept, noch rührt es an seiner Gültigkeit oder an der evolutiven Bedeutung der Arten (vgl. *Mayr* 1969b: 318). Zweifellos sind die Teilpopulationen einer Art (oft = Unterarten) für die Evolution besonders wichtig: Eine Biospezies, erst einmal entstanden, tendiert mit ihrer Ausbreitung dazu, in Teilpopulationen und letztlich neue Arten zu zerfallen. Aber damit wird nichts anderes als der Kreis Biospezies — infraspezifische Aufgliederung — Aufspaltung einer Biospezies in Tochterarten (= neue Biospezies) geschlossen (vgl. z.B. auch *Mayr* 1942: 172; *Bock* 1979: Fig. 5 oder schon *Standfuss* 1906: 277). Nun findet auch die Frage *van Valens* eine Antwort: Die endgültige Abschottung gegenüber anderen Populationen bedeutet einen ganz wesentlichen Schritt in der Entwicklung der Organismen. Erst damit — mit Erreichen des Artniveaus — ist die Ausbreitung einer Population ohne Beeinflussung ihrer Identität durch Geneintrag von außen und damit auch ihre Aufgliederung in Teilpopulationen möglich.

Das gilt auch für Pflanzen. Allerdings sind sie durch reproduktive Isolationsmechanismen oft nicht in so kleine morphologisch ähnliche Gruppen gegliedert wie Metazoen. Das heißt, daß morphologisch sehr unterschiedliche Formen und sehr stabile Populationen noch Fortpflanzungsgemeinschaften bilden können. Daraus ist aber nicht mit *Huxley* (1942: 162–163), *Beaudry* (1960: 229–231), *Burger* (1975: 48) oder *Grant* (1976: 50–51, 1977) zu folgern, daß in solchen Fällen das Biospezies-Konzept nicht anzuwenden sei, sondern nur, daß eine pflanzliche Biospezies bezüglich ihrer Formenvielfalt außerordentlich umfassend sein kann (*Löve* 1962: 134).[20]

Grant (1977: 170) nimmt diese Vielfalt zum Anlaß einer anders ausgerichteten Kritik am Artkonzept. Er sieht die Unterscheidung von Arten und Unterarten nicht als ausreichend an, um die Situation in der Natur zu erfassen. Mehrere Rassen bilden für *Grant* zwar eine Art; außerdem aber möchte er (wie schon 1957 oder 1963: 340) weitere artähnliche Taxa unterscheiden können. So will er Populationen, zwischen denen nur geringer Genaustausch erfolgt („Semispezies") und die somit zwischen dem Niveau der Rasse und dem der Art stehen, zu einer Einheit zusammenschließen, die umfassender als die Art sei: Mehrere allopatrische (und deswegen nicht in Genaustausch stehende) Semispezies bilden nach ihm eine Superspezies (Begriff von *Mayr* 1931), mehrere sympatrische oder teilweise sympatrische Semispezies ein Syngameon (Begriff von *Lotsy* 1925).[21] Somit sei die Art im Sinne des Biospezies-Konzeptes nicht immer die umfassendste Fortpflanzungsgemeinschaft.

Dazu ist zu bemerken, daß es subjektiven Kriterien unterliegt, wann wir eine Population noch als Rasse, wann bereits als Semispezies im obigen Sinne ansprechen — oder gar als Art, die mit einer anderen Art in Genaustausch steht („Art" im Sinne von *Grant*, nicht im Sinne des konsequenten Biospezies-Konzeptes). Von dieser Einschätzung hängt aber ab, ob eine Gruppe von Populationen eine Spezies oder eine Superspezies bzw. ein Syngameon darstellt.

Entscheidend aber ist der folgende Einwand. Mehrere Semispezies (oder „Spezies", zwischen denen begrenzter Genaustausch stattfindet) unter Umgehung des Zustandes der Biospezies als Superspezies oder Syngameon zusammenzufassen (so verstehe ich auch *Grant*s Ausführungen 1957: 68), ist eine Unmöglichkeit, weil die Kriterien für die Biospezies (reproduktive Isolation zwischen Fortpflanzungsgemeinschaften) nicht umgangen werden können. Das merkt auch *Grant* (1977: Tafel 18.2), denn er führt die Kriterien der Art auch bei der Superspezies und dem Syngameon an. Er zieht daraus aber nicht den Schluß, daß diese beiden Begriffe dasselbe bezeichnen wie der Terminus „Biospezies".

Entgegen der Ansicht von *Grant* (oder auch *Burger* 1975: 48–50) gilt das Biospezies-Konzept unabhängig davon, wie umfassend und wie strukturiert "groups of interbreeding natural populations that are reproductively isolated from other such groups" sind. "A species is the most inclusive Mendelian population" (*Dobzhansky* 1970: 357), und nichts sonst. Ebenso wie der Begriff „Semispezies" sind auch die Termini Superspezies und Syngameon überflüssig (s. auch *Key* 1981: 441).

Von *van Valen* (1976: 235) stammt der Begriff „Multispezies" für sympatrische „Arten", die Bastarde erzeugen, aber dennoch nicht miteinander verschmelzen. Aber wenn die Bastarde fertil sind, wenn also keine reproduktive Isolation besteht, dann ist eine solche Multispezies nichts anderes als eine Biospezies, deren Untereinheiten (Subspezies) sich evolutiv sehr stabil verhalten. Nach *van Valen* könne man diese Formen aber wegen ihres teilweise sympatrischen Vorkommens nicht als Subspezies bezeichnen. Diese Ansicht halte ich nicht für richtig: Da es sich bei jeder dieser Formen um eine ökologische „Art" handeln soll, " which occupies an adaptive zone minimally different from that of any other lineage" (lineage = ecological species), können sie möglicherweise ebensogut als ökologische Unterarten angesehen werden. Und wie gesagt, verliert das Biospezies-Konzept nicht an Bedeutung, wenn solchen Untereinheiten ein evolutiver Wert zukommt, der dem der tatsächlichen Biospezies entspricht.

Es ist bezüglich der Berechtigung des Biospezies-Konzeptes auch unerheblich, daß z.B. ökologische Verschiedenheit in engerer Beziehung zu genetischer Divergenz steht als reproduktive Isolation (ein Argument, wegen dem *van Valen* 1976 ein ökologisches Artkonzept dem „biologischen" vorzieht), oder daß es keines großen Schrittes bedürfe, um Sterilitätsschranken entstehen zu lassen (*Mansfeld* 1948: 328). Es geht einfach darum, daß es durch Isolationsmechanismen umgrenzte Einheiten innerhalb der Organismen gibt. Sie stellen die größten und auch wohl die einzigen real-objektiven Gemeinschaften dar, die als geschlossene Einheit evoluieren können.

Arten als merkmalsgeprägte Einheiten

Die vorstehenden Anmerkungen lassen erahnen, ein wie komplexes Gebilde eine Art sein kann, und wie unterschiedlich strukturiert die einzelnen Arten sind. Teils sind sie engräumig verbreitet und in ihrem Erscheinungsbild sehr einheitlich, teils besteht eine reiche interne Gliederung mit unterschiedlichsten Verbindungen zwischen den einzelnen Populationen. An der Vielfalt der Arten setzt auch eine Kritik von *Mishler & Donoghue* (1982) am Biospezies-Konzept an. Nach ihnen sind die derzeitigen Artkonzepte zu sehr vereinfacht. Ihr Vorschlag lautet, mehrere Artkonzepte nebeneinander bestehen zu lassen, die der erwähnten Vielfalt besser gerecht werden sollen. Sie wünschen — wenn auch nicht in so krasser typologischer Form wie viele andere Autoren — handhabbare und für den Menschen leicht wahrnehmbar voneinander abgegrenzte Einheiten.

Damit ist ihre Auffassung von der Art und dem Sinn eines Artkonzeptes fundamental verschieden von meiner. Ich gehe davon aus, daß es unsere Aufgabe ist, die objektiv bestehenden Arten kennenzulernen. Das Artkonzept soll die Vorstellung von der Art zum Ausdruck bringen. Nach dem derzeitigen Kenntnisstand sind nur Biospezies natürlich voneinander abgegrenzte Arten. *Mishler & Donoghue* streiten die Existenz solcher Einheiten nicht ab, aber wo deren Erfassung schwierig wird, möchten sie „praktische" Gruppenbildungen auf der Grundlage entsprechender Artkonzepte schaffen.

Daß sich die Natur in der Ausstattung der von ihr hervorgebrachten Einheiten nicht danach richtet, ob wir diese Einheiten auch auseinanderhalten können, macht uns die Aufgabe ihrer Erfassung natürlich nicht leicht. Aber das ist in meinen Augen kein Grund, diesem Problem aus dem Wege zu gehen — und das tut man, wenn man die Konsequenz zieht, man müsse praktische und damit willkürlich abgegrenzte Einheiten einführen.

Betrachten wir einige Argumente von *Mishler & Donoghue* etwas genauer. Die beiden Autoren weisen zunächst darauf hin, daß oft sehr unterschiedliche Gruppen begrenzt werden, je nachdem, ob man eine Gliederung nach der Morphologie, den ökologischen Ansprüchen oder der reproduktiven Isolation vornimmt. Folglich hätte eine Biospezies, also eine durch reproduktive Isolation begrenzte Gruppe, unter Umständen keinen einheitlichen Merkmalssatz; gemeinsam sei ihr nur die durch die reproduktive Isolation bestimmte Grenze. So ist es in der Tat. Daß sich die beiden Autoren daran stören, zeigt, daß sie gern ein „typisches" Artmerkmal sehen würden — doch das ist in einem evoluierenden System, wie es die Art nun einmal ist, nicht zu erwarten. Sie fragen dann (: 495), warum man nicht Merkmale wie die Morphologie zur Grenzziehung benutzen könne.

Morphologische, ethologische oder ökologische Eigenheiten bieten nicht die Möglichkeit, objektive Artgrenzen festzustellen, denn in solchen Merkmalen unterscheiden sich — oft in demselben Ausmaß — auch innerartliche Einheiten.[22] Solche Unterschiede für sich genommen, bilden nicht die Grenze zwischen Populationen. Wohl aber — und das ist etwas ganz anderes — wohl aber können solche Unterschiede die Existenz einer objektiven Grenze widerspiegeln. Um eine solche Grenze nachzuweisen, sind weitere Fakten zu ermitteln, die darauf deuten — z.B. sympatrische Verbreitung.

Die beiden Autoren sehen sehr wohl, daß rein merkmalsbezogene Grenzziehungen nicht objektiv sind. Objektivität ist nur erreichbar, indem man naturvorgegebene Grenzen als die Artgrenzen anerkennt, und diese sind allein durch die Fortpflanzungsisolation gegeben. Der Begriff „Grenze" beinhaltet hier etwas ganz anderes als der Begriff „Unterschied", und *Mishler & Donoghue* möchten wie so viele Autoren die Arten nicht durch bestehende Grenzen, sondern durch Unterschiede „definiert" sehen.

Daher möchten sie dann, wenn die Fortpflanzungseinheiten im Verhältnis zu den morphologisch unterscheidbaren Einheiten klein sind, Arten als Populationen verstehen, die durch ihre Herkunft miteinander verknüpft sind. Das bedeutet, daß Arten monophyletischen Gruppen vergleichbar werden, und dieses Konzept überschrieben sie mit „gattungsähnliche Arten" ("species like genera"). Danach kann eine Art mehrere Biospezies einschließen. So wären Zwillingsarten als eine einzige Spezies anzusehen, obwohl zwischen ihnen reproduktive Isolation besteht. In einem solchen Falle würden also die natürlichen Grenzen ignoriert, obwohl sie als bekannt vorausgesetzt werden. Das ist meines Erachtens nicht zu rechtfertigen: Zwillingsarten sind de facto eigenständige und unvermischbare biologische Einheiten. Sie trotz des Wissens um diese Situation zu einer Art zusammenzufassen, hieße, die optische Befähigung des Bearbeiters und nicht die in der Natur bestehende Gliederung zum Maßstab und damit zur Grundlage unserer Forschungen zu machen.

Nach Auffassung der beiden Autoren ist es in Irrweg, ein universelles Artkonzept zu suchen und die basale Einheit von Evolutionsbiologie und Taxonomie einander gleichzusetzen. Daraus wäre zu schließen, daß die Taxonomie ihre Aufgaben nicht im Rahmen der Evolutionsforschung sieht. Alle Zweige der Biowissenschaften aber stehen im Grunde genommen auf dem Fundament, das durch die Evolutionstheorie gebildet wird, und sicher wird kaum jemand bezweifeln, daß das auch für die Taxonomie gilt. Und damit besteht kein Grund, für Evolutionsforschung und Taxonomie verschiedene Artkonzepte zu entwerfen, und keine Notwendigkeit, das Biospezies-Konzept als das allgemein gültige Artkonzept aufzugeben. Biospezies sind nun einmal strukturell außerordentlich vielfältig.

Nach *Doyen & Slobodchikoff* (1974: 239) ist die Art ein idealisiertes Konzept, dem kaum eine natürliche Gruppe von Populationen entspreche. "The primary value of grouping populations into species is utility." Darin kann ich den Autoren nicht folgen. Zweifellos entsprechen manche nominelle Arten des heutigen Zeitquerschnittes nur bedingt dem biologischen Artkonzept. Das heißt, hier werden Gruppen von Populationen als eigenständige Art angesehen, obwohl sie das gar nicht sind, obwohl sie also von anderen „Arten" noch gar nicht völlig fortpflanzungsisoliert sind. Das resultiert daraus, daß Beginn und Ende des Zustandes „Biospezies" allmählich eintreten. Die von uns als „Arten", oft sogar als „Biospezies" bezeichneten Individuengruppen können sich in unterschiedlichen Stadien dieser Entwicklung befinden. Zu Recht werden als Biospezies nur jene Populationengruppen bezeichnet, die sich in jenem Stadium befinden, in dem sie als Fortpflanzungsgemeinschaft reproduktiv von anderen Populationen absolut isoliert sind.[23]

Wenn man wirklich auf „handhabbare" Einheiten angewiesen ist, dann braucht man nicht den biologischen Artbegriff in Zweifel zu ziehen. Wenn schon morphologisch, ethologisch oder ökologisch definierte Einheiten innerhalb von Fortpflanzungsgemeinschaften umgrenzt werden sollen: Warum, wenn es um die Praxis geht, müssen diese Einheiten im Rang der Art geführt werden? Für welchen Rang man sich entscheidet, ist hier ohne Belang. In einem solchen Fall kann man ohne weiteres ausweichen: Besteht eine Biospezies aus zahlreichen, gut voneinander unterscheidbaren Populationen, kann man die Unterarten als Einheiten der Praxis benutzen. Sind mehrere Arten merkmalsidentisch, kann man sich für die Angabe der nächsten überartlichen Kategorie (Untergattung, Artgruppe etc.) entscheiden, oder man bezeichnet die Objekte als „Art x oder y", ohne sich bei der Bestimmung festzulegen.

Diese Hinweise gelten natürlich nur für den Fall, daß man weiß, welchen Umfang die Biospezies haben. In der Paläontologie ist die Situation infolge des viel begrenzter überlieferten Merkmalssatzes natürlich besonders schwierig. Aber meines Erachtens wird die Lage in der Regel als zu pessimistisch eingeschätzt: Denn auch hier kann der Bearbeiter aus ergänzenden Beobachtungen und bei „biologischer" Denkweise zu Folgerungen hinsichtlich der Struktur der ehemaligen Populationen kommen, die denen des Zoologen und des Botanikers kaum nachzustehen brauchen. Vor allem ist auch er in der Lage, die Morphologie als *Indiz* für die Artzugehörigkeit zu nehmen. Das Gegenteil bestünde z.B. darin, morphologische Unterschiede „unbiologisch" als Divergenzen zwischen verschiedenen (typologischen) Arten zu werten.

Ökologische Artkonzepte

Mehrere Autoren hielten einen „ökologischen Ansatz" zur Lösung verschiedener Probleme der Arttheorie für geeignet. So haben *Simpson* (1951, 1961) und *Meglitsch* (1954) versucht, der „einzigartigen evolutionären Rolle einer Art — die Besetzung einer eigenen ökologischen Nische" (*Grant* 1976: 37; vgl. auch *von Wahlert* 1973: 249) primäre Bedeutung zuzusprechen. Damit versuchten sie ein Artkonzept zu entwerfen, das für uniparentale und biparentale Organismen gleichermaßen gültig ist. *Simpson* (1961: 153) aber berücksichtigte dabei nicht konsequent das Kriterium der Fortpflanzungsisolation. Indem er diese Basis verließ, eröffnete er erneut den Weg zu weitgehend beliebigen Artdefinitionen, die sich an der Praxis orientieren und nicht an der Realität von Arten im Sinne des biologischen Spezieskonzeptes.

Das soeben kurz angeschnittene Problem der Behandlung uniparentaler Organismen hat wiederholt Anlaß zu Kritik am Biospezies-Konzept gegeben. Es läßt sich nur auf eine der folgenden Möglichkeiten lösen: Entweder man schafft neben dem biologischen Spezieskonzept, das dann nur für biparentale Arten gelten würde, ein zweites „Art"konzept, oder man überlegt sich, wie man uniparentale Formen begreifen muß, damit sie im Einklang mit dem biologischen Artkonzept erscheinen. Ich neige sehr entschieden der letzteren Auffassung zu. Denn wenn für uniparentale Organismen ein besonderes Artkonzept gültig sein kann, dann ist kaum einzusehen, warum das für andere Erscheinungsformen der Art nicht auch möglich sein soll — und damit hätten wir wieder die Schwelle zur willkürlichen Bestimmung dessen, was eine Art ist, betreten. Auf die Beziehung zwischen uniparentalen Organismen zum biologischen Artbegriff wird in den Kapiteln 3.3 und 3.5 ausführlich eingegangen.

Hierarchisch aufeinander bezogene Artbegriffe

Zwei in hierarchischer Beziehung zueinander stehende Artbegriffe unterschied *Kloss* (1964): einen relativen und einen absoluten Artbegriff. Der relative Artbegriff stehe nach ihm auf niedriger Abstraktionsstufe und gelte nur für einen Ausschnitt der Organismenwelt. Der absolute sei für das ganze Organismenreich gültig und somit nur allgemein formulierbar (vgl. ähnlich *Dacqué* 1906: 670, 680): „Der relative Artbegriff steht in Abhängigkeit vom Umfang des Untersuchungsmaterials auf höherer oder niedrigerer Stufe. Auf seiner untersten Stufe ist er mit den Artnamen der Organismen identisch" (*Kloss* 1964: 289).

Für *Kloss* gilt der biologische Artbegriff nicht für uniparentale Arten, und er hält auch das Ökospezies-Konzept für gerechtfertigt. Arten sind für ihn daher Abstammungsgemeinschaften, die durch sehr unterschiedliche Diskontinuitäten isoliert sind (*Kloss* 1964: 290). Das kommt den erwähnten Vorstellungen von *Mishler & Donoghue* (1982) offenbar nahe. Insofern ist sein absoluter Artbegriff nicht identisch mit *Mayrs* biologischem Artbegriff.

In der vorliegenden Arbeit gehen wir davon aus, daß nur das Biospezies-Konzept die natürlichen, real existierenden Gruppen kennzeichnet, die wir Arten nennen. In Abschnitt 3.3 wird ausgeführt, daß dies auch für uniparental sich fortpflanzende Organismen gilt. Und schließlich ist – s. Kapitel 4 – ein Verfolgen der Biospezies in der Zeit und ihre objektive Abgrenzung in der Zeitachse möglich. Unter diesen Umständen sind *Kloss'* absoluter und der biologische Artbegriff deckungsgleich. Mit ihnen identisch ist außerdem der relative Artbegriff, denn einen besonderen Artbegriff, „der nur für den Ausschnitt der Organismenwelt gilt, aus dem er abstrahiert wurde", gibt es dann nicht mehr.

Ergebnisse

Halten wir das bisher Gesagte vorerst einmal fest: Für biparentale Arten wird das biologische Spezieskonzept, wie es *Mayr* formulierte, als allgemeingültig angesehen. Unabhängig von Unterschieden in ihren Merkmalen, unabhängig von ihrer geographischen Gliederung, von den Ansprüchen an ihre Umwelt und unabhängig von ihrer evolutiven Bedeutung gehören zu einer Art all jene Gruppen von Organismen, zwischen denen noch keine biologischen Isolationsmechanismen voll wirksam geworden sind. Umgekehrt gehören in der Natur reproduktiv voneinander isolierte Individuengruppen zu verschiedenen Arten, und dies unabhängig von einer eventuellen Übereinstimmung in ihrer Merkmalsausstattung. Im Gegensatz zu der derzeit verbreiteten Ansicht ist unter reproduktiver Isolation die **absolute** Isolation zu verstehen.

3.1.2 Arten als Individuen

In den vergangenen fünfzehn Jahren begann eine lebhafte Diskussion darum, ob Arten Individuen seien. Mit diesem Gedanken knüpfte man an die Feststellung an, daß Arten im Sinne des Biospezies-Konzeptes real-objektive Einheiten sind, durch Isolationsmechanismen von anderen solchen Einheiten wohl abgegrenzt. Nun bezeichnet der Begriff „Individuum" nach *Ghiselin* (1975: 536, 1981: 271) ganz allgemein ein bestimmtes Einzelobjekt. Ein solches Objekt muß keine kompakte Masse sein – nach *Ghiselin* (1981: 270) erkannte schon *Aristoteles* menschliche Gesellschaften als Individuen an, und *Locke* wies darauf hin, daß eine Vogelschar ein Individu-

um sei. Wie *Ghiselin* (1981: 274) ausführlich darlegte, führte die oberflächliche Vielteiligkeit oft in die Irre — und so wurde „Individualität" oft
gleichgesetzt mit „Konkretheit". Aber eine solche Identifikation sei einfach
unangemessen. Unsere Erde z.B. sei nicht weniger ein Individuum als unser Sonnensystem. Daher ließen sich auch — und erst recht — natürliche Arten als Individuen auffassen — Individuen im philosophischen Sinn, als Gegensatz zu Klassen.

Die Bezeichnung „Individuum" kann auf verschiedenen Niveaus Anwendung finden: So ist in den Biowissenschaften zunächst — und das ist hier
die geläufige Auffassung — das Einzelwesen, d.h. der einzelne Organismus
ein Individuum. Individuen sind aber auch die ihn aufbauenden Zellen, und
andererseits sind einzelne Organismen Teile eines noch umfassenderen Individuums, nämlich einer bestimmten biologischen Art (*Hull* 1976: 174—
175).

Diese Erkenntnis hat für viele formale Aspekte der Behandlung einer Art
Konsequenzen. Zunächst einmal ist festzustellen, daß, wie schon gesagt, Arten im Sinne von Individuen real-objektive Einheiten sind, und das bedeutet, daß deren Grenzen feststehen und nicht willkürlich vom Wissenschaft-
ler gezogen werden können. Das gilt auch für die Grenzen im Zeitablauf.
Eine Art existiert danach so lange, wie sie als Individuum bestehen bleibt.
Und das heißt, wie noch auszuführen sein wird, so lange, bis sie sich in
Tochterarten aufspaltet. In der Praxis der Taxonomie ist eine Grenzziehung in diesem Punkt nicht nur nicht willkürlich, sondern notwendig (*Platnick* 1977: 97). Doch dieses Problem will ich vorerst zurückstellen.

Ferner können Arten im Sinne von Individuen nicht definiert, sondern
lediglich beschrieben werden (*Hull* 1976: 177, 180; *Platnick* 1977: 97): Die
Beschreibung einer Art, nicht eine Definition, hilft dem Taxonomen zu entscheiden, welcher Spezies sein Untersuchungsobjekt angehört.

Im Aristotelischen Sinn ist eine Definition dasselbe wie eine Beschreibung. Eine taxonomische Definition hingegen — und in diesem Sinne wurde der Terminus hier benutzt —
ist die Festlegung des Umfangs einer taxonomischen Einheit wie einer Familie, Gattung
oder Art. Aber diese Einheiten werden dann nicht als Individuen aufgefaßt, sondern als
Klassen. Der definierte Umfang solcher Klassen kann durchaus willkürlich ausfallen; er
muß also nicht real-objektiven Einheiten kongruent sein. Die taxonomische Definition
soll somit das Zuordnen von Einzelorganismen zu einer solchen, unter Umständen typologischen Einheit ermöglichen. Die „Beschreibung" ist demgegenüber die Niederschrift
des am naturvorgegebenen begrenzten Objekt Beobachteten.
Früher schon hatte *Meglitsch* (1954: 55) darauf hingewiesen, daß man bezüglich der
Art im allgemeinen nicht von einer „Definition" sprechen sollte: "If the species is truly
an objective unit we cannot define it; we can but describe it."

Noch einmal zurück zu den formalen Aspekten bei Arten im Sinne von
Individuen: Individuen bestehen aus Teilen. Ein beliebiger Organismus —
etwa ein Holotypus — ist daher nicht ein Mitglied oder ein Beispiel einer Art.
Das wäre der Fall, wenn Arten als Klassen aufgefaßt würden. Vielmehr ist
ein jeder Einzelorganismus ein Teil einer Art (*Ghiselin* 1975: 540).

Im linnéschen System wurde eine Art als Klasse aufgefaßt (*Woodger* 1952: 19). „Aber eine Klasse", so *Woodger*, „ist eine abstrakte Einheit und hat daher weder Anfang noch Ende in der Zeit. Daher können wir nicht von der Entstehung der Arten sprechen, wenn wir sie in der Linnéschen Weise begreifen" — solche Arten könnten nicht evoluieren (*Hull* 1976, 1978; *Beatty* 1982: 26). Denn Arten im Sinne von Klassen werden durch bestimmte Eigenschaften definiert (Definition wieder im obigen Sinne); sie sind Kollektive von Organismen, die die in der Definition herausgestellten Eigenschaften aufweisen — typologische Abstrakta, dienlich nur der Zuordnung einzelner Organismen, d.h. logische Komplexe. Wollte man Arten als Klassen begreifen, wären ganz „unbiologische" Konsequenzen die Folge. Wenn z.B. die Art Klapperschlange durch den Besitz ihrer Rassel definiert wäre, dann dürfte eine Klapperschlange, die keine Klapper entwickelt hat oder der das Schwanzende abgetrennt wurde, nicht mehr zur Art „Klapperschlange" gerechnet werden. Aber ein solches Individuum ist noch immer Teil der biologischen Art Klapperschlange als noch umfassenderes individuelles Objekt (vgl. *Griffiths* 1974: 101—102). „In modern biological theory species and 'higher' taxa are postulated to be physical systems at a higher level of organization with irreducable attributes of their own, not classes of individuals. Systems are complexes of interacting elements" (*Griffiths* 1974: 103).

Klassen sind in Raum und Zeit nicht begrenzt, und sie sind definierbar. Für Individuen gilt das nicht.

Besonders neu ist der Gedanke, daß man Arten als Individuen auffassen könnte, freilich nicht. *Powers* schrieb 1909 (S. 601): "If species are denied reality because they are pluralities instead of units, individuals have absolutely no right to a better status. Individuals are pluralities" — nämlich ein Aggregat von Zellen; ein Hinweis, den wir einerseits ähnlich schon bei *Brauer* (1885: 242), andererseits in modernen Erörterungen zur Auffassung der Arten als Individuen ebenfalls finden. Dann erörterte *Schwarz* (1936: 43) die Vorstellung, daß Arten den Individuen vergleichbar seien. Sehr eingehend diskutierte *Hennig* (1950: 115—123, 312) die Möglichkeit, Arten und auch monophyletische Gruppen als individuen-ähnliche Einheiten aufzufassen (auch *Hennig* 1953: 3).

Mishler & Donoghue (1982: 497) meinten, daß die Teilgruppen einer reich gegliederten Art eher Individuen seien als die Art selbst. Schließlich bilden ja sie die eigentlichen evolutiven Einheiten. Eine solche Situation rührt am Charakter der Art als Individuum dennoch nicht. Zwar lassen sich abgeschlossene Teilpopulationen einer Art sehr wohl als Individuen, als in Raum und Zeit begrenzte Einheiten begreifen. Da aber ein Individuum aus Teilen besteht, die wiederum Individuen sind, bildet dies keinen Widerspruch, sondern hierbei handelt es sich lediglich um die Betrachtung der Individuen verschiedener Organisationsniveaus. Es besteht also eine Art im Sinne eines Individuums aus Unterarten, von denen eine jede wiederum ein Individuum ist. Und diese Unterarten bestehen ebenfalls wieder aus Individuen — nämlich den einzelnen Organismen.

Die einzelne organismische Art ist also ein Individuum. Eine solche Art fällt unter den taxonomischen Rang der Art, d.h. unter die Kategorie Art — etwa so wie ein ganz bestimmter Mensch, der einen Namen trägt, unter die Kategorie „Mensch" fällt. Diese Kategorien sind Klassen. Die **Kategorie** Art nun ist nicht mehr eine Klasse, zu der zahlreiche Klassen (nämlich die einzelnen Arten) gehören, sondern sie ist eine Klasse, deren Mitglieder (Arten) Individuen sind (*Hull* 1976: 175). Jedes Individuum, das mit der Definition einer Klasse in Einklang steht, gehört dieser Klasse an (vgl. ausführlich *Ghiselin* 1975, 1981; *Hull* 1976 oder *Wiley* 1980).

Die Kategorie „Art" und das Individuum „Art" dürfen nicht verwechselt werden. Nur die individuelle Art evoluiert, spaltet sich auf oder stirbt aus, nicht die Kategorie.

3.1.3 Biospezies und Biospezies: Der Unterschied zwischen natürlichem Untersuchungsobjekt und Taxon

Alle Biospezies sind Individuen. Aber das Bild, das wir uns von diesen Individuen machen, kann sich je nach Kenntnisstand weit von ihrer tatsächlichen Struktur entfernen. Jeder Systematiker kennt die Schwierigkeiten bei der Entscheidung, ob eine Serie von Individuen einer oder mehreren Biospezies angehört. Diese Schwierigkeit besteht grundsätzlich — und daher können unsere Taxa „Arten" immer nur eine Näherung an die natürlichen Arten, die Biospezies, sein. Zwischen beiden ist also zu unterscheiden. Das haben schon vor mehreren Jahrzehnten *Simpson* (1940: 414—416) betont, der den Begriff „Biospezies" dabei noch nicht benutzte; oder *Dobzhansky* (1958: 39), *Grant* (1976: 34—35) und ähnlich bereits *Plate* (1914: 117—118).

Die taxonomischen Arten beruhen auf dem Hypodigma. Mit diesem Begriff werden zusammenfassend alle Individuen einer Spezies bezeichnet, die einer wissenschaftlichen Untersuchung zugrundeliegen (*Simpson* 1940, 1945: 30, 1961: 185; *Newell* 1949). Je umfangreicher das Hypodigma, desto stärker wird sich unsere Vorstellung von der betreffenden Art, d.h. die taxonomische Art, der natürlichen Spezies nähern. Vollständig war die Behandlung einer natürlichen Art durch den Menschen bisher nur dann, wenn es gelungen war, sie auszurotten — wissenschaftlich aber ist eine Biospezies letztlich nicht faßbar (s. auch *Simpson* 1940: 419). Daraus ergibt sich, daß nicht unsere als Arten bezeichneten Taxa real-objektive Einheiten sind, sondern nur die natürlichen Biospezies. Sie sind die eigentlichen Objekte unseres Interesses. Das Resultat ihrer Erforschung sind Beschreibungen, die die Wirklichkeit mehr oder weniger genau charakterisieren. Diese Beschreibungen sind unsere verbal fixierten Vorstellungen von den natürlichen Arten, und diese Vorstellungen sind es, was wir als Taxa bezeichnen.

Im allgemeinen Sprachgebrauch aber bezeichnet man oft auch eine taxonomische „Art" als Biospezies. Das tut man dann, wenn dieses Taxon im Versuch umgrenzt wurde, daß es 1. nicht Individuen mehrerer Biospezies einschließt oder daß 2. nicht mehrere taxonomische „Arten" bewußt so geschaffen wurden, daß sie zusammen nur einer einzigen realen Biospezies angehören. Genau genommen aber darf keine taxonomische Art als „Biospezies", ja nicht einmal als „Art" bezeichnet werden. Vielmehr müßte man bei jedem Taxon X, das man als Art bezeichnet, erläutern: „Die im Taxon X eingeschlossenen Individuen halte ich für Vertreter nur einer einzigen natürlichen Art (Biospezies)".

Tatsächlich bezeichnet ein Taxon „Art" etwas wesentlich anderes als eine Biospezies: Das Taxon ist eine Klasse, der Individuen vom Untersuchenden zugeordnet werden, eine Biospezies ist ein Individuum, dem mehrere Individuen als Bestandteile angehören, so wie einem jeden Einzelorganismus als Individuum niedrigerer Stufe zahlreiche individuelle Zellen angehören.

Der Inhalt des vorstehenden Satzes steht scheinbar im Gegensatz zu Ausführungen von *Mayr* (1976: 192) über die Frage nach dem Individualitätscharakter der Arten. Er faßt eine Art im Sinne eines Taxons als Individuum auf, während die Kategorie „Spezies" eine Klasse sei. Diese Diskrepanz liegt lediglich darin begründet, daß *Mayr* die hier getroffene Unterscheidung nicht durchführt und als Taxon sowohl die natürliche Biospezies als auch deren Abbild, das Taxon im hiesigen engeren Sinne, bezeichnet. Die **Kategorie** „Art" kommt zu diesen beiden Formen der Arten als dritte hinzu.

Mit meiner Ansicht sehe ich mich auch im Gegensatz zu der Auffassung von *Hull* (1976: 190). *Hull* schreibt: "If some unit of classification (e.g., the taxonomic species) is to correspond to some unit of the evolutionary process (e.g. the evolutionary species [im wesentlichen = natürliche Art, wie ich sie oben bezeichnet habe]), and if species function as individuals in the evolutionary process, then taxonomic species must also be individuals." Letzteres halte ich nicht für allgemein zutreffend, weil wir in einem bestimmten Taxon „Art" Individuen aus mehreren natürlichen Arten irrtümlich vereinigt haben können. Unsere taxonomischen Arten sind keine Individuen, sondern deren mit mehr oder weniger Erfolg erfaßten Abbilder. Nur im Idealfall besteht zwischen Biospezies und unseren als Arten bezeichneten Taxa Kongruenz. Ein am Biospezies-Konzept orientiertes Taxon „Art" ist niemals die Biospezies selbst. Für *Cain* (1959: 164) ist die „taxonomische Art" die umfassende Bezeichnung für vier Artkonzepte (Morphospezies, Palaeospezies, Agamospezies und Biospezies): Eine taxonomische Art ist jedes als Art bezeichnete Taxon, das einen gültigen Artnamen trägt (*Simpson* 1961: 155). Der Begriff „Biospezies" trägt also in der Literatur zwei Gesichter: Das der natürlichen Gruppe, des Individuums, und das des Taxons, des Versuchs, diese Gruppe zu erfassen.[24]

Nicht-natürliche Taxa

Im Gegensatz zum biologischen Artkonzept steht das typologische Artkonzept. Darin werden die Arten als morphologisch definierte Einheiten festgelegt (vgl. hierzu Abschnitt 4.1). Ein typologisches Artkonzept führt zu dem beschriebenen Dualismus nicht. Eine typologische „Art" ist an willkürlich ausgewählten Merkmalen kenntlich, und alle Träger dieser Merkmale bilden ein bestimmtes, als Art bezeichnetes Taxon. Wir brauchen uns in diesem Falle keine Gedanken darüber zu machen, ob diesem Taxon eine real existierende geschlossene Individuengruppe zugrundeliegt. Das heißt, im Grunde genommen spielt es im typologischen Artkonzept keine Rolle, ob Individuen anderer Arten zu einem Individuum unserer typologischen Art in engerer verwandtschaftlicher Beziehung stehen als andere Individuen unserer typologischen Art.

Taxonomie ist die Klassifizierung der uns vorliegenden Individuen, d.h. sie interpretiert die uns zugänglichen Daten im Hinblick auf die durch die Natur vorgegebenen Beziehungen. Aus diesem Grunde kann es Taxa geben, die keinen natürlichen Gruppen entsprechen (z.B. polyphyletische Taxa). Taxa kann man auflösen, wenn erkannt ist, daß sie den naturgegebenen Zusammenhängen nicht entsprechen, natürliche Gruppen hingegen nicht. Diese Unterschiede wurden schon von vielen Autoren bei der Diskussion um die Existenz polyphyletischer Gruppen erörtert. Beispielsweise schrieb *Schrödinger* (in *Abel* 1909: 251): „Wenn es ein natürliches System gibt, so ist die Bezeichnung ‚polyphyletische Familie', ‚polyphyletisches Genus' oder ‚polyphyletische Art' eine Contradictio in adjecto. Ganz anders steht die Frage, wenn wir natürliche Genera von künstlichen Genera unterscheiden: Es wird sich empfehlen, die Ausdrücke ‚monophyletisch' und ‚polyphyletisch' überhaupt zu vermeiden, dagegen die Unterscheidung natürlicher Gattungen scharf durchzuführen."

Der Unterschied zwischen „Taxon" und den naturvorgegebenen Arten scheint früher von manchen Autoren viel klarer gesehen worden zu sein, weil die Inkongruenz im Gegensatz zu heute offensichtlich war. Als sich *Wepfer* (1913) über die damalige Mode beklagte, eine einzige variierende Art (im Sinne einer natürlichen „Einheit") mit zahlreichen binären (und folglich „Art"-)Namen zu belegen, schrieb er, „es kann nicht scharf genug betont werden, daß die mehr oder weniger notwendige besondere Benennung einer neuen Form nichts . . . mit dem Begriff der Art oder der Gattung zu tun hat" (S. 411).

Wie sehr natürliche Gruppen und unsere taxonomischen Einheiten divergieren können, läßt sich an Gruppen von Arten besser verdeutlichen als an einer einzelnen Art. Dazu sei vorausgeschickt, daß die heutige biologische Systematik auf dem Boden der Evolutionstheorie steht und daß die stammesgeschichtlichen Aufspaltungen die Entstehung natürlicher Einheiten bedeuten. Nun gibt es nach dem heutigen Wissensstand keine solche Aufspaltung, die direkt zur Entstehung einer Gruppe geführt hat, die die „Würmer" — die Plattwürmer (Plathelminthes), die Pfeilwürmer (Chaetognatha) und Schlauchwürmer (Nemathelminthes) ebenso wie z.B. die Annelida — umfaßt. Diese „Vermes" sind keine natürliche, sondern eine polyphyletische Einheit. Die Frage ist nun, ob die „Vermes" in diesem sonst längst aufgegebenen Sinne, wie wir sie aber noch 1980 in *A.H. Müllers* Lehrbuch der Paläozoologie finden, ein Taxon sind oder nicht. Nach *Leuschner* (1974: 12) ist das Taxon „eine taxonomische Gruppe von beliebigem Rang (Art, Gattung, Familie usw.). Ein Taxon umfaßt ähnliche taxonomische Einheiten". *Mayr* (1967: 526) erläutert, das Taxon sei eine Gruppe von Organismen, die auf jeder Stufe einer hierarchischen Klassifikation als normale Einheit erkannt ist. Die Begriffe „ähnlich" bzw. „normal" nun implizieren in diesem Zusammenhang eine subjektive taxonomische Gruppierung, und danach ist ein Taxon faktisch jede benannte Gruppierung von Organismen. Auch die „Vermes" sind somit ein Taxon. *Grant* (1977: 173—174) bringt das deutlich zum Ausdruck: „Taxonomie beschäftigt sich mit der formalen Klassifikation von Organismen, die Kleinsystematik mit der formalen Klassifikation auf dem Niveau der Rasse und der Art. Die Art ist demnach in der Taxonomie vor allem eine Einheit der Klassifikation. Und das Hauptkriterium für die Unterscheidung von Arteinheiten in der Taxonomie ist (Anmerkung d. Verf.: *Grant* zufolge; dieser Zielsetzung stimme ich in keiner Weise zu) Bequemlichkeit, Handhabbarkeit bei der praktischen Klassifikation, bei der Identifikation und der ordnenden Arbeit im Museum". In vielen Fällen sei dabei die „taxonomische Art synonym mit der biologischen Art".

Wiley (1981: 72) bezeichnete Taxa, „die unabhängig von der menschlichen Wahrnehmungsfähigkeit in der Natur vorkommen" als „natürliche Taxa". Natürliche Taxa existieren auch, wenn kein Systematiker sie erfaßt oder benennt (1). Natürliche Taxa können nur entdeckt, aber nicht ersonnen werden (2), und sie entstehen durch natürliche Vorgänge (3). Wenn der Wissenschaft natürliche Taxa bekanntgemacht werden, d.h., wenn die Hypothese vertreten wird, daß eine bestimmte Gruppe „natürlich" ist, dann erkennen wir diese drei Punkte als Voraussetzung an (*Wiley* 1981: 73).

3.2 Speziation und die Beziehung einer Art zu ihrem nächsten Verwandten

> "Speciation now appears as the key problem
> of evolution" (*E. Mayr* 1982b: 1)

Wohl nur selten in der Wissenschaftsgeschichte wurde die Existenz eines Objektes nach heftigeren Diskussionen aus seinem allmählichen Werden abgeleitet als im Falle der organismischen Art. Als schließlich gewiß war, daß es einen Artentstehungsprozeß gibt, lautete die Kernfrage, wie dieser Prozeß abläuft und welche Schlüsse sich aus dem Entstehungsmodus der Arten ziehen lassen.

Der Vorgang der Artbildung

Arten im Sinne des biologischen Spezies-Konzeptes entstehen durch eine phylogenetische Aufspaltung, d.h. durch die Aufspaltung einer Stammart in Tochterarten *(Hennig)*. Dieser Vorgang wird als Speziation bezeichnet *(Mayr* 1949, 1957b, 1967, 1982b; *Sylvester-Bradley* 1951: 91; *Simpson* 1951: 282; *Hecht* in *Hecht* et al. 1974: 298; *Stanley* 1979: 12, 13; *White* 1978: 1; *Bock* 1979: 31; *Eldredge & Cracraft* 1980: 114; *Génermont & Lamotte* 1980: 439 u.a.). Die Charakterisierung eines Speziationsvorganges als „Aufspaltung" freilich ist eine sehr oberflächliche Beschreibung. Wesentlich ist, welche biologischen Mechanismen diese Aufspaltung ermöglichen. Das hat *Dobzhansky* (1958: 32) prägnant formuliert: "Speciation . . . consists in the development of reproductive isolation."

Umgekehrt kann das Auftreten von Fortpflanzungsisolation nur im Zusammenhang mit einer solchen Aufspaltung gesehen werden. (Mit einer Artumwandlung im Laufe der Zeit beispielsweise geht nicht das Auftreten von reproduktiver Isolation einher.)

Artentstehung ist nicht die Entstehung gestaltlich neuer Formen. Merkmalsunterschiede brauchen im Zusammenhang mit einem Speziationsereignis nicht in Erscheinung zu treten.

An dieser Stelle sei kurz darauf hingewiesen, daß von einigen Paläontologen auch der Vorgang der Artumbildung (ohne Aufspaltung) als „Speziation" bezeichnet wurde (z.B. *Clark* 1945; *Ernst* 1973: 96; "phyletic speciation" bei *Raup & Stanley* 1971: 97; *Petry* 1982 u.a.). *Hecht* (1974: 298, in *Hecht* et al.) betonte, daß der Terminus "phyletic speciation" per definitionem ungültig sei.

Man unterscheidet drei Formen der Speziation: allopatrische, parapatrische und sympatrische Artbildung (Abb. 11).[25]

Bei **Allopatrie** bewohnen die einzelnen Populationen Areale, die einander nicht berühren (Abb. 10a–b). Im Raum zwischen ihnen kommen keinerlei vermittelnde Formen oder Hybriden vor. Allopatrische Speziation kann

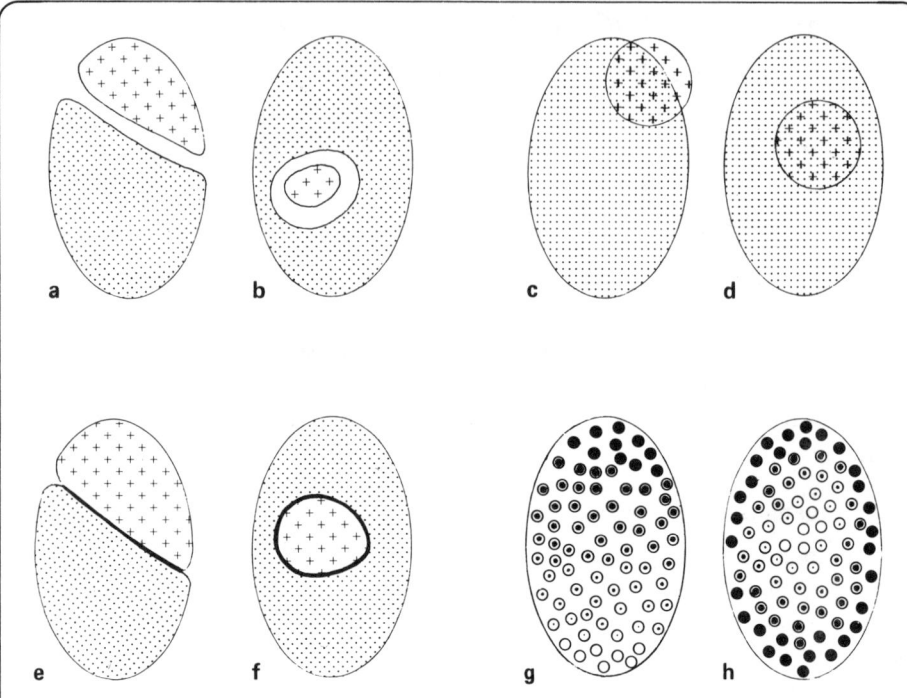

Abb. 10. Muster der geographischen Verbreitung zweier Populationen in Relation zueinander. a externe, b interne Allopatrie; c normale, b interne Sympatrie; e normale, f interne Parapatrie; g normale, h interne geographische Merkmals-Abstufung. Nach *Key* 1981.

durch Unterteilung einer zuvor zusammenhängenden Population oder durch einige Individuen, die eine neue Kolonie gründen, erfolgen (Abb. 11a).

Parapatrie, oft als Sonderfall der Allopatrie geführt, bezeichnet ein Verbreitungsbild, in dem die Populationen aneinandergrenzende Areale bewohnen, die sich nur wenig – in Abhängigkeit von der Länge der Berührungszone und der Vagilität der Individuen – überlappen (Abb. 10e–f). Parapatrische Speziation (= stasipatrische Speziation, *White* 1968) erfolgt, wenn Arten aus benachbarten Populationen entstehen (Abb. 11b). Nach *Mayr* (1982c: 1121) lassen sich jedoch alle bisher bekanntgewordenen Fälle angeblicher parapatrischer Speziation leichter als sekundäre Kontaktzonen von zuvor räumlich getrennten Populationen deuten.

Bei **Sympatrie** bewohnen die Populationen weit überlappende Gebiete, ohne dabei ihre Identität zu verlieren (Abb. 10 c–d). Bei sympatrischer Speziation werden im Verbreitungsgebiet einer Art Isolationsmechanismen aufgebaut, die zur Entstehung zweier geschlossener Fortpflanzungsgemeinschaften führen (Abb. 11c). *Mayr* hat sich immer wieder gegen die Möglich-

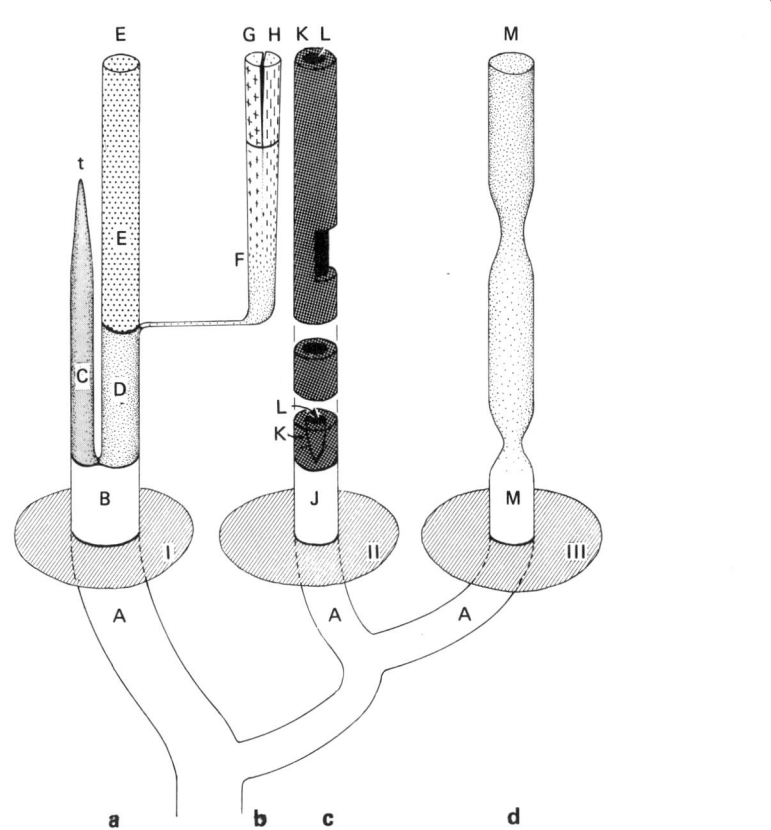

Abb. 11. Artbildung und Artumbildung in drei insulären Lebensräumen (I, II und III). Aus einer einheitlichen Art A entstanden letztlich die sechs Arten E, G, H, K, L und M sowie die vorzeitig erloschene Art C. a. Allopatrische Speziation. Entstehung der Arten C und D durch Aufspaltung von B („dichopatrische Speziation") sowie der Arten E und F durch Bildung der neuen Kolonie F in Region II („peripatrische Speziation"). b: Parapatrische Speziation. Entstehung der Arten G und H aus ihrer Stammart F. c: Sympatrische Speziation. Entstehung der Arten K und L aus ihrer Stammart J. d: Artumwandlung. Der Wandel erfolgt insbesondere im Zusammenhang mit Verringerungen der Populationsgröße („bottleneck-effect").

keit einer echten sympatrischen Artbildung gewandt, denn alle bekanntgewordenen Fälle lassen sich nach ihm durchaus auf das Allopatrie-Muster zurückführen (z.B. 1982b: 11–12, 1982c: 1121).

Damit können wir, wenn wir *Mayr* folgen wollen, davon ausgehen, daß nur der allopatrischen Speziation eine bedeutende Rolle bei der Artbildung zukommt.

In Lehrbüchern wird allopatrische Speziation gern in der Weise dargestellt, als würde dabei eine Art in zwei Hälften unterteilt, die später eigene Arten werden. In aller Regel jedoch führt eine solche Aufspaltung zu zwei sehr ungleich großen Populationen, und oft wird eine solche Population von nur wenigen Individuen begründet — im Extremfall von nur einem befruchteten Weibchen. Da sich solche Populationen meist an der Peripherie des Verbreitungsgebietes der Stammart bilden, bezeichnete *Mayr* (1982b, 1982c: 1122) diese Form der allopatrischen Artbildung als „peripatrische Speziation". Dabei können in relativ kurzer Zeit Isolationsmechanismen aufgebaut und ein Merkmalswandel durchlaufen werden. In der Fossilüberlieferung kann ein solcher Wandel als durchaus plötzliches Auftreten einer neuen Art dokumentiert sein.[26,27]

Der Begriff „peripatrische Speziation" bezieht sich genau genommen auf solche Fälle, in denen eine räumlich isolierte Population dadurch entstanden ist, daß einige Individuen eine bestehende geographische Barriere überwunden und ein neues Verbreitungsgebiet besiedelt haben (Abb. 11a, Aufspaltung in die Arten E und F). Entsteht ein allopatrisches Verbreitungsmuster hingegen durch das Auftreten von Barrieren in einem ehemals geschlossenen Verbreitungsgebiet, und führt das zur Bildung neuer Arten, wird von „dichopatrischer Speziation" gesprochen (*Cracraft* 1984: 115; Abb. 11a, Aufspaltung in die Arten C und D). *Bush* (1975: 341, 346) charakterisierte diese beiden Formen der allopatrischen Speziation beschreibend als „Speziation durch den Gründer-Effekt" (speciation by the founder effect) bzw. als „Speziation durch Unterteilung" (speciation by subdivision). (Der Begriff „Dichopatrie" stammt von *Smith* 1965).

Die phylogenetische Beziehung zwischen Arten im Sinne des Biospezies-Konzeptes

Im Zusammenhang mit der Entstehung neuer Arten und dem Inhalt des Biospezies-Begriffs ist in der Vergangenheit ein Punkt vernachlässigt worden, der in meinen Augen sehr wesentlich ist. Es geht darum, daß eine bestimmte Population ihre Stellung als „Art" niemals für sich allein erwirbt. Vielmehr entwickelt sich eine Population immer in Relation zu einer anderen Population oder Gruppe miteinander fertil kreuzbarer natürlicher Populationen. Eine Art entsteht, indem zwischen phylogenetisch nahe verwandten Populationen Fortpflanzungsisolation auftritt. Diese Beziehung bedeutet, daß eine Population in erster Linie im Verhältnis zu ihrem Schwestertaxon eine Art ist (*Willmann* 1981: 15). Anders ausgedrückt: Eine Population ist eine Art vor allem in Bezug auf jenes Taxon, mit dessen Vorfahren ihre eigenen Ahnen jene Fortpflanzungsgemeinschaft gebildet haben, die ihre letzte gemeinsame Stammart war.

Ich habe nur wenige Passagen gefunden, in denen die Beziehung einer Art zu ihrem nächsten Verwandten besonders betont erscheint. *Mayr* schrieb 1978 (S. 251) zu allopatrischen Formen: "The test of species status, i.e. reproductive isolation with the nearest relative, cannot be applied." *Mayr* zieht hieraus aber keine weiterreichenden Folgerungen. Gleiches gilt für *Wiley*, der 1978: 20 schreibt: "The biological species concept seems a testable special case definition (des evolutionären Artkonzeptes) covering the sympatric occurrence of sexually reproducing sister species."

Das Kriterium der Fortpflanzungsisolation besagt demnach vor allem, daß die Populationen zweier **nächstverwandter** Arten voneinander reproduktiv isoliert sind. Besteht zur nächstverwandten Art reproduktive Isolation, so besteht sie zwangsläufig auch zu entfernter verwandten synchronen Arten — falls nicht, handelte es sich bei letzteren nicht um eigenständige Arten, und damit wäre das Kriterium der weitläufigen Verwandtschaft aufgehoben.

Es entsteht also niemals eine Art für sich allein, sondern stets ein Artenpaar. Genau genommen ist im Biospezies-Konzept diese Beziehung zwischen zwei Arten als wesentlicher Bestandteil enthalten. Wir werden hierauf im Zusammenhang mit den zeitlichen Grenzen der Arten noch zurückkommen.

3.3 Das Artkonzept bei uniparentalen Organismen

Die Kriterien für das biologische Spezieskonzept
und ihre Beziehungen zu uniparentalen Organismen

Oft wird eine der Hauptschwächen des Biospezies-Konzeptes darin gesehen, daß es nicht für einelterliche — uniparentale — Formen und somit nicht für alle Organismen gültig sei.[28] Das liegt daran, daß nach *Mayrs* Formulierung des Biospezies-Konzeptes Arten Gruppen von Populationen sind, die sich untereinander kreuzen können. Das ist natürlich nur bei Fortpflanzungsgemeinschaften möglich. Einelterliche Organismengruppen aber treten — wie der Name sagt — in nur einem Geschlecht auf. Damit ist weder die Möglichkeit der Verpaarung gegeben noch die der Kreuzung zwischen den Mitgliedern verschiedener Populationen. Einelterliche Organismengruppen sind keine Fortpflanzungsgemeinschaften („apomiktische Arten").[29]

Von Wahlert (1981: 244) schließt daraus, daß der Artbegriff bisher unzulänglich definiert ist. „Anders kann man es . . . wohl nicht nennen, wenn seine Bestimmung als Fortpflanzungsgemeinschaft für viele Arten überhaupt nicht anzuwenden ist." Aber diese Bestimmung ist nur der eine Aspekt der Art. Es gibt noch einen anderen, mindestens ebenso wichtigen: Den Modus der Artentstehung.

Ein Speziationsvorgang bei biparentalen Organismen besteht im Auftreten von Fortpflanzungsisolation. *White* (1978: 286) hob hervor, daß mit dem Entstehen einer uniparentalen Population aus einer biparentalen ebenfalls ein Prozeß abläuft, der das Auftreten von reproduktiver Isolation einschließt. Daher sollte man diesen Vorgang nach *White* gleichfalls als Speziation bezeichnen (im Gegensatz z.B. zu einer phylogenetischen Aufspaltung innerhalb einer uniparentalen Population).

Tatsächlich bilden die Individuen einer uniparentalen Art („Agamospezies") für die Mitglieder schon der nächstverwandten biparentalen Art eine Gemeinschaft, zu der Fortpflanzungsisolation besteht. Die Isolationsmechanismen sind von der biparentalen Art aus gesehen zu jedem Individuum dieser uniparentalen Gemeinschaft gleich.

Wir haben damit die Fortpflanzungsisolation in Richtung auf die uniparentale Population betrachtet. Der umgekehrte Weg ist nicht möglich: Wir können nicht von einem Individuum der uniparentalen Art ausgehen und prüfen, ob zu benachbart lebenden Individuen Fortpflanzungsisolation besteht, weil auch zu den Mitgliedern derselben uniparentalen Art Fortpflanzungsisolation zu bestehen scheint.[30]

Die Entstehung uniparentaler Organismen oder Organismengruppen bedeutet immer deren Verselbständigung in Relation zu einer biparentalen Population. Somit besteht zwischen dem Auftreten reproduktiver Isolation zwischen zwei biparentalen Populationen, also zwei Fortpflanzungsgemeinschaften, und dem Entstehen uniparentaler Formen kein Unterschied, was die biologischen Beziehungen zwischen den beteiligten Populationen betrifft. Insofern ist zumindest ein Kriterium des biologischen Artkonzeptes, das der reproduktiven Isolation, gleichermaßen für uni- und biparentale Organismen gültig.

Eine Speziation ist also eine phylogenetische Aufspaltung, die nicht nur zwei Fortpflanzungsgemeinschaften voneinander trennt. Nur eine der entstehenden Spezies braucht eine Fortpflanzungsgemeinschaft zu sein. Umgekehrt aber ist es erforderlich, daß mindestens eine der sich trennenden Populationen eine Fortpflanzungsgemeinschaft ist.

Wenn nun die Scheidung einer Art im Sinne einer Fortpflanzungsgemeinschaft von ihrer nächstverwandten uniparentalen Gruppe per Speziation erfolgt, die Beziehung zwischen ihnen also auf demselben Wege wie ein Artverhältnis zwischen zwei biparentalen Populationen entsteht, dann lohnt es sich vielleicht zu überlegen, ob man die uniparentale Schwestergruppe einer biparentalen Art ebenfalls als „Biospezies" auffassen und bezeichnen kann.

An dieser Stelle wird ein Vorgriff notwendig. Wie später noch ausgeführt wird, beginnt und endet die Existenz von Biospezies mit je einem Speziationsereignis. Eine Biospezies entsteht mit der Aufspaltung ihrer Mutterart; sie endet, sobald sie selbst sich in Tochterarten aufspaltet. Nun haben wir soeben den Entstehungsmodus der Agamospezies dem Speziationsvorgang gleichgesetzt. Also gilt für die Begrenzung uniparentaler Arten theoretisch genau dasselbe wie für die biparentalen Arten: Sie beginnen und enden mit Speziationsereignissen. Ich will dies hier als das „phylogenetische Kriterium" des Artkonzeptes bezeichnen. Um bei den uniparentalen Organismen Einheiten zu umgrenzen, die den biparentalen Biospezies direkt vergleichbar gegenüberstehen, muß dieses phylogenetische Kriterium in die Gliederung uniparentaler Organismen eingehen. Aus der Position der Artgrenzen in phylogenetischen Aufspaltungen ergibt sich, daß eine Agamospezies sämtliche Nachkommen jenes Individuums umfaßt, das die uniparentale Fortpflanzungsweise entwickelt hatte. Somit bildet eine uniparentale Art eine monophyletische Gruppe. Da es (abgesehen von einer Rückkehr zur Biparentie) innerhalb einer solchen Gruppe keine Aufgliederung in reproduktiv voneinander isolierte Teilgruppen gibt, bildet stets die **Gesamtheit** einer uniparentalen monophyletischen Gruppe eine Art. Das gilt unabhängig von den darin eventuell auftretenden Merkmalsdivergenzen.

Apomiktische Arten als monophyletische Gruppen

Eine Agamospezies ist keine Fortpflanzungsgemeinschaft. Aber man kann sie, wie gesagt, als monophyletische Gruppe von Evolutionslinien zu begreifen suchen (*Hennig* 1966: 73). Eine besondere Schwierigkeit ergibt sich aber daraus, daß einelterliche Arten wohl nicht nur auf ein einziges parthenogenetisch reproduzierendes Individuum zurückgehen, sondern auf mehrere, die selbst biparental entstanden sind. Dies ergibt sich aus dem oft nur zögernden und einem Hin und Her unterworfenen Schritt von der biparentalen zur uniparentalen Fortpflanzung. Eine solche uniparentale Art ist somit nicht streng monophyletisch, es sei denn, man führt sie auf jenes Stamm-Individuum zurück, das Vorfahr aller uniparentalen, dann aber auch mehrerer biparental reproduzierender Individuen ist. Die Agamospezies monophyletisch zu erfassen, bedeutet also, auch einige biparental sich fortpflanzende Individuen einzuschließen. – Zwangsläufig wird die Schwesterart dann nicht mehr monophyletisch. Da sie aber eine Fortpflanzungsgemeinschaft bildet, werden die Begriffe mono-, para- oder polyphyletisch bei Anwendung auf sie sinnlos; eine Biospezies bildet immer eine phylogenetische Einheit (*Hennig* 1950: z.B. 311–312, *Willmann* 1983b).

Die Agamospezies und ihre Beziehung zur Existenzform „Fortpflanzungsgemeinschaft"

Es bleibt nun zu untersuchen, ob auch der zweite allgemein als wesentlich erachtete Bestandteil des Biospezies-Konzeptes – die Existenzform der Art als Fortpflanzungsgemeinschaft –- für uniparentale Organismengruppen Gültigkeit besitzt. Im vorstehenden Abschnitt wurde gesagt, daß Agamospezies keine Fortpflanzungsgemeinschaften seien. Mit den folgenden Bemerkungen aber möchte ich aufzeigen, daß diese Aussage sehr differenziert zu betrachten ist.

In der Regel wird davon ausgegangen, daß alle sich asexuell fortpflanzenden Organismen von biparentalen abstammen (*Hennig* 1950: 58, *Mayr* 1967: 33, 328, *Thomas* 1971: 146, eine hypothetische Begründung gaben *Gutmann & Bonik* 1981: 55). Die Einelterlichkeit stellt also eine Ableitung der biparentalen Fortpflanzungsweise dar. Die „normale" biparentale Biospezies ist damit die phylogenetische Basis aller Agamospezies, und meistens erfolgt bei uniparentalen Arten auch eine Rückkehr zur bisexuellen Fortpflanzung – oder sie sterben nach relativ kurzer Zeit aus (*Cain* 1959: 138, *Mayr* 1967: 33, 346, *Doll* 1974: 167–168, *Klausnitzer & Richter* 1979: 237). Hiervon ausgehend, können wir (wie bei biparentalen Biospe-

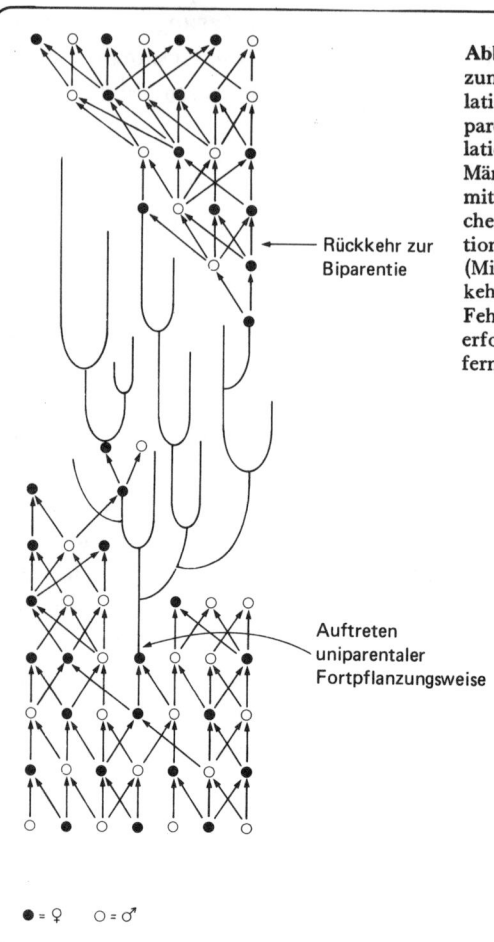

Abb. 12. Auftreten uniparentaler Fortpflanzung ohne Artbildung. Eine biparentale Populationenfolge (unten) spaltet sich in eine uniparentale und eine biparental bleibende Population auf. Eine erfolgreiche Verpaarung eines Männchens aus der biparentalen Population mit einem uniparental entstandenen Weibchen beweist, daß zwischen diesen Populationen keine reproduktive Isolation bestand (Mitte links). Auch mit der späteren Rückkehr zur Biparentie (oben) erweist sich das Fehlen von Isolationsmechanismen, denn es erfolgt eine Fusion phylogenetisch sehr entfernt verwandter ehemaliger Klone.

Rückkehr zur Biparentie

Auftreten uniparentaler Fortpflanzungsweise

● = ♀   ○ = ♂

zies) uniparentale Individuen so lange zu derselben Art stellen, wie nicht reproduktive Isolation zwischen ihnen auftritt. Dies wird überprüfbar bzw. kann der Fall sein bei Rückkehr zu bisexueller Fortpflanzung. Somit ließe sich nicht nur das Entstehen uniparentaler Gruppen mit der Speziation bei biparentalen Arten gleichsetzen (s. oben), sondern auch das Auftreten von reproduktiver Isolation innerhalb einer Gruppe uniparentaler Organismen. Damit wäre das Biospezies-Konzept auch für uniparentale Organismen voll gültig.

Daß es sich bei der Isolation, die zwischen allen — ja gleichgeschlechtlichen — Individuen einer uniparentalen Art herrscht, nicht um eine wirkliche reproduktive Isolation handelt, wird ausführlich im Abschnitt über die biologische Art in Kapitel 3.4 dargelegt.

Somit umfaßt eine monophyletische Gruppe uniparentaler Organismen unabhängig von der morphologischen Divergenz so lange nicht mehrere Biospezies, wie nicht mit Rückkehr zu biparentaler Fortpflanzungsweise re-

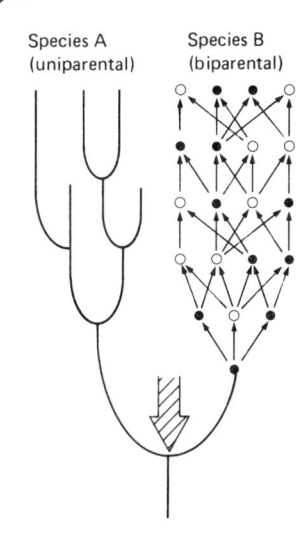

Abb. 13. Artbildung bei uniparentalen Organismen: Rückkehr zu biparentaler Fortpflanzungsweise (rechte Populationenfolge) und reproduktive Isolation. Isolation besteht zwischen der sekundär biparentalen Populationenfolge und allen – uniparentalen – Parallelzweigen. Demgegenüber wurden im Beispiel der Abb. 14 bei der Rückkehr zu biparentaler Fortpflanzung auch Nachkommen paralleler Klone in die entstehende Fortpflanzungsgemeinschaft einbezogen.

produktive Isolation besteht. Das bedeutet, daß wir Arten innerhalb solcher monophyletischer Gruppen erst nachweisen können, wenn sie in Form uniparentaler Populationen gar nicht mehr existieren. Es wird aber wohl kaum jemals gelingen, einen solchen Nachweis zu erbringen.

Ich möchte trotz dieser praktischen Schwierigkeit -- wenn nicht Unmöglichkeit – diese Überlegungen noch etwas weiter führen. Mit der Rückkehr zu biparentaler Fortpflanzung kann entweder erkannt werden, daß die ursprünglich uniparentale Art als Einheit fortexistiert. Das ist dann der Fall, wenn keine reproduktive Isolation zwischen den Mitgliedern der (einst) uniparentalen Individuengruppen besteht, wenn sich also die uniparentale Art insgesamt in eine Fortpflanzungsgemeinschaft umgewandelt hat (Abb. 12).[31]

Es könnte sich theoretisch aber auch erweisen, daß reproduktive Isolation aufgetreten ist. In diesem Fall gäbe es zwei Möglichkeiten:

1. Es besteht Fortpflanzungsisolation zwischen den zur Bisexualität zurückgekehrten Individuen und den übrigen, weiterhin uniparental reproduzierenden Nachkommen der einstigen uniparentalen Art. Dann ist die Rückkehr zu bisexueller Fortpflanzung mit einer Speziation gleichzusetzen: Sie bedeutet die Aufspaltung einer uniparentalen Stammart in eine (weiterhin) uniparentale und eine sekundär biparentale Tochterart (Abb. 13).

2. Reproduktive Isolation besteht zwischen den sekundär biparentalen Individuen und nur einigen jener Individuen, die selbst uniparental entstanden sind. Mit anderen uniparental erzeugten Individuen hingegen ist eine erfolgreiche Verpaarung möglich. Dann liegen ebenfalls zwei Arten vor, aber die Artgrenze liegt nicht wie in Fall 1 zwischen den biparentalen und allen uniparental entstandenen Individuen. Vielmehr verläuft sie durch die Gruppe der uniparental erzeugten Individuen hindurch (vgl. Abb. 14, Aufspaltung in die Arten D und E). Die Entstehung der beiden Arten erfolgte mit jener Aufspaltung, mit der der Erwerb von Isolationsmechanismen frühestens begonnen haben kann. In diesem Fall – und nur hier – hätte eine monophyletische Gruppe uniparentaler Organismen aus mehr als nur einer Art bestanden.

Die Position der Artgrenzen in diesen Aufspaltungen schließt ein, daß kein wesentlicher Unterschied zwischen Agamospezies und biparentaler Biospezies besteht, soweit das phylogenetische Kriterium betroffen ist.

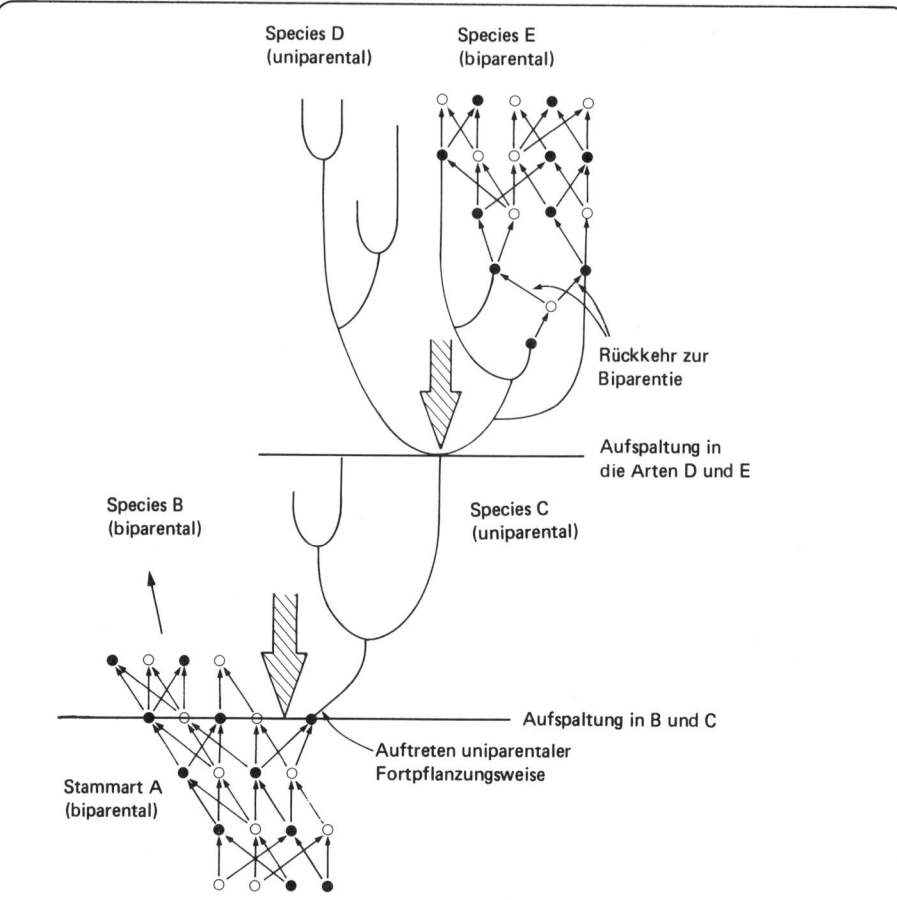

Abb. 14. Artbildung bei uniparentalen Organismen. Das Auftreten uniparentaler Fortpflanzung (unten) schloß die Entstehung reproduktiver Isolation zwischen den Populationen B und C ein, die somit als separate Spezies aus Art A hervorgingen. Unter den Nachkommen von C erfolgte eine Rückkehr zu biparentaler Fortpflanzung (oben rechts). Dabei wurden schrittweise einige nahe verwandte Klone in die Fortpflanzungsgemeinschaft einbezogen, während zu anderen Klonen (denen der Population D) reproduktive Isolation besteht. E und D stehen sich somit ebenfalls als Arten gegenüber. Sie entstanden in jenem Augenblick, zu dem sich ihre Stammart C einerseits in die Stammform der monophyletischen Gruppe D und andererseits in die der späteren Fortpflanzungsgemeinschaft E aufspaltete. Die Artgrenze verläuft daher zunächst innerhalb einer Gruppe ausschließlich uniparentaler Organismen. Symbole wie in Abb. 12.

Interpretation von Merkmalsdivergenzen bei uniparentalen Organismen

Nach den Ausführungen im vorstehenden Abschnitt ist eine Agamospezies eine monophyletische Gruppe uniparentaler Organismen — und zwar jeweils eine größtmögliche monophyletische Gruppe. (Eine monophyletische Teilgrupppe einer umfassenderen uniparentalen Einheit entspricht nicht der

Biospezies.) Jedes Individuum einer solchen Art ist von den Vertretern aller anderen Arten reproduktiv isoliert. Somit gehören diese Individuen einer dieser Arten nicht an. Aber die Gruppe, der sie angehö:.n, läßt sich nach Fortpflanzungsbeziehungen intern nicht gliedern (von dem vorstehend besprochenen, für die Praxis kaum bedeutsamen Fall einmal abgesehen). Bei der Zuordnung von Individuen spielen daher zwangsläufig äußere Merkmale die Hauptrolle, wie das auch bei der taxonomischen Arbeit an biparentalen Arten der Fall ist. Im Gegensatz dazu aber können wir bei einer umfangreichen uniparentalen Gruppe in Merkmalsverschiedenheiten keinen direkten Hinweis auf die Grenzen von Fortpflanzungsgemeinschaften sehen.

Wie gesagt, ist eine größtmögliche monophyletische Gruppe uniparentaler Organismen der biparentalen Biospezies gleichzusetzen. Die Grenzen beider sind gleich: Im Raum, d.h. zu anderen gleichzeitig existierenden, biparentalen Arten durch Isolationsmechanismen und in der Zeit durch Speziationen. Nun kann eine solche Gruppe morphologisch sehr unterschiedliche Teilgruppen enthalten. Diese Unterschiede werden meistens benutzt, um innerhalb monophyletischer uniparentaler Gruppen mehrere Einheiten zu unterscheiden, die als Arten bezeichnet werden.

Nach *Wiley* könnte eine Gruppe uniparentaler Organismen, innerhalb welcher keine bedeutende Differenzierung erfolgt ist, allein aufgrund der morphologischen Einheitlichkeit als einzelne Art aufgefaßt werden. "Lack of differentiation is as valid a historical fate as differentiation" (*Wiley* 1978: 23). Wenn wir die morphologische Ausprägung mit dem Konzept der Art als Fortpflanzungsgemeinschaft in Zusammenhang setzen, müßte eine solche Einheitlichkeit dahingehend interpretiert werden, daß bei Rückkehr zu biparentaler Fortpflanzung wieder eine einzige Fortpflanzungsgemeinschaft (und somit eine Biospezies in der traditionellen Auffassung) entstünde. Erhebliche Divergenz könnte umgekehrt zu der Vermutung Anlaß geben, daß bei Rückkehr zu biparentaler Fortpflanzung mehrere solche Gemeinschaften existieren würden.

Zwar sind Agamospezies keine Fortpflanzungsgemeinschaften, aber im Grunde genommen interpretiert man offenbar auch hier die morphologische Divergenz im Hinblick auf das Konzept der Art als Fortpflanzungsgemeinschaft. Der Gliederung der durchweg uniparentalen Bdelloidea (Rotatoria) in ca. 200 Arten und 20 Gattungen (*Mayr* 1967: 345) dürfte letztlich eine solche Interpretation zugrundeliegen. Diese Interpretation braucht nur unausgesprochen enthalten zu sein: Dann nämlich, wenn man sich in der morphologischen Abgrenzung der Taxa an dem orientiert, was man von biparentalen Biospezies „gewohnt" ist.

Es ist klar, daß dieses Verfahren sämtliche Schwächen des typologischen Artkonzeptes in sich trägt, auf das in Kapitel 4.1 näher eingegangen wird. Diese Schwächen liegen darin begründet, daß es kein allgemeingültiges Spektrum der morphologischen Variation innerhalb von Biospezies gibt, und es

gibt keinen Standard der Divergenz zwischen Arten. Aus dem innerhalb von
oder zwischen verschiedenen Biospezies beobachteten Merkmalssatz können wir keine allgemeingültigen Kriterien ableiten, die einen Entscheid über
die Berechtigung anderer nomineller Arten zulassen. Was wir in dieser Hinsicht „gewohnt" sind, ist lediglich ein (von Gruppe zu Gruppe durchaus unterschiedlicher) statistisch häufiger Erfahrungswert. Mit ihm zu operieren,
würde bedeuten, einen ungeheuer hohen Fehlerquotienten in Kauf zu nehmen. Diese Methode schlösse es aus, daß wir Arten im Sinne real-objektiver
Einheiten erfassen.

Es kann also kein Autor garantieren, daß seine persönliche merkmalsbezogene Gliederung einer uniparentalen Gruppe in mehrere morphologisch
definierten Arten „richtig" ist: Das heißt, er kann nicht garantieren, daß
diese Gliederung bei Rückkehr zu Biparentie die dann erkennbaren reproduktiv voneinander isolierten Fortpflanzungsgemeinschaften nachzeichnen
würde. So wird denn wohl auch allgemein nicht bestritten, daß eine solche
Gliederung diesen Anspruch nicht stellt, sondern rein typologisch ist. Das
aber ist die Hinwendung zu einer noch weitergehenden Willkür. Man sollte
daher versuchen, diesen Weg zu verlassen.

Real-objektive Einheiten **innerhalb** der uniparentalen Organismen sind
allein die monophyletischen Gruppen. Wenn wir sie ermitteln, wozu uns die
Methodik der Phylogenetischen Systematik sensu *Hennig* zur Verfügung
steht,[32] so haben wir zwar keine Arten gegeneinander abgegrenzt, sondern
Teile einer Art. Die Art ist jeweils die größtmögliche monophyletische uniparentale Gruppe. Wenn wir die monophyletischen Teilgruppen ermitteln,
haben wir uns aber nicht mehr mit dem Problem willkürlich festgelegter
Taxa auseinanderzusetzen. Was wir gewinnen, ist eine Gliederung in phylogenetische Einheiten.[33]

3.4 Merkmalsanalyse und das Biospezies-Konzept im Rahmen der Evolutionstheorie

Zwar läßt sich aus sympatrischer Verbreitung auf die Existenz reproduktiver Isolationsmechanismen und somit auf den Artstatus schließen, doch an
welche Individuengruppen man mit dieser Fragestellung heranzutreten hat,
das bedarf einer Vorentscheidung. Diese Vorentscheidung basiert auf der
Feststellung von Merkmalen bzw. Merkmalsunterschieden an Individuengruppen. Danach ist zu prüfen, ob die Vorsortierung einer Gliederung in Arten entspricht. Die merkmalsabhängige Gliederung selbst führt nicht unbedingt zum Erfassen der Biospezies, ja sie tut es per definitionem nicht, denn
das Biospezies-Konzept enthält keinen Bezug auf Merkmale.

Auf der anderen Seite kommen viele Populationen, die man im Hinblick auf den Artstatus überprüfen möchte, überhaupt nicht sympatrisch vor. Hier ist man auf die Merkmale allein angewiesen. Bei der taxonomischen Bearbeitung ging man dann meist von der Erwartung aus, durch die beobachtbaren Merkmalsunterschiede ließe sich direkt die Existenz verschiedener Biospezies nachweisen. Das trifft nun nicht nur aufgrund der theoretischen Implikationen, sondern schon aufgrund der Erfahrung nicht zu: Eine Art variiert sowohl im Raum als auch in der Zeit, und im Falle von Zwillingsarten sind verschiedene Spezies morphologisch nahezu identisch.

Eine rein merkmalsbezogene Ordnung der Organismen muß subjektiv ausfallen, denn sie basiert auf „subjektiv gewählten Merkmalen" – und das gilt auch für die Art (*Herre* 1974: 199, 204). Die Ursache der Subjektivität liegt in dem fehlenden theoretischen Rahmen solcher Gliederungen begründet. Bei der Erstellung der Ordnung werden die Merkmale nicht theoriebezogen gewertet; sie sind „nach Bedarf ausgenutzte Sinneseindrücke oder darauf zurückzuführende Meßwerte", wie *Mollenhauer* (1976: 38) schrieb – mehr nicht. *Sewertzoff* (1931: 13–15) hatte den Hintergrund dieses Vorgehens kritisch beleuchtet: „Der Systematiker wählt selbstverständlich solche Merkmale, die für Diagnosezwecke geeignet sind, und beachtet hauptsächlich diejenigen äußeren Merkmale und Unterschiede, nach denen die Arten sich ohne anatomische resp. ökologische Untersuchung leicht definieren lassen . . . Wir sehen, daß die Wahl der Merkmale beim Eintragen kleiner systematischer Gruppen ins System oft ein Bequemlichkeitsproblem ist." An diese Feststellung schloß er die Frage an, ob denn Artbildung „nach den für uns klassifikatorisch wichtigen Unterschieden oder nach anderen vom Systematiker außer acht gelassenen, aber biologisch und physiologisch wichtigen Merkmalen erfolgt ist", und kam zu dem Ergebnis, „daß die Artbildung nicht durch die meistens indifferenten Merkmale, auf die wir unsere systematischen Kategorien gründen, sondern eben durch die bei den vorliegenden Existenzbedingungen biologisch wichtigen Differenzen . . . bedingt wurde."

Das heißt zunächst, daß nicht alle Merkmale für das Erkennen der Arten gleichermaßen geeignet sind. Dem ist zuzustimmen, denn würde die Gliederung in Arten aufgrund der Feststellung von unbewerteten Merkmalen beruhen, dann resultierte eine nicht endende und biologisch sinnlose taxonomische Aufsplitterung. Merkmale an sich besagen also nichts über die Existenz einer oder mehrerer Biospezies.

Andererseits aber muß die Taxonomie an der Merkmalsanalyse festhalten. Es ist somit zu fragen, welche Merkmale die Unterscheidung von Biospezies erlauben, und damit erhebt sich das Problem der Beurteilung von Unterschieden. Den Lösungsweg beschrieb *Herre* (1974: 204): Zu suchen sind Merkmale, „welche eine Artbildung als wichtigsten evolutiven Schritt signalisieren können, aber nicht direkt darstellen". Mit dieser Aufgabenstel-

lung ist die Einbettung der taxonomischen Forschung in die Evolutionstheorie vollzogen, und damit ist gewährleistet, daß der Weg der Subjektivität bei der Erfassung der Arten verlassen wird.

Da das entscheidende Kriterium für das Vorliegen zweier Arten der Nachweis von Isolationsmechanismen bietet, muß die Merkmalsbewertung hierauf Bezug nehmen. Das heißt nicht, daß man Merkmale aufzeigen muß, die
eine Isolation bewirken — etwa unvereinbare Genitalstrukturen. Aber man
muß begründen können, daß die ausgewählten Merkmale die Existenz von
biologischen Isolationsmechanismen zu anderen Populationen wahrscheinlich machen.

Bonik, Gutmann & Lange-Bertalot (1978: 35—37) sind hierauf näher eingegangen. Sie wiesen darauf hin, daß es von einer rein merkmalserfassenden
Taxonomie keine Brücke zur Evolutionstheorie und zum Biospezies-Konzept gebe; sie führe zur puren Morphospezies. „Man muß also einen logischen Bruch vornehmen, wenn man von der Merkmalstaxonomie zu Biospezies gelangen will, wenn man also die Merkmale im Sinne der Biospezies-De-
finition werten muß. Diese ‚Sprünge‘ sind deswegen nur bei solchen Strukturen (= Merkmalen) vollziehbar, bei denen der biologische Hintergrund un-
verkennbar ist" (*Bonik* et al. 1978: 35). Dieser „biologische Hintergrund"
ist die Funktion. Somit ergeben sich erst aus einer Konstruktionserfassung
der Organismen die für die Artunterscheidung relevanten Merkmale. „Diese
Merkmale werden also nicht in induktivistischer Manier durch Draufschau-
en ohne weitere Begründung gefunden bzw. festgesetzt . . . Die Artabgrenzung wird dann nicht mehr an Merkmalen selbst, an der Diagnose, festge-
macht, sondern in einer Theorie beschrieben. Das Konstatieren einer Art
oder die Unterteilung eines Formenkontinuums [im Zeitquerschnitt] muß
sich dann an der Konstruktion demonstrieren lassen, indem für gewisse Eigenschaften das Hindernis für eine fruchtbare Kreuzung begründet wird"
(*Bonik* et al. 1978: 38). „Auf diese Weise wird . . . der praktisch meist
schwierige direkte Nachweis von sexuellen Isolationsmechanismen vermie-
den, weil unterstellt werden kann, daß als unterschiedliche Konstruktionen
bzw. Systeme erkannte Organismen mit hoher Wahrscheinlichkeit verschiedenen Arten angehören" (loc. cit.: 39). Auf der anderen Seite müsse man
morphologisch variierende Kontinua, innerhalb welcher man keine Isolationsmechanismen feststellen kann, als einheitliche Biospezies akzeptieren.

In der modernen Taxonomie sind diese Vorstellungen als Voraussetzung
der „Interpretation der Merkmale im Hinblick auf die Existenz von Biospezies" implizit gegenwärtig. Freilich beschränkt sich der Taxonom dabei auf
die — fast immer unausgesprochene — Annahme, daß zwei von ihm als verschiedene Arten angesehene Populationen verschiedene biologische, einer
eigenen Gesetzlichkeit unterworfene Systeme sind. Eine explizite Beschreibung der Konstruktion der Arten würde eine erhebliche Mehrbelastung in
der Praxis bedeuten. Das heben auch *Bonik* et alii (1978: 42) hervor. Und

in der Paläontologie können wir uns von der einstigen Konstruktion vieler Formen nur schwer ein zutreffendes Bild machen.

Prinzipiell handelt es sich bei der Konstruktionserfassung um eine Rekonstruktion. Das heißt, es wird eine Hypothese formuliert, in der die angenommene Konstruktion und ihre Funktion beschrieben werden. Das gilt gleichermaßen für die Neontologie wie für die Paläontologie.

Daher ist *Bonik* (1981: 20, 71) entschieden zu widersprechen, der darauf hinweist, in der Paläontologie seien in der Regel nur Morphospezies definierbar. Wie in der Neontologie ist auch in der Paläontologie die Deutung einer jeden Individuengruppe als Biospezies eine Theorie. *Bonik* (1981: 20) begründet seine Auffassung damit, daß in der Paläontologie die Isolationsmechanismen meist nicht erfaßt werden können. Aber das gilt auch für allopatrische rezente Populationen, denn in Zuchtversuchen können die in der Natur bestehenden Isolationsschranken durchbrochen werden, so daß diese Methodik ebenfalls keine sicheren Hinweise bietet. Entscheidend aber ist, daß *Bonik* mit seinem Hinweis auf die Feststellbarkeit der reproduktiven Isolation Theorie und Praxis vermengt. Zu Recht betonten *Bonik* et alii (1978: 42), daß der theoretische Aspekt jeder Artabgrenzung in evolutionstheoretischer Hinsicht gleich sein sollte. Diese Forderung bleibt davon unberührt, daß dies in der Praxis zu Schwierigkeiten führen kann.

Wenn wir uns vor dem Hintergrund dieser Überlegungen die taxonomische Gliederung der Organismen, vor allem die der fossilen Formen ansehen, dann müssen wir feststellen, daß sie zum großen Teil erst eine Vorordnung relativ zum Biospezies-Konzept darstellt.

Beenden möchte ich diesen Abschnitt, in dem auf die Konstruktionserfassung besonderes Gewicht gelegt wurde, mit einer Kritik. Vermutlich wird niemand der Feststellung widersprechen, daß polymorphe Arten entsprechend vielfältige Konstruktionen sind, während aus struktureller Identität bei Zwillingsarten auf eine identische Konstruktion zu schließen ist. Daraus ergibt sich für die Praxis letztlich dieselbe Schwierigkeit wie bei der stärker merkmalsbezogenen Interpretation der Untersuchungsobjekte: Bei welchem Maß an Konstruktionsdifferenz können wir auf das Vorhandensein von reproduktiven Isolationsmechanismen schließen?

3.5 Synthese

Bevor im folgenden Abschnitt der historische Rahmen für die Entwicklung des Biospezies-Konzeptes erläutert und dann die Betrachtung der Arten im Zeitablauf aufgenommen wird, möchte ich die wichtigsten Hypothesen und Theorien über das Wesen der Art einander noch einmal kurz gegenüberstellen. Dabei sind zwei Aspekte zu beachten, die in den meisten Fällen nicht getrennt werden können: der Aspekt der Artentstehung und der Aspekt des Wesens einer existierenden Art.

1. Hypothesen zur Artentstehung

1a: Die Arten wurden einmal und in ihrer derzeitigen Form geschaffen.

Die wissenschaftliche Beobachtung schien bis zu Beginn des 19. Jahrhunderts die Annahme zu untermauern, daß Arten unveränderlich sind. Einzelne Veränderungen, auf die man aufmerksam geworden war, wurden einem innerartlichen Wandel zugeschrieben (vgl. 1c). Diese Theorie dominierte bis zum Erscheinen von *Darwins* "Origin of Species" (1859).

1b: Die Arten sind ephemere Gebilde ohne jegliche besondere Konstanz.

Diese Hypothese implizierte, daß entferntest verwandte Arten auseinander hervorgehen oder miteinander Bastarde erzeugen konnten. Sie schloß aus, daß sich das wissenschaftliche Problem der Artentstehung zumindest in der bekannten Form stellen könnte. Besondere Bedeutung erlangte diese Annahme nicht. Sie wurde übrigens, legt man das heutige Verständnis vom Wesen der Art zugrunde, nie durch empirische Befunde gestützt. *Linné* und seine Schule ersetzten sie durch die Annahme der Artkonstanz.

1c: Die Arten verändern sich im Laufe der Zeit.

Diese Hypothese war so lange keine Abstammungstheorie im heutigen Sinne, wie man lediglich einen Wandel der einmal geschaffenen Arten (ohne ihre Umwandlung in **neue** Arten) zuließ. Diese Form der artlichen Veränderung wurde schon im 18. und frühen 19. Jahrhundert von vielen Autoren akzeptiert und ließ sich bereits damals durch eine Vielzahl veröffentlichter Untersuchungen belegen.

1d: Die Arten verändern sich, und im Laufe der Zeit gehen zwei oder mehr Arten aus einer Stammart hervor.

Erst *Lamarck* begründete eine solche Abstammungslehre wissenschaftlich. Ihr ein Fundament zu verleihen, war auch das Anliegen *Darwins*, wobei er in seinem Hauptwerk im wesentlichen Material zusammentrug, das die Annahme des allmählichen Artwandels, weniger der Abstammung zweier oder mehr Arten aus einer Stammart, untermauerte.

Damit und mit dem späteren Kenntniszuwachs wurde die Theorie der Artkonstanz falsifiziert. Untersuchungen zur Artbildung durch räumliche Separation stützten schon bald die Annahme, daß aus einer Art mehrere andere hervorgehen könnten.

2. Hypothesen und Theorien zum Wesen der Art

2a: Alle in ihren wesentlichen Merkmalen übereinstimmenden Individuen zusammen bilden eine Art. Dabei besteht oft eine individuelle, geographische und zeitliche Variabilität.

Diese Vorstellung geht mit der Hypothese 1a konform, steht aber auch zur Annahme 1b nicht in Widerspruch. Nach dieser Theorie wären z.B. Zwillingsarten, die morphologisch nahezu gleich sind, sich aber nicht vermischen, als eine einzige Spezies aufzufassen. Würde man auch solchen Fällen in der obigen, merkmalsbezogenen Artdefinition Rechnung tragen, würde man die morphologischen Artdefinitionen aushöhlen. — Zum anderen zeigte sich, daß die Variabilität innerhalb einer Art größer sein kann als die Unterschiede zwischen zwei nächstverwandten Arten. Es bestand somit oft keine Möglichkeit, Arten anders als subjektiv gegeneinander abzugrenzen. Mit diesem Artbegriff ging daher oft die Auffassung einher, daß Arten nicht als real-objektive Einheiten anzusehen seien.

2b: Zu einer Art gehören sämtliche Abkömmlinge eines Individuums bzw. eines Elternpaares; niemals entspringt eine Art aus dem Samen einer anderen Art *(Ray)*.

Damit wird zum Ausdruck gebracht, daß jede Art ein individuelles Gebilde von besonderer Beständigkeit ist (vgl. demgegenüber 1b). Diese Theorie geht mit Annahme 1a konform. Die Existenz von innerartlichen Varietäten wird ausdrücklich erwähnt. Aber das Problem der Fortpflanzungsisolation zwischen den gleichzeitig lebenden Individuen zweier Arten bzw. die Tatsache, daß eine (biparentale) Art eine geschlossene Fortpflanzungsgemeinschaft ist, erfährt nicht die heutige Betonung.

2c: Arten sind Fortpflanzungsgemeinschaften, sie sind von anderen solchen Gemeinschaften reproduktiv isoliert.

Nahe verwandte, morphologisch „definierte" Arten erwiesen sich immer wieder als reproduktiv isoliert. Dies führte zu dem Schluß, daß dies das entscheidende Artkriterium sein könnte. Aus dieser Erkenntnis heraus wurde insbesondere ab 1940 der „biologische Artbegriff" entwickelt: "Species are groups of interbreeding natural populations which are reproductively isolated from other such groups" *(Mayr* 1969: 26, 1970: 12).

Annähernd dieser Wortlaut findet sich auch bei Autoren des 18. Jahrhunderts, kennzeichnet er für sich betrachtet doch auch Spezies im Sinne des Konzeptes der unveränderlichen Art. Im Rahmen der modernen Arttheorie erscheint diese Definition in völlig neuem Licht; sie ist untrennbar mit der Evolutionstheorie verknüpft.

Da in der zitierten Definition der Hinweis auf die Existenzform als Fortpflanzungsgemeinschaft eingeschlossen ist, gilt sie nicht für uniparentale Organismen.

2d: Der ökologische Artbegriff: Arten sind Gruppen von Populationen, die dieselbe ökologische Nische beanspruchen.

Diese Definition gilt auch für uniparentale Organismen. Aber der Anspruch an die Umwelt variiert innerhalb einer Art ebenso wie am Organismus selbst beobachtbare (morphologische, ethologische etc.) Merkmale. Damit taucht dieselbe Schwierigkeit auf wie bei merkmalsbezogenen Artkonzepten: die Artgrenzen lassen sich nur willkürlich festlegen. Wird nun die Existenzform „reproduktiv voneinander isolierte Fortpflanzungsgemeinschaften" auch beim ökologischen Artbegriff vorausgesetzt, gewinnen diese Kriterien Priorität, und wir müssen sie als entscheidend ansehen (vgl. 2c).

Die biologische Art

Nach dem biologischen Spezieskonzept sind Arten im Falle der Zweielterlichkeit Fortpflanzungsgemeinschaften. (Das braucht selbstverständlich nicht zu heißen, daß die Individuen einer solchen Gemeinschaft alle in der Lage wären, einander zum Zwecke der Fortpflanzung auch aufzusuchen). Das zweite wesentliche Merkmal ist die zwischen den Arten bestehende reproduktive Isolation. Sie wird während der evolutiven Auseinanderentwicklung nächstverwandter späterer Arten aufgebaut. Artentstehung bedeutet also das Werden von (mindestens) zwei neuen Arten aus einer Stammart. Das heißt — und auf diesen Aspekt wird in den folgenden Kapiteln ausführlicher eingegangen —, daß sich eine neue Art nicht aus einer anderen entwickelt, indem sich die Gesamtpopulation allmählich wandelt.

Der unter 2c zitierte, das Wesen der biparentalen Art charakterisierende Satz von *Mayr* enthält zwei einander teilweise entsprechende Aussagen (s. auch *Hull* 1970: 41):

(1) Arten sind Gruppen von sich kreuzenden natürlichen Populationen (sie bilden also eine Fortpflanzungsgemeinschaft), die
(2) von anderen solchen Gruppen reproduktiv isoliert sind
   bzw. — wenn wir die Aussagen umstellen (und kürzen) —
(a) Arten sind reproduktiv isoliert und (b) jede Art ist eine Fortpflanzungsgemeinschaft.

Nun deckt aber schon Aussage (a) den Inhalt sowohl von (a) als auch (b) ab. Denn der Passus „Arten sind reproduktiv isoliert" bedeutet ja, daß Populationen, die nicht reproduktiv voneinander isoliert sind, im Verhältnis zueinander keine Arten sind. Damit kommen wir zu dem Satz „Arten sind reproduktiv voneinander isolierte Gruppen natürlicher Populationen". Das gilt absolut in dem Sinne, daß dann, wenn die Fortpflanzungsisolation (wie z.B. bei „ring-species") nicht vollkommen ist, auch keine distinkten Arten vorliegen. Umgekehrt sind (vollständig) voneinander isolierte Gruppen von Populationen immer verschiedene Arten.

Eine fast identische Spezies-Definition findet sich an versteckter Stelle (im Glossar) bei *Mayr* (1970 S. 424): "(A) Species (is) a reproductively isolated aggregate of interbreeding populations".

Setzen wir nun die Aussage, daß wir „reproduktiv isolierte natürliche Populationen" Arten nennen, zu monophyletischen Gruppen uniparentaler Organismen in Beziehung. Sie — oder Teile von ihnen — werden oft ja ebenfalls als „Arten" bezeichnet.

Besondere Beachtung müssen wir dabei der Tatsache schenken, daß sie von ihrem (biparentalen) nächsten Verwandten ebenfalls reproduktiv isoliert sind. Wie gezeigt, entstehen auch uniparentale Gruppen durch einen Prozeß, der das Auftreten von Fortpflanzungsisolation zur nächstverwandten Art beinhaltet (vgl. Kapitel 3.3). Damit kommen wir zu dem Schluß, daß eine solche monophyletische Gruppe uniparentaler Organismen eine Art im Sinne der obigen Definition, eine Biospezies, ist.

Daß zwischen den Klonen einer uniparentalen Art kein Genaustausch erfolgt und sie somit keine Fortpflanzungsgemeinschaft bilden, steht zu dieser Feststellung nicht in Widerspruch. Denn zwischen diesen Klonen besteht (entgegen *Ruse* 1969: 103) keine reproduktive Isolation im eigentlichen Sinne. Reproduktive Isolation gibt es nur zwischen zwei Arten, von denen mindestens eine biparental ist. Der Grund dafür ist unschwer einzusehen: Die Existenzform „Fortpflanzungsgemeinschaft" ist an die Biparentie gebunden. Folglich ist auch die Aufhebung dieser Existenzform nur bei biparentalen Arten möglich, und das Auftreten reproduktiver Isolation bedeutet eben diese Aufhebung einer Fortpflanzungsgemeinschaft.

Hieraus würde sich als Konsequenz ergeben, daß Stammarten immer biparental sind. Sonst könnten sie keine Fortpflanzungsgemeinschaft bilden, die per Aufspaltung aufhören kann zu existieren. In Abschnitt 3.3 hingegen wurde der theoretische Fall diskutiert, daß ein Teil einer uniparentalen Gruppe zu biparentaler Fortpflanzung zurückkehrt und im Verhältnis zu den uniparental gebliebenen Vertretern eine reproduktiv isolierte Art darstellt. Hier wäre die Stammart uniparental.

Arten sind also entgegen dem ausdrücklichen Hinweis von *Hennig* (1966: 54 bzw. 1982: 59) nicht unbedingt Fortpflanzungsgemeinschaften. Wohl aber sind Arten stets reproduktiv voneinander isolierte Gruppen von Populationen.

3.6 Der wissenschaftshistorische Rahmen für die Entwicklung des Biospezies-Konzeptes

Wenn die wesentlichen Elemente des biologischen Artkonzeptes schon im 19. Jahrhundert erarbeitet und teilweise bereits bei *Buffon* (1749) zu lesen waren, wenn 1859 die Selektionstheorie begründet war, die die Evolution der Organismen allein durch einen allmählichen Wandel der Arten erklärte, und wenn kurz danach die Artbildung durch geographische Separation anerkannt und damit die geographische Variation in ihrer evolutiven Bedeutung erkannt wurde, dann erhebt sich die Frage, warum das Biospezies-Konzept erst nach 1940 entwickelt wurde.

Nun zog man in den ersten Jahren nach Erscheinen des "Origin of Species" oft einen Schluß, der der späterenEntwicklung des Biospezies-Konzeptes genau entgegengesetzt war: Da die Arten allmählich ineinander übergehen, gab es nach der Ansicht vieler keine natürlich voneinander abgesetzten Einheiten. Auf der anderen Seite aber hatte sich die *Linné*sche Form der Benennung von Arten als äußerst praktisch erwiesen, und diese Grundlage wollte man nicht wieder verlassen. Daher sahen viele Autoren die Lösung im typologischen Artkonzept. Bei *Kerner* (1866: 46–47) liest sich das wie folgt: „Was sollen wir thun, wenn wir in der freien Natur zwei oder mehrere durch äussere Merkmale verschiedene Pflanzentypen durch Uebergänge verbunden finden? Sollen wir . . . diese unter den Begriff einer Art zusammenfassen oder alle Pflanzentypen, welche sich unterscheiden, beschreiben und wiedererkennen lassen, als gleichberechtigte Arten hinstellen?

Ich erkläre mich nun auf das entschiedenste für das letztere Verfahren und muß mich gegen die andere Methode schon aus dem Grunde aussprechen, weil . . . die Reihen von unterscheidbaren Formen, welche wir dann **konsequenter Weise** zusammenfassen müssten, schließlich so ausgedehnt und vielgliederig werden, dass am Ende aller Ende die Schilderung des gemeinschaftlichen Vorbildes, welches einer solchen Reihe zugrundeliegt, eben nicht mehr die Beschreibung einer Art, das heisst nicht mehr die Angabe der Merkmale eines in der Natur durch willkürlich vorhandene Gestalten repräsentirten Pflanzentypus ist, sondern zu einer ... über der letzten systematischen Einheit oder Art stehenden Stufe, das ist also der Rotte wird.

Indem wir aber diesen Standpunkt festhalten, müssen wir konsequenterweise auch die Idee der Artbeständigkeit fallen lassen und zugeben, daß ganze Reihen jener systematischen Einheiten, welche wir als Arten auffassen, unter vollständig gleiche Lebensbedingungen gebracht auch mit gleichen Merkmalen in Erscheinung treten könnten." Ganz ähnliche Ansichten waren in der Paläontologie verbreitet (*Kayser* 1871, vgl. Kapitel 4.3.4).

Über die im 19. Jahrhundert herausgearbeiteten Theorien zur Evolution hinaus liegt dem Biospezies-Konzept zugrunde, daß zwar die Selektion an der Variation angreift, wie *Darwin* nachzuweisen suchte, aber auch, daß der Variation des Phänotypus eine genetische Variation zugrundeliegt, die durch zufallsbedingte Mutation und Rekombination verursacht ist. Und über die Rolle der Selektion vor diesem Hintergrund wurden zwischen 1900 und 1935 sehr gegensätzliche Meinungen geäußert. Denn von *de Vries* und anderen sollte das typologische Artkonzept aufgegriffen werden und in Verbindung mit den frühen Resultaten der Genetik eine allgemein anerkannte Theorie des Evolutionsgeschehens um Jahrzehnte hinauszuzögern.

De Vries hatte entdeckt, daß bei der Nachtkerze *(Oenothera)* plötzlich neue Formen entstanden, und diese faßte er als eigene Arten auf. Aufgrund dessen hatte er 1906 geschrieben, daß neue Arten und Varietäten sprunghaft aus bereits bestehenden Formen hervorgehen — ohne Mitwirkung selektiver Kräfte. Kurz danach hatten sich sowohl *Bateson, de Vries* und *Johannsen,* die Begründer der Vererbungslehre, als auch *Morgan* und andere gänzlich gegen die Selektionstheorie ausgesprochen. Sie begriffen die Art nicht als Population, sondern dachten typologisch; und die zahlreichen Untersuchungen zur geographischen Variation nahmen sie kaum zur Kenntnis.

Ihnen folgend, glaubte in den 20er und 30er Jahren dieses Jahrhunderts eine Vielzahl führender Biowissenschaftler, daß die Selektion zumindest keinen evolutiven Wandel bewirken könne, der zur Entstehung neuer Ordnungen oder Klassen führt (z.B. *Schindewolf* und *Goldschmidt*). Da sie ihre Auffassung meist bis an ihr Lebensende beibehielten, konnte man diese Ansicht bis lange nach 1950 lesen. Oft kam es dabei nicht so sehr zu einem Streit darum, ob Selektion mitwirke oder nicht, sondern auf welchem Niveau die Selektion eine Rolle spiele. *Goldschmidt* z.B. erkannte die Wirkung der Selektion innerhalb der Arten — etwa im Zusammenhang mit der Entstehung von Unterarten — durchaus an, aber die Entstehung neuer Arten basierte nach ihm auf einem völlig anderen Vorgang — auf der Entstehung von "hopeful monsters".[34]

Gegen eine fundamentale Bedeutung der Selektionstheorie für eine Erklärung der Evolution wurden vor allem folgende Einwände erhoben (vgl. *Mayr* 1980a: 25):

1) Die heutigen Arten sind voneinander getrennt, ohne daß Zwischenformen existieren; die Arten variieren nur in ihren unwesentlichen Merkmalen. Die Sterilitätsschranke zwischen den einzelnen Arten könne sich daher kaum allmählich herausgebildet haben.

2) Neue Varianten können keine beginnenden Arten sein, weil sie sich mit der Elternform kreuzen und dann wieder eliminiert würden.

3) An der Entstehung neuer Strukturen könne die Selektion kaum mitwirken, denn beginnende neue Organe — wie unvollständig entwickelte Flügel — hätten so lange keinen positiven Selektionswert, wie sie nicht voll funktionsfähig sind.

4) Höhere Taxa sind voneinander und auch von ihren vermutlichen Ausgangsformen zu sehr verschieden, als daß sich ihre Entstehung über einen selektionsbedingten graduellen Wandel erklären ließe.

All das führte dazu, daß sich in der Literatur über Evolution zwischen 1900 und 1930 kaum jemals ein Hinweis auf Artbildung durch geographische Separation fand (*Mayr* 1980b: 421), und in dieser Theorie spielen die selektiven Kräfte eine wesentliche Rolle. Vielleicht ist das in vieler Hinsicht äußerst aktuell anmutende Review von *D.S. Jordan* (1905) über „Die Entstehung der Arten durch Isolation" vorerst einer der letzten Artikel gewesen, in dem geographische Sonderung und Selektion als die entscheidenden Evolutionsfaktoren angesehen wurden bzw. angesehen werden konnten.

Außerdem hoben die Genetiker hervor, daß Selektion nichts Neues hervorbringen könne. Und so war in ihren Arbeiten bis in die 30er Jahre hinein so gut wie nichts über die Artvervielfachung oder die Entstehung höherer Einheiten zu lesen. Sie setzten sich mit genetischen Veränderungen innerhalb eines einzigen Gen-Pools auseinander.

Gerade an der Frage der Artbildung und der Entstehung höherer Taxa waren die systematisch-taxonomisch arbeitenden Zoologen und Botaniker interessiert. Sie untersuchten die geographische Variation und ihre Bedeutung und hatten für das *de Vries*sche Konzept der spontanen Artentstehung kein Verständnis. Gleichzeitig aber waren sie sich über die Bedeutung der nach 1910 erzielten Resultate der Genetiker nicht im klaren (*Mayr* 1980a: 6—9).

Ergebnis war, daß ein allgemeines und allgemein anerkanntes Evolutionsmodell im ersten Drittel unseres Jahrhunderts nicht möglich war. Dabei hatten schon bald nach 1910 zahlreiche Untersuchungen über künstliche Selektion gezeigt, daß der Auslese eine sehr hohe Bedeutung zukommen könne. Später errechneten mathematisch arbeitende Genetiker, daß auch geringfügig bevorteilte Mutanten wichtig würden, wenn nur die Selektion ausreichend lange wirke. Dabei wurde auch erkannt, daß das Entstehen einzelner neuer Formtypen ein Phänomen war, daß sich innerhalb einer Population abspielte, und daß man einen solchen Entstehungsvorgang nicht isoliert betrachte konnte. Damit war ein neuer Zweig der Genetik begründet: Die Populationsgenetik, die sich mit dem Geschehen in Gruppen von Individuen auseinandersetzte.[35]

Die Entdeckung von Pleiotropie (ein einziges Gen wirkt auf unterschiedliche Merkmale des Phänotyps ein) und Polygenie (mehrere Gene bestimmen gemeinsam ein Merkmal des Phänotypus) halfen weiter, einen graduellen Wandel als entscheidenden Evolutionsfaktor annehmbar erscheinen zu lassen.

Nun wurde auch deutlich, daß sich die Frage der Artvervielfachung nicht beantworten ließ, wenn man das Wesen der organismischen Art nicht verstand. Das typologische Spezieskonzept führte zur Willkür: Nach *Cronquist* (1978) unterschied *Merriam* 1918 beispielsweise innerhalb der nordamerikanischen Braun- und Grizzlybären (*Ursus arctos* L.) 78 Arten! So kam man natürlich nicht weiter. Es mußte erkannt werden, daß es nicht ausreichte, die Entstehung neuer Einzeltypen per Mutation oder die Ursache der Variation innerhalb von Populationen zu erklären. Was darüber hinaus zu erklären war, das war das Entstehen der reproduktiven Isolation zwischen Populationen. Artbildung ist eben nicht die Entstehung neuer Typen, sondern sie besteht darin, daß einem Geneintrag von außen begegnet wird. Ein solcher Geneintrag würde die evolutive Eigenentwicklung und damit die Anpassungsfähigkeit der Population einschränken.

Um das Wesen der Art zu verstehen, ließ sich auf eine Vielzahl von Untersuchungen zurückgreifen. Vor allen Dingen bestand längst das Artkonzept der polytypischen Fortpflanzungsgemeinschaft, das für gut bekannte Organismengruppen explizit oder implizit vielfach bereits in Gebrauch war. Außerdem mußte von allen Biologen verstanden werden, daß die Unterarten entstehende neue Arten sein konnten. In der Zoologie war es nur eine Angelegenheit weniger Publikationen etwa seit 1937, daß dieses Konzept aufgegriffen, präzisiert und als „biologisches Artkonzept" fast allgemein anerkannt wurde (s. Kapitel 2). Erläuternd verwies man auf die zahlreichen Untersuchungen zur geographischen Variabilität von Arten, die in den Jahrzehnten zuvor und auch noch zur selben Zeit publiziert wurden, und denen seit einigen Jahren Arbeiten über die geographischen Unterschiede nicht-morphologischer Merkmale an die Seite gestellt wurden — etwa über die regional unterschiedliche Temperatur-Resistenz bei *Drosophila* usw. *Huxleys* Werbung für die neue Systematik, in der er (1940: 1) darauf hinwies, daß zahlreiche neue Forschungszweige wie Genetik, Zytologie, Ökologie, die Selektionstheorie und die Entwicklungsphysiologie für die Taxonomie relevant geworden seien, und daß es Aufgabe der Systematik sei, "evolution at work" zu erforschen, wäre noch wenige Jahre zuvor nicht in dieser Form denkbar gewesen. Aber wahrscheinlich wäre es über "evolution at work" noch lange Zeit nicht zu einem ausgewogenen Bild gekommen, hätte über das Wesen der Art keine Vorstellung bestanden.

Wie fruchtbar jene Phase in der Entwicklung der Evolutionstheorie war, ist auch daraus ersichtlich, daß mit der Präzisierung des Artkonzeptes zahlreiche der heute selbstverständlich gewordenen Begriffe geschaffen wurden: *Dobzhansky* (1937: 405) kreierte den Terminus „Isolationsmechanismen" für Faktoren, die eine Kreuzung zwischen verschiedenen Arten verhindern (darunter wurde zunächst allerdings auch die geographische Separation verstanden), *Huxley* (1938: 255) wandelte *Renschs* „Rassenkreis" in den jetzt gebräuchlichen Begriff „polytypische Art" um und führte (1938: 260) die „Kline" ein, *Mayr* (1942) stellte dem Terminus „sympatrisch" das Antonym „allopatrisch" gegenüber usw.

Die phänotypische Komplexität von Pflanzenarten verhinderte, daß das biologische Artkonzept in der Botanik ähnlich schnell angenommen wurde. Einige Autoren folgten weiterhin *Linnés* morphologischem Artkonzept, und wie *Stebbins* (1980: 138) ausführte, sahen viele fortschrittliche Autoren die Art als allein durch die Sterilitätsschranken isoliert an: Daß ähnlich wie im Tierreich auch ganz andere Isolationsmechanismen existieren, wurde erst sehr spät erkannt.

So schreibt *Cronquist* noch 1978 (S. 6), daß *Dobzhanskys* Formulierung des Artbegriffs für die Botanik wenig Wert habe. Sie würde bedeuten, daß eine Vielzahl von Arten und sogar Gattungen z.B. der Orchideen zu einer Art zusammenzufassen wären, denn der Schutz gegen eine Hybridisierung beruhe hier weitgehend auf der Anpassung an bestimmte Bestäuber. Wenn man den Pollen selbst überträgt, könne man Hybride zwischen sehr verschiedenen Arten erzeugen. *Cronquist* geht nicht darauf ein, daß die Anpassung an bestimmte Bestäuber als ein von der Befruchtung eingreifender Isolationsmechanismus anzusehen ist (vgl. z.B. *Ornduff* 1969).

Zugleich bietet *Cronquist* eine Artdefinition an, die — wie er (1978: 16) selbst zugibt — weitgehender Subjektivität die Tore öffnet: "Species are the smallest groups that are consistently and persistently distinct, and distinguishable by ordinary means" (1978: 15). Ob dieses Konzept auch in der Zoologie anerkannt wird, sei nach ihm von der Zahl der bekanntwerdenden Zwillingsarten abhängig: Wird diese sehr hoch, werde man eines Tages zu dem Schluß kommen, es habe keinen Zweck, etwas als artverschieden anzusehen, was man nicht unterscheiden kann.

Cronquists Artkonzept ist erneut eindeutig praxisorientiert. Damit wird wiederum ignoriert, daß nur Biospezies die reproduktiv voneinander isolierten Elemente des evolutiven Geschehens sind.

Daß sich aus einem theoretisch einwandfrei definierten Begriff in der Praxis Schwierigkeiten ergeben können, hat seit jeher zu Kontroversen geführt. Zu leicht wird vergessen, daß uns der Begriff in seiner theoretisch korrekten Begründung das Ziel zeigt, das es anzustreben gilt. Wie *Hennig* (1969: 36) in einem anderen Zusammenhang ausführte, kann niemand vorhersagen, ob in der Praxis auftretende Schwierigkeiten, die uns heute noch den Weg zu diesem Ziel verbauen, nicht doch eines Tages überwunden werden können. Wenn wir aber von vornherein einem praxisorientierten Artbegriff folgen würden, dann bestünde kein Anreiz, nach Methoden zu suchen, die zur Überwindung solcher Schwierigkeiten führen könnten.

4   Die Art in der Zeit

Die Art im Sinne des Biospezies-Konzeptes wird — wenn auch nicht immer in der hier vertretenen, konsequenten Weise — von den Zoologen fast allgemein als die objektiv existierende Form der Art anerkannt. Dementsprechend wird sie meistens auch als die grundlegende taxonomische Einheit in allen biologischen Forschungszweigen betrachtet. Die Paläontologie allerdings bildet davon eine Ausnahme. Da hier der Zeitfaktor eine große Rolle spielt, wird oft angenommen, daß man hier einen anderen Artbegriff zugrundelegen müsse.

In der Einleitung hatte ich darauf hingewiesen, daß dies immer schon einige Autoren befremdet hatte. Vor allem seit 1950 haben sich die kritischen Stimmen gemehrt. So betonte z.B. *Hiltermann* (1954: 385) ganz allgemein, daß in der Paläontologie nur und ausschließlich eine biologisch einwandfreie Taxonomie und Nomenklatur weiterführen könne. Wenn nun die Biospezies als die real-objektive Form der Art gilt, dann wäre zu fordern, daß dieses Konzept auch in der Paläontologie allgemein akzeptiert würde. Aber in diesem Wissenschaftszweig wurde es nicht oder nur zurückhaltend aufgenommen: Noch 1979 schrieb *R. Trueman* in der "Encyclopedia of Paleontology" (S. 764): „Eine Art ist eine Gruppe von Tieren oder Pflanzen, die alle einander genügend ähnlich sind, um als geringfügige Varianten ein und desselben Organismus angesehen werden zu können. Die Mitglieder einer solchen Gruppe sind untereinander normalerweise kreuzbar, und sie reproduzieren ihre eigene Form über beträchtliche Zeit." Hier wird der morphologischen Ähnlichkeit die dominierende Rolle zuerkannt, und von der zwischen zwei Arten bestehenden Fortpflanzungsisolation ist gar nicht die Rede. Danach dürften auch zwei morphologisch sehr unterschiedliche Individuen, die miteinander fruchtbare Nachkommen zu erzeugen vermögen, zu verschiedenen Arten gerechnet werden. Schließlich wird den Arten die Befähigung zu raschem Wandel abgesprochen, denn *Trueman* weist ihnen ein beträchtliches Maß an Konstanz im Laufe der Zeit zu. Tatsächlich aber können sich Arten, vor allem, wenn sie zu kleinen Populationen zusammengeschmolzen sind, in kurzer Zeit tiefgreifend verändern.

Eine solche Artdefinition kommt offenbar nicht von ungefähr. *Hölder* meinte (1960: 381): „Beachtet man in manchen durchaus modernen paläontologischen Abhandlungen die Sorglosigkeit, mit der vielfach Gattungen und Arten beschrieben oder neu aufgestellt werden, so erhält man den Eindruck, daß ... ihre faktische Unverändlicherkeit ... mindestens für das Unterbewußtsein des Verfassers gegeben sei."

Solange der Paläontologie nicht die Aufgabe zuteil wurde, Formenreihen im Laufe der Zeit zu verfolgen, bestand kein Grund zu Abweichungen von dem durch die bloße Ähnlichkeit der Individuen geprägten Spezies-Verständnis, das die Rezent-Biologie vor 1859 auszeichnete. In der Praxis lebte das Konzept von der Konstanz der Arten auch nach diesem Zeitpunkt fort, denn ein Wandel der Arten ließ sich am Fossilmaterial selten genug beobachten; Praxis und Theorie, letztere an einigen wenigen Formenreihen objektbezogen erläutert, begannen zu divergieren. Und wer gar aus der Evolutionstheorie einen Zusammenbruch des Artkonzeptes ableitete und nun in den Individuen die entscheidenden Einheiten sah, der konnte sich, wie erwähnt, sogar zu einer Zerstückelung ursprünglicher Fortpflanzungsgemeinschaften in eine Vielzahl von „Arten" berechtigt fühlen. "Their use in palaeontology", schrieb *Sylvester-Bradley* (1956: 2), "has led to the erection of an odd mental picture of evolution that could easily mislead a neontologist who did not understand the essentially artificial nature of these species".

Während die Biologie der innerartlichen Variabilität verstärkt Aufmerksamkeit schenkte und sie auch als solche begriff, behielten viele Paläontologen ein ausuferndes typologisches Spezieskonzept bei. Das kritisierten zum einen schon *Wepfer* (1913) und *Dacqué* (1921: 177), zum anderen z.B. *Jeletzky* (1950: 20–21). Eine spürbare Scheidung der Meinungen von Paläontologen und Neontologen setzte dann mit der Etablierung des biologischen Artbegriffs ein.

Dazu trug bei, daß bei Entwicklung des Biospezies-Konzeptes ein Punkt vernachlässigt wurde, der allen Paläontologen als sehr wesentlich erscheinen muß: Die Beziehung zwischen Biospezies und Zeitablauf, die Frage nach der Entstehung einer biologischen Art und ihrer Entwicklung im Laufe der Zeit. Das biologische Artkonzept haben in erster Linie Neontologen entwickelt, und sie setzen sich natürlich vorrangig mit den Organismen eines einzigen — des heutigen — Zeitquerschnittes auseinander. Die Paläontologie hatte sich der Diskussion um die Theorie der Biospezies weitgehend verschlossen.

Von ihr ging daher auch keine Lenkung der Entwicklung des biologischen Artkonzeptes aus. Obwohl Arten als die "basic units of evolution" (*Simpson* 1951: 289, ähnlich *Eldredge & Cracraft* 1980: 90, 113) angesehen werden, operierte man in der Paläontologie mit einem Artkonzept in einer Form, als wäre die Evolutionstheorie nie entwickelt worden (*Simpson* 1961: 152).

Später wurde das biologische Artkonzept in der Paläontologie allenfalls übernommen, aber nicht weiterentwickelt. Daher fehlt bis heute eine einge-

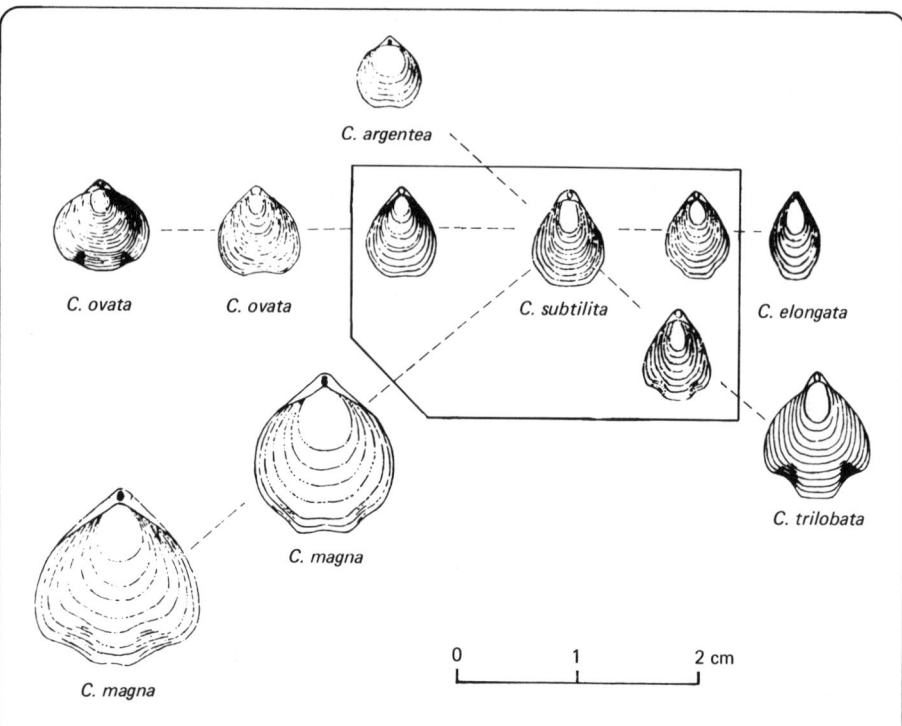

Abb. 15. Typologisch definierte Arten: Variabilität des Brachiopoden *Composita subtilita* nach *Grinnel & Andrews* 1964. Die abgebildeten Formen dieser Art wurden auf sechs typologische „Spezies" verteilt, von denen *C. subtilita* sensu stricto als zentrale Form erscheint. Alle diese „Arten" mußten bei der Darstellung der Evolution von *C. subtilita* gesondert aufgeführt werden, vgl. Abb. 16 Mitte.

hende Durchdringung der modernen Speziesprobleme im Hinblick auf die Abgrenzung der Arten im zeitlichen Kontinuum — und so war es kein Wunder, daß man das Biospezies-Konzept oft als rein neontologisch empfand. Daraus resultierte unter den Paläontologen vor allem zu Beginn der 50er Jahre vielfach eine ablehnende Haltung. Aber auch nachdem man sich darüber klar geworden war, daß eine in der Zeit sich entwickelnde Art aus einer Folge von Populationen bestand, von denen eine jede in Bezug auf die gleichzeitigen Arten eine Biospezies darstellte, änderte sich am paläontologischen Artbegriff — wohl in erster Linie aufgrund praktischer Erwägungen — kaum etwas.[36]

Das auffälligste Erbe dieser Situation besteht in der Tatsache, daß eine unübersehbare Zahl von fossilen Arten reine „Formtaxa" sind, d.h. willkürlich begrenzte Einheiten. Aus ihnen kann man keine weiterreichenden Schlußfolgerungen wie etwa zum Ablauf der Evolution der Arten oder über die ökologischen Ansprüche biologischer Einheiten ableiten.

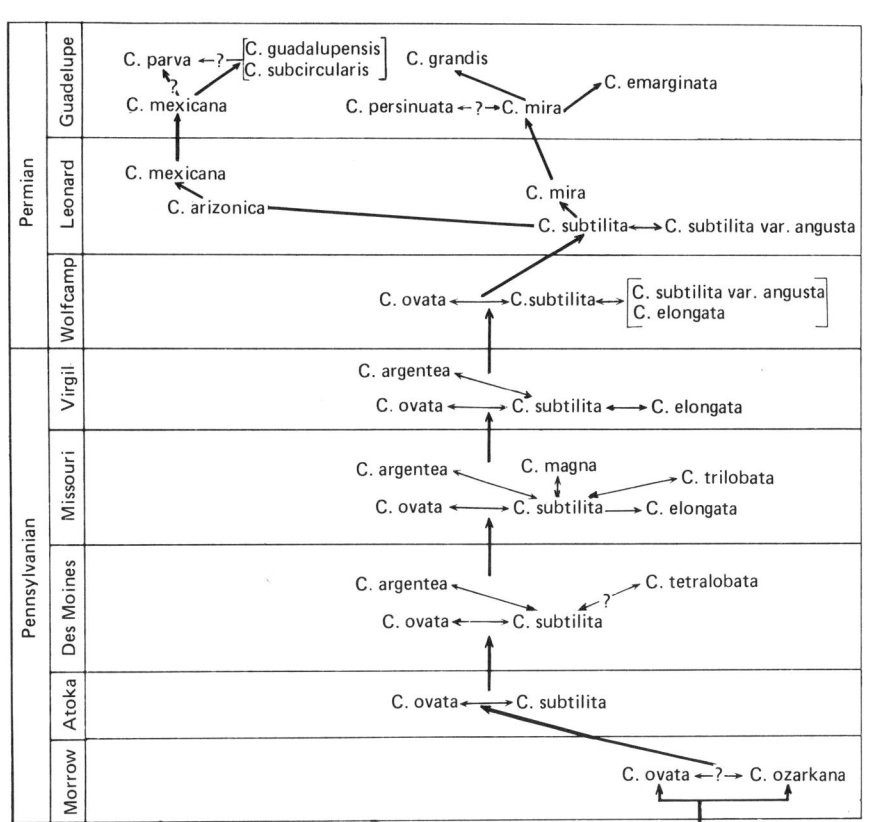

Abb. 16. Evolution des „Formtypen"-Kreises um *Composita subtilita* (Brachiopoda) im Oberkarbon (Pennsylvanium) und Perm Nordamerikas nach *Grinnel & Andrews* 1964 (etwas vereinfacht). Die dicken Pfeile mit nur einer Spitze geben die Abstammungsverhältnisse an, die
Pfeile mit zwei Spitzen weisen auf die Beziehungen innerhalb einer Fortpflanzungsgemeinschaft bzw. auf die Variation innerhalb einer Population hin. Die typologische Methodik erforderte in diesem Schema die Berücksichtigung von bis zu sechs gleichzeitigen „Spezies"
(vgl. Abb. 15). Tatsächlich handelt es sich im wesentlichen (vom unteren Oberkarbon bis in
die Leonardo-Stufe) um den evolutiven Wandel einer einzigen Art.

Wahrscheinlich werden sich aus jeder Gruppe von Organismen relativ
neue Beispiele für ganz unbiologisch begrenzte „Spezies" finden lassen. Erwähnt sei an dieser Stelle ein Fall bei Brachiopoden aus dem Perm Südame-
rikas. Wie *Samtleben* (1971: 36) berichtete, wurden die bolivianischen Vertreter der Art *Composita subtilita (Hall)* (Athyrididae) bis weit in die sech-
ziger Jahre hinein in sechs nominelle Arten zersplittert. Manche erwiesen
sich dann als Ökomodifikationen oder ontogenetische Frühstadien, bei anderen handelte es sich um Formen, die am Rande der Variationsbreite stehen. — Die ablehnende Haltung gegenüber einer Näherung an das Biospezies-

Konzept zeigt eine biometrisch-statistische Untersuchung von *Grinnel &*
Andrews (1964) über nordamerikanische Formen, die sich um dieselbe Art
gruppieren. Obwohl die beiden Autoren feststellten, daß es sich bei mehreren angeblichen Arten lediglich um Varianten aus einer einzigen Population
handele, führten sie sie weiterhin und ganz bewußt als separate „Spezies".
Entsprechend kompliziert fiel ihr Schema zur Evolution dieses Formenkreises aus (vgl. Abb. 15–16).

Bevor die Diskussion um das Biospezies-Konzept in der Paläontologie
aufgenommen wird, ist auf die schon mehrfach erwähnten und vielbegange-
nen Wege des typologischen und des morphologisch-chronologischen Artkonzeptes einzugehen. Sie schlossen ein Erfassen der fossilen Biospezies
ganz oder zum Teil aus.

4.1 Das typologische und das chronologische Artkonzept

Nach dem typologischen Artkonzept werden die Organismen allein und un-
reflektiert nach ihrer morphologischen Ähnlichkeit gruppiert. Auf den ersten Blick mag dies sogar als gerechtfertigt erscheinen, denn was läge näher,
als daß man „einfach" all diejenigen Individuen zu einer Art stellt, die sich
in ihren Merkmalen gleichen. Da aber eine Biospezies morphologisch sehr
unterschiedliche Individuen enthalten kann, besteht bei einem solchen Verfahren die Gefahr, daß man die verschiedenen Varianten einer einzigen Spezies mit verschiedenen Artnamen belegt. Mit der taxonomischen Gliederung
von *Composita subtilita* durch *Grinnel & Andrews* habe ich ein solches Beispiel genannt.

Das Chronospezies-Konzept überwindet (im Idealfall) diese Situation:
Chronospezies sind räumlich und – worauf die Bezeichnung abzielt – auch
zeitlich dimensionierte Arten. Taxa nach dem Chronospezies-Konzept wurden vor allem für Sequenzen zeitlich aufeinanderfolgender Populationen
eingeführt, d.h. für sogenannte Formenreihen oder Abschnitte solcher Reihen. Nach diesem Konzept wird berücksichtigt, daß natürliche Arten individuell und geographisch variieren, d.h. polymorph und polytypisch sind.
Aber die Grenzen in der Zeit bleiben dem typologischen Artkonzept verhaftet, denn sie werden allein nach der morphologischen Ähnlichkeit gezogen
und damit willkürlich festgelegt.

In den folgenden Abschnitten möchte ich dies näher erläutern. Leider
wird die Diskussion dadurch erschwert, daß die Termini „typologisches"
und „morphologisches" Artkonzept mit sehr verschiedenen Inhalten verse-
hen, gleichzeitig aber nie eindeutig definiert wurden.

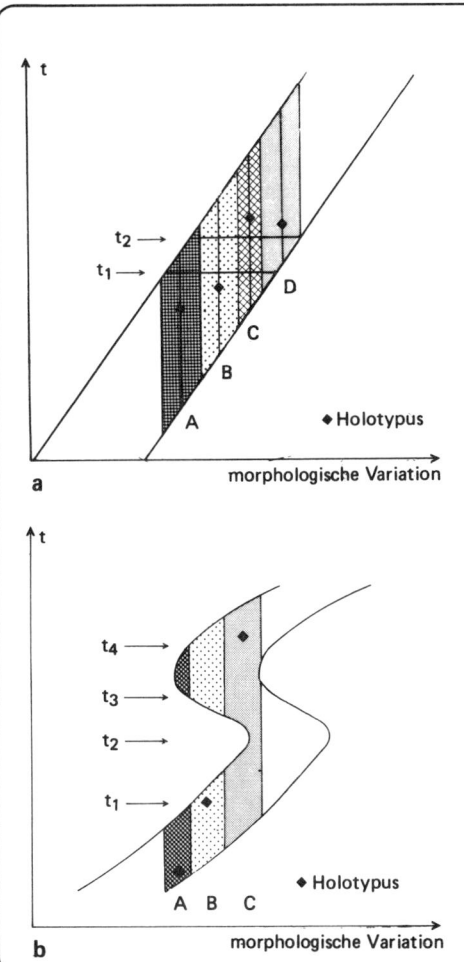

Abb. 17. Vertikale Artgliederung. Die Artgrenzen verlaufen der Zeitachse parallel und damit in den üblichen zeichnerischen Darstellungen von unten nach oben („vertikal"). a. Nach diesem Artkonzept werden die nach der Morphologie um einen Holotypus gruppierten Individuen zu einer Art gerechnet. Daher können Individuen, die im Zeitquerschnitt eine einzige Fortpflanzungsgemeinschaft bildeten, auf mehrere typologische „Spezies" verteilt sein. Die schräg verlaufende Kolumne umrahmt die Variationsbreite der sich als Einheit im Zeitablauf wandelnden natürlichen Art. Von ihr stellen die typologischen Spezies (A–D, schraffiert) willkürlich festgelegte Ausschnitte dar. b. Oszillierte das Variationsspektrum einer evoluierenden natürlichen Art im Laufe der Zeit, können typologische „Arten" verschwinden und erneut auftreten: „Art" A z.B. erlischt zur Zeit t_1, erscheint aber zur Zeit t_3 erneut, um zur Zeit t_4 endgültig „auszusterben". Bei „Art" C bewirkt die Verschiebung der Variationsbreite eine Verminderung der Individuenzahl zur Zeit t_2. Würde man sich den Hintergrund dieses scheinbaren Einsetzens und Aussterbens nicht vergegenwärtigen, resultierte eine fehlerhafte Interpretation des Evolutionsablaufes. t = Zeitachse, t_1 – t_4 = Zeitquerschnitte.

4.1.1 Das typologische Artkonzept

Eine Art, die einem evolutiven Wandel unterworfen ist, besteht aus einer Folge sich zeitlich ablösender Populationen, die sich geringfügig voneinander unterscheiden (Abb. 19b). Würde man alle morphologisch identischen Individuen aus einer solchen Sequenz zu einer Gruppe rechnen, erhielte man für kurze Zeitabschnitte charakteristische, nicht variierende Formtypen. Diese Formtypen wurden und werden häufig als Arten bezeichnet. Um eine solche Art zu erfassen, muß man um einen Holotypus all jene Individuen gruppieren, die ihm völlig oder weitgehend gleichen. Die Anzahl der unterschiedenen „Morphotypen" und damit auch die der „typologischen Arten" ist dann abhängig von der Weite des Variationsspektrums der natür-

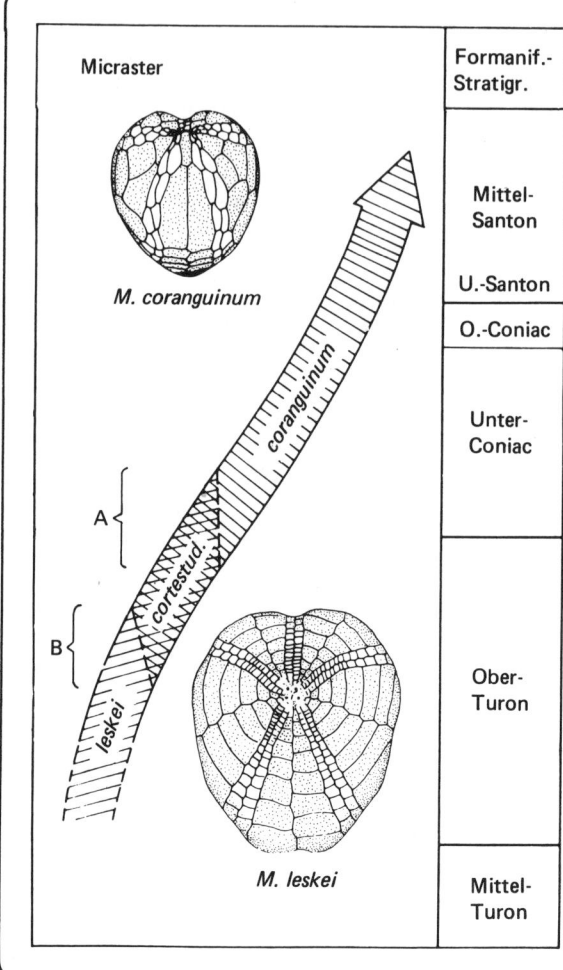

	Formanif.- Stratigr.
Micraster	Mittel- Santon
M. coranguinum	U.-Santon
	O.-Coniac
A	Unter- Coniac
B	Ober- Turon
M. leskei	Mittel- Turon

Abb. 18. Relikte der vertikalen Artfassung in der Gliederung einer Formenreihe des Kreide-Seeigels *Micraster* (*Ernst* 1970). Die fast vertikal eingezeichnete Grenze zwischen den zeitlich aufeinanderfolgenden Formen *M. leskei* und *M. cortestudinarium* bzw. *M. cortestudinarium* und *M. coranguinum* soll andeuten, daß eine scharfe und objektive Trennung nicht möglich ist. Streng genommen spiegelt der so eingezeichnete Grenzverlauf die Auffassung wider, als existierten während der Zeitabschnitte A und B je zwei typologische Arten.

lichen Biospezies: Je variabler die ehemalige Art im Sinne des Biospezies-Konzeptes war, desto mehr typologische „Arten" lassen sich unterscheiden. Es können also die Individuen einer einstigen Fortpflanzungsgemeinschaft durchaus auf mehrere typologische „Arten" verteilt werden.

Abb. 17a verdeutlicht die Relation zwischen typologischen „Arten" und sich entwickelnden Biospezies. Das Resultat ist eine „vertikale" Artfassung. Dabei werden die zu verschiedenen Zeiten vorkommenden und einander gleichenden Varianten zusammengefaßt (vgl. auch Abb. 19). Die „horizontale", d.h. die in einer Zeitebene zu beobachtende Variabilität einer biologischen Spezies wird ignoriert. Die Existenzdauer einer solchen typologischen „Art" ist von der Evolutionsgeschwindigkeit der biologischen Spezies abhängig, d.h. von dem Grad der Neigung der Säule in Abb. 17a. Es braucht nicht näher ausgeführt zu werden, daß die „vertikale" Artfassung biologisch nicht zulässig ist (s. auch *Bettenstaedt* 1968, *Trümper* 1965 u.a.). *Sylvester-Bradley* (1952) wandte sich zu Recht dagegen, daß solche Einheiten als „Arten" bezeichnet würden.

Beispiele für „vertikale" Art- bzw. Unterartgliederungen gibt es viele. So schrieb *Brinkmann* (1937: 15), daß sich die aufgrund der Subspezies von *Leymeriella*-Arten (Ammonoidea) errichteten Zonen und Subzonen teilweise überschneiden, weil die Unterarten oft eine zeitlang gemeinsam vorkämen. „Das hängt damit zusammen, daß bei großer Variationsbreite eines sich entwickelnden Stammes genetische und systematische Gliederungsprinzipien sich schwer in Übereinstimmung bringen lassen. Eine zu bestimmter Zeit lebende Population ist zwar genetisch einheitlich, muß aber wegen der beträchtlichen Formunterschiede ihrer extremen Glieder in verschiedene Arten bzw. Unterarten aufgeteilt werden." Taxonomische Arten und variierende „genetische Einheiten" werden hier expressis verbis als unvereinbar angesehen. Ein weiteres Beispiel von Ammoniten: Wie *Westermann* (1964: 41) berichtete, beschrieb *Arkell* 1952 aus einer einzigen Bank des Bajociums Arabiens innerhalb der Gattung *Ermoceras* drei Subgenera mit zehn Arten, obwohl sie, wie *Westermann* betont, augenscheinlich eine morphologische Einheit bilden.

Ein schönes Beispiel für die vertikale Fassung der Taxa bietet die Koralle *Zaphrentis delanouei* aus dem englischen Unterkarbon. Bei ihr wurden vier Morphotypen („Varietäten") unterschieden, die in den einzelnen stratigraphischen Niveaus in unterschiedlicher Häufigkeit vorkommen (vgl. die nebenstehende Tabelle; nach *Sylvester-Bradley* 1951 und 1958; Zahlenangabe in Prozent).

	delanouei	*parallela*	*constricta*	*disjuncta*
4 Millstone Grit	0	0	5,0	95
3 Upper Limestone Group	0	0,3	16,2	83,5
2 Lower Limestone Group	0,7	3,3	69,8	26,2
1 Cement-stone Group	69,1	30	0,9	0

Tintant (1972: 83) zeichnete nach diesen Angaben ein Schema der zeitlichen Verbreitung der Morphotypen (Abb. 19a). Es vermittelt den Eindruck, als würden vier wohl unterscheidbare Formen aussterben bzw. einsetzen und einander auf diese Weise ablösen. Aber in jedem Schichtenkomplex kommen Übergangsformen vor. Da auch solche Zwischenformen einer

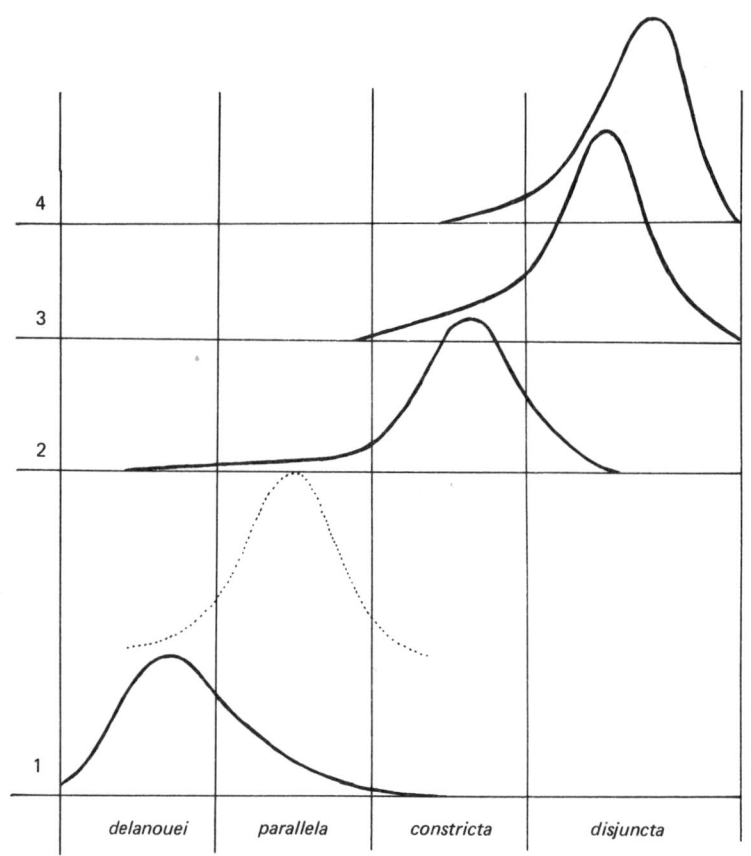

Abb. 19. Vertikale und horizontale taxonomische Gliederung. a. Häufigkeitsverteilung von vier Morphotypen der Koralle *Zaphrentis delanouei* aus dem unteren Karbon. Man gewinnt den Eindruck, als würden vier Formen zu bestimmten Zeiten aussterben bzw. neu einsetzen. Die vertikale Fassung der Taxa kommt deutlich zum Ausdruck. b. Häufigkeitsverteilung derselben Morphotypen, dargestellt in Variationskurven pro Schichtenkomplex. Die in einem Schichtenkomplex vertretenen Typen werden als Vertreter einer polymorphen Plethe („Schichtpopulation") aufgefaßt. Auftreten und Verschwinden einzelner Morphotypen erklären sich aus der Verschiebung des Variationsspektrums. – Die gestrichelt gezeichnete Kurve markiert die zu erwartende Variabilität einer Plethe zwischen Niveau 1 und 2. Nach *Newell* 1956 und *Tintant* 1972.

der vier Varietäten zugeordnet wurden, ging diese wichtige Information in Abb. 19a verloren.

Newell (1956: 78) und *Tintant* (1972: 82) stellten dieser Darstellung die Häufigkeitsverteilung der Morphotypen in Variationskurven gegenüber (Abb. 19b). Damit wird das Auftreten von Übergangsformen berücksichtigt, und die in einem Schichtenkomplex vorkommenden Individuen werden als Vertreter polymorpher Populationen aufgefaßt. Das Bild, das sich nun ergab, zeigt vier Variationskurven, deren Mittelwerte sich von unten nach oben zunehmend verschieben. Diese Verschiebung entspricht einem allmählichen Wandel von *Zaphrentis delanouei,* in dessen Verlauf die ursprünglich unterschiedenen Morphotypen an Häufigkeit zu- und wieder abnehmen. Dabei gewinnen allmählich jene Individuen an Anzahl, die sich der Form *disjuncta* nähern. Von einem Aussterben oder plötzlichen Auftauchen einzelner Unterarten, wie dies Abb. 19a nahelegt, kann nicht die Rede sein.[37]

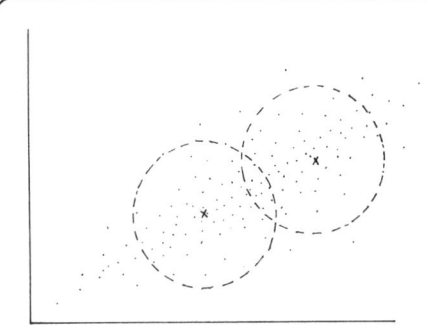

Abb. 20. Individuen einer Fortpflanzungsgemeinschaft und ihre Verteilung auf zwei typologische „Arten". Die „Art"grenzen sind als Kreise um den jeweiligen Holotypus (Kreuz) angegeben. Individuen aus dem Überlappungsbereich der beiden Kreise können sowohl der einen wie der anderen Art zugeordnet werden. Nach *Trueman & Weir* 1946.

Wie *Trueman* und *Weir* (1964: XX-XXI) zeigten, kann das typologische Artkonzept dazu führen, daß ein und dasselbe Individuum mit gleicher Berechtigung verschiedenen Arten zuzuordnen ist. Werden die Vertreter einer Biospezies, die zu ein und demselben Zeitpunkt gelebt haben, in mehrere typologische Arten aufgesplittert, dann bedeutet das, daß man um mehrere Holotypen Kreise zieht und die in diese Kreise fallenden Individuen den entsprechenden Arten zuordnet. Wie Abb. 20 verdeutlicht, kann es Bereiche geben, in denen sich solche Kreise überlappen. Individuen aus einem solchen Überlappungsbereich könnten sowohl in die eine wie in die andere typologische Art gestellt werden.

4.1.2 Das Chronospezies-Konzept

Auf das typologische Artkonzept in seiner strikten Version werde ich später nicht mehr zurückkommen. Eine erhebliche Bedeutung aber kommt dem

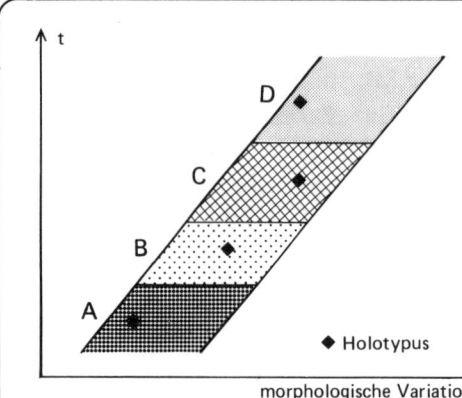

Abb. 21. Horizontale Artfassung. Gliederung einer phylogenetischen Reihe (Chronokline, Formenreihe) in Chronospezies. Die Artgrenzen verlaufen parallel zur Zeitebene („horizontal"). Die zu einem bestimmten Zeitpunkt bestehenden Fortpflanzungsgemeinschaften werden nicht in mehrere Arten zerrissen. Es kann theoretisch vorkommen, daß die Holotypen verschiedener Chronospezies ununterscheidbar sind, wenn sie im Variationsspektrum so liegen wie für die Arten C und D dargestellt.

Chronospezies-Konzept zu, auf das ich in den folgenden Abschnitten des öfteren Bezug nehmen werde. Dabei handelt es sich ebenfalls um ein morphologisches Artkonzept. Innerhalb einer evolutiven Linie werden mehrere zeitlich aufeinanderfolgende „Arten" unterschieden. Eine zu einem Zeitpunkt und an einem Ort bestehende Fortpflanzungsgemeinschaft wird nicht mehr in mehrere künstliche „Arten" untergliedert. Das bedeutet, daß hier die Fortpflanzungsgemeinschaft das Grundelement der Chronospezies bildet. Gelingt es darüber hinaus, gleichalte Populationen anderer Lokalitäten als Angehörige dieser Art zu erkennen und die geographische Variabilität zu erfassen, ist der Idealfall bei der Erfassung einer Chronospezies erreicht. Dann bildet die Biospezies das Grundelement der chronologischen Art. _Thomas_ (1956: 18, 23) und _McAlester_ (1962) sprachen sogar von einer prinzipiellen Identität von Bio- und Chronospezies. Allerdings besteht diese Identität nur für die Grenzen im Raum, d.h. im Zeitquerschnitt. Wir werden sehen, daß die Biospezies in der Zeit objektiv begrenzt sind. Die Abgrenzung der chronologischen Arten im zeitlichen Kontinuum hingegen ist willkürlich: Sie beruht auf der morphologischen Divergenz zwischen voneinander abstammenden Populationen. Das ist die typologische Komponente des Chronospezies-Konzeptes. Wann es gerechtfertigt sein soll, Art- oder Unterartgrenzen zu ziehen, darüber gibt es umfangreiche Diskussionen, auf die einzugehen nicht im Rahmen der vorliegenden Untersuchungen liegen soll, weil man − ganz gleich, auf welches Maß man sich einigt − keine naturgegebenen Einheiten umgrenzt.[38] Die Grenzen zwischen den zeitlich aufeinanderfolgenden Arten verlaufen parallel zur Zeitebene (vgl. Abb. 21). Nach dem Chronospezies-Konzept wird also „horizontal" gegliedert. _Sylvester-Bradley_ (1951: 98, 1954) schlug vor, eine evolutive Reihe, die sich aus mehreren Chronospezies zusammensetzt, als „chronologische Superspezies" zu bezeichnen.

Ein im deutschen Sprachraum sehr bekannt gewordenes Beispiel ist die Gliederung der *Conorotalites*-Reihe, eine Folge von Foraminiferen-„Populationen" aus der unteren Kreide (*Bettenstaedt* 1958, 1962; Abb. 22). Nach *Sylvester-Bradley* würde es sich dabei um eine solche Superspezies handeln, denn *Bettenstaedt* unterschied drei Chronospezies: *Conorotalites bartensteini* als älteste Form, dann *C. intercedens,* die unter Verschiebung des Variationsspektrums aus *bartensteini* hervorgegangen war, und schließlich *C. aptiensis.* Der Unterschied zum typologischen Artkonzept zeigt sich zum einen darin, daß in jeder „Population" einer Art (a—o in Abb. 22) mehrere morphologische Varianten vertreten sind, und zum anderen in der Wandelbarkeit der einzelnen Chronospezies im Zeitablauf (hier erkennbar bei *C. aptiensis*). Besonders bemerkenswert ist, daß innerhalb von *C. aptiensis* eine Individuengruppe („Population" l) dasselbe Variationsspektrum aufweist wie die „Population" e von *C. intercedens* (Abb. 22). Das wäre nach dem typologischen Artkonzept nicht möglich: In so einem Fall wären die beiden Individuengruppen derselben Art zuzurechnen (vgl. Abb. 17b).

Der Begriff der Morphospezies

Vielfach wird das hier als „typologisch" bezeichnete Artkonzept als „Morphospezies-Konzept" geführt. Die Beziehungen zwischen den beiden bestehen darin, daß der typologische Artbegriff, übersetzt in die praktische Taxonomie, zur morphologisch definierten Art führt (*Mayr* 1967: 25; ähnlich *Müller* 1976: 167). *Westoll* (1956) stellte der „Morphospezies" die „Holomorphospezies" zur Seite, um auch für ein erweitertes merkmalsbezogenes Artkonzept einen Terminus zur Verfügung zu haben. Die „Holomorphospezies" sollte sämtliche morphologisch verschiedenen, zeitgleichen Formen einer polytypischen Art umfassen. Eine bestimmte Holomorphospezies entspricht damit der morphologisch charakterisierten Biospezies einer Zeitebene.

Bei manchen Paläontologen besteht die Neigung, alle erkannten Arten als Morphospezies zu bezeichnen. Dabei wird davon ausgegangen, daß uns fast immer nur morphologische Merkmale zur Verfügung stehen, um fossile Arten gegeneinander abzugrenzen bzw. um Individuen bestimmten Arten zuzuordnen. Da eine aufgrund morphologischer Indizien errichtete „Art" zumeist nur annähernd, oft gar nicht der biologischen Spezies entspricht, werden die Morphospezies als bestmögliche Näherung an die Biospezies dieser zur Seite gestellt (vgl. z.B. *Samtleben* 1971: 36).[39] Man erkennt — und dies wurde früher schon gesagt —, daß es sich hierbei um ein Problem der Praxis handelt.

Ich glaube aber, daß ein solches Verfahren zu weit führt. Schließlich werden sowohl in der paläontologischen wie in der neontologischen Taxonomie die Arten stets aufgrund irgendwelcher Merkmale unterschieden. Alle Individuengruppen nun in der Paläontologie als Morphospezies zu bezeichnen,

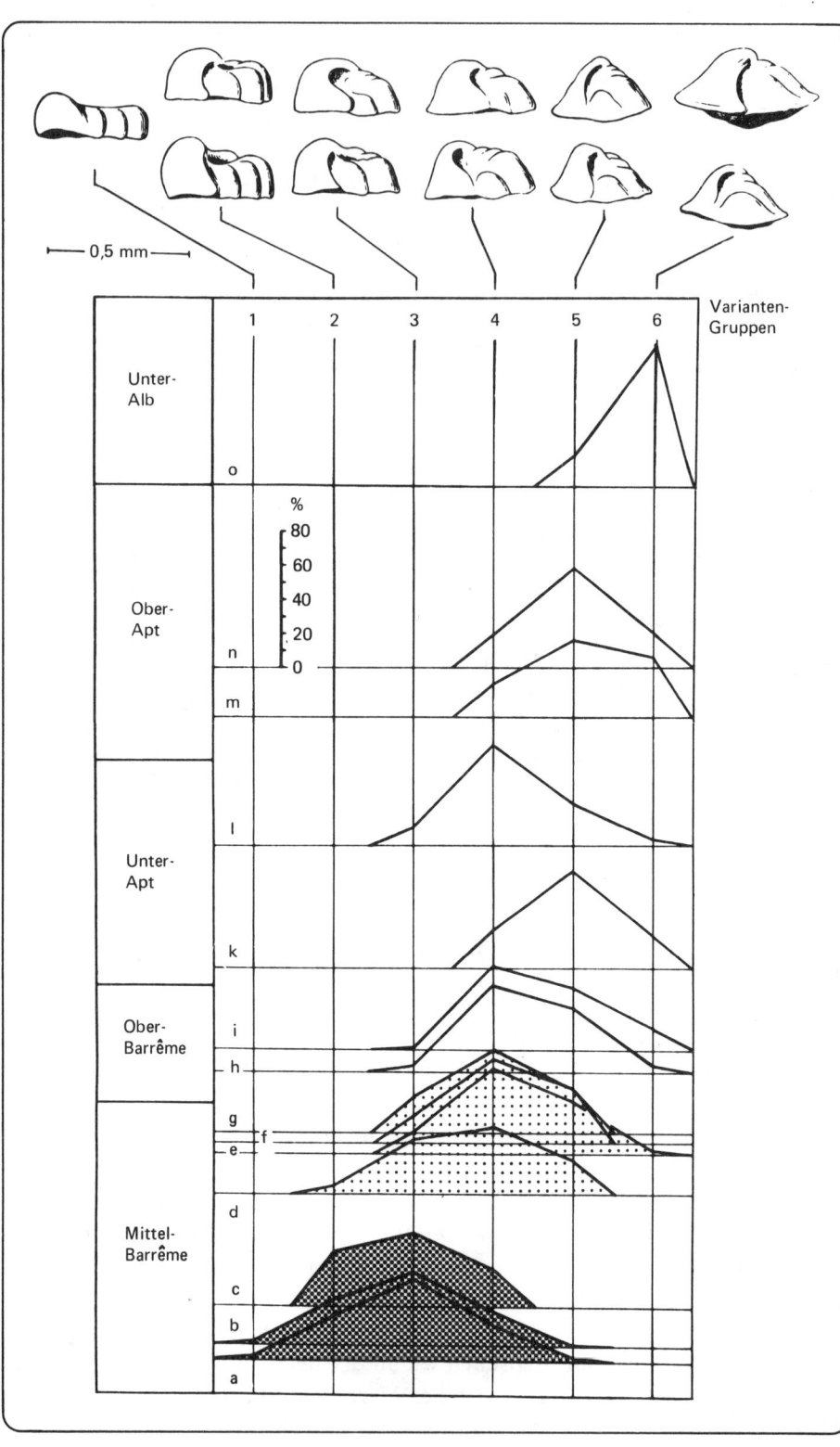

müßte ähnliche Folgen in der Neontologie nach sich ziehen: Hier wären dann auch Ethospezies oder Chromatospezies (wenn wir die Arten in der Praxis nur nach der Färbung unterscheiden können) und viele andere mehr einzuführen, außerdem Kombinationen wie Etho-Morphospezies usw. (s.a. *McAlester* 1962: 1379). Ich sehe den Sinn einer Trennung von Bio- und solcherart aufgefaßten Morphospezies nicht ein. Den — wie auch immer gearteten — Merkmalssatz einer Art für die Praxis zu erfassen, dient stets dem Ziel, Individuen als Teile bestimmter Biospezies zu erkennen.

Morphospezies — so wie ich sie aufgefaßt wissen möchte — umfassen Individuen, die einander so ähnlich sind, daß man es für berechtigt ansieht, sie zusammen als typologisches Taxon von spezifischem Rang zu führen, ohne daß dies der natürlichen Gliederung der Organismen in Biospezies zu entsprechen braucht. Das Morphospezies-Konzept ist praxisbezogen. Von Morphospezies sollte nur unter folgenden Voraussetzungen die Rede sein: (1) Wenn wahrscheinlich ist,[40] daß die zu einer bestimmten nominellen „Art"gerechneten Individuen keine Fortpflanzungsgemeinschaften bildeten (trotz Biparentie), (2) wenn Individuen, die mit hoher Wahrscheinlichkeit zu einer einzigen Fortpflanzungsgemeinschaft gehörten, weiterhin zu verschiedenen nominellen Arten gestellt werden (z.B. spezifische Trennung von Männchen und Weibchen bei Sexualdimorphismus), (3) wenn bekanntgewordene phylogenetische Aufspaltungen, die zur Entstehung neuer Arten geführt haben, aufgrund der morphologischen Übereinstimmung der Populationen vor und nach der Aufspaltung nicht zur Begrenzung der Arten genutzt werden oder (4) wenn umgekehrt wegen beträchtlichen Wandels eine unverzweigte Chronokline in mehrere Arten gegliedert wird.

Wenn wir unter diesen Voraussetzungen ein Taxon als „Morphospezies" bezeichnen, dann ist darin die Aufforderung enthalten, den noch unbekannten Umfang der zugehörigen Biospezies zu erforschen. Ein extremes Beispiel dafür bieten die Conodonten, bei denen noch weitgehend Unklarheit darüber herrscht, welche der als selbständige „Arten" beschriebenen Elemente zusammengehören.[41]

Auf der anderen Seite sind Individuen, die aufgrund morphologischer Indizien für Vertreter einer Biospezies angesehen werden, wegen der Art dieser Indizien keine Belegstücke einer Morphospezies. Wenn wir die Theorie vertreten, sie gehören einer Biospezies an, dann kann der Terminus „Bio-

Abb. 22. Horizontale Artfassung. Beispiel für die Gliederung einer Folge von 14 Plethen („Populationen", a—o) in zeitlich aufeinanderfolgende Arten (Chronospezies). Die Foraminifere *Conorotalites* aus der unteren Kreidezeit. Ordinate: Variantengruppen 1—6, denen die Individuen der 14 Plethen zugeordnet wurden. Charakteristische Gehäuse aus diesen Variantengruppen sind in der oberen Reihe dargestellt. Innerhalb dieser Formenreihe wurden drei Chronospezies unterschieden: a—c: *Conorotalites bartensteini*, d—g: *C. intercedens* und h—o: *C. aptiensis*. Nach *Bettenstaedt* 1958 Abb. 2 und 1962 Abb. 6

spezies" auch in der Praxis für sie benutzt werden. Jeder wird dann wissen, was gemeint ist, und die Möglichkeit nicht ausschließen, daß sie sich doch eines Tages als Vertreter **mehrerer** natürlicher Biospezies erweisen können.

Etwas anderes ist es, wenn man die in der Natur existierenden Biospezies und unser jeweiliges Abbild dieser Arten, die Taxa, mit verschiedenen Termini kennzeichnen will. Aber dann wäre der Begriff „Morphospezies" für dieses Abbild gewiß nur wenig geeignet.

Das Chronospezies-Konzept und seine Anwendung bei jurassischen Ammoniten der Gattung *Kosmoceras*

Dadurch, daß nach dem Chronospezies-Konzept eine Fortpflanzungsgemeinschaft eines Zeitpunktes (möglichst) nicht willkürlich in mehrere typologische Arten untergliedert werden soll, kommt ihm — theoretisch — ein hohes Maß an Objektivität zu. Subjektivität besteht nur hinsichtlich der Abgrenzung in der Zeitachse. Man kann das Chronospezies-Konzept daher als halb-objektiv bezeichnen; und mit diesem Konzept setzen sich die folgenden Abschnitte anhand eines recht populären Beispiels auseinander. Es soll verdeutlichen, zu welch einer Wirrnis ein Artkonzept führen kann, das weniger die biologischen Beziehungen als ausschließlich die morphologische Ausprägung berücksichtigt. Außerdem möchte ich zeigen, welcher Schritte es bedarf, um sich von einer strikt typologischen Betrachtungsweise zu lösen und zu einer Benennung zu kommen, die dem Chronospezies-Konzept Rechnung trägt. Hierauf gehe ich deswegen so ausführlich ein, weil das Chronospezies-Konzept als Vorstufe des Biospezies-Konzeptes in der Paläontologie angesehen werden kann.

Nach genauerer Kenntnis fossiler Faunen konnte man bei den Ammoniten immer wieder bestimmte nominelle Gattungen und Arten zu anderen nominellen Gattungen und Arten in engste Beziehung setzen. Immer wieder ließ sich beobachten, daß bestimmte großwüchsige (sog. makrokonche) Formen in gewisser Weise zu bestimmten mikrokonchen in Beziehung standen. Man kam schon im vorigen Jahrhundert zu dem Schluß, daß hier offenbar ein ausgeprägter innerartlicher Dimorphismus bestand. Von fast allen Autoren wird heute angenommen, daß die großwüchsigen Gehäuse (die Makrokonche) die Weibchen, die Mikrokonche die Männchen gewesen seien. Auch diese Auffassung war schon im letzten Jahrhundert geäußert worden.

Glangeaud (1897: 105—106) hatte sich wohl als erster dafür ausgesprochen, diese Formenpaare mit demselben Artnamen zu belegen. Aber noch *Callomon* (1963) stellte die zusammengehörenden Partner zu verschiedenen Untergattungen und „Arten" — ganz im Gegensatz zum Beispiel zu *Makowski* (1963). Für *Palframan* (1969: 148) ist der hauptsächliche Grund für eine solche Klassifikation in der Größenordnung der morphologischen Unterschiede zwischen den Partnern einer Art zu suchen.[42] Wenn aber nach *Lehmann* (1976: 83) kein Zweifel am innerartlichen (Sexual-)Dimorphis-

mus besteht, dann sind die für die mikro- und die makrokonche Form ein-
geführten Namen selbstverständlich Synonyma.

Obwohl nomenklatorische Probleme außerhalb der Zielsetzung dieses Buches liegen sollen, möchte ich die Diskussion um den Dimorphismus noch
etwas weiter verfolgen, weil man im Zusammenhang damit zu sehr eigenar-
tigen Schlüssen hinsichtlich der Benennung gekommen war und weil diese
Schlußfolgerungen in der unscharfen Trennung der verschiedenen Artkonzepte begründet liegen.

Callomon (1969: 118–119) wies darauf hin, daß die beiden morphologischen Typen eines Formenpaares verschiedene stratigraphische Reichweiten
haben können. Beispielsweise kommt in zwei Subzonen des Jura jeweils ein
Dimorphen-Paar vor: In der jason-Subzone das makrokonche *Kosmoceras
jason* (*Reinecke* 1818) neben dem mikrokonchen *K. gulielmi* (*Sowerby*
1821), in der folgenden obductum-Subzone das makrokonche *K. obductum* (*Buckman* 1925) und wie in der jason-Subzone das mikrokonche *K.
gulielmi* (*Sowerby* 1821) (vgl. Abb. 23A).

Nähert man sich nun etwas dem Chrono- oder auch dem Biospezies-Konzept, indem man die jeweiligen Partner mit ein und demselben Artnamen
belegt, müssen die Formen nach den Prioritätsregeln wie folgt benannt werden (*Callomon* 1969):

> jason-Subzone: *K. jason* (*Reinecke* 1818)
> obductum-Subzone: *K. gulielmi* (*Sowerby* 1821)

Da nun aber das mikrokonche *Kosmoceras gulielmi* auch das Männchen
von *K. jason* sei, müsse, so schließt *Callomon,* auch für die Art in der obductum-Subzone der Name *K. jason* gelten. Das sei aber absurd. Als Ausweg
könne man, so *Callomon* weiter, die beiden Formen als Chrono-Subspezies
unterscheiden: *K. jason jason* in der jason-Subzone und *K. jason obductum*
in der obductum-Subzone.

Aber wie, fragt *Callomon,* kann man nun die Mikrokonche der beiden
Unterarten unterscheiden? Und wenn man es nicht kann, warum gibt man
ihnen dann verschiedene Namen?

Zunächst ist dazu zu sagen, daß es unerheblich ist, ob man die Tiere als
Chronospezies oder Chrono-Subspezies führt: Da es sich um Chrono-Taxa
handelt, unterliegt die Wahl des kategorialen Ranges der Willkür. Ich ent-
scheide mich in der folgenden Diskussion der Einfachheit halber für die
Chronospezies.

Beginnen wir mit der Auflösung der Problematik bei der letzten von *Callomon* aufgeworfenen Frage. Bei morphologischer Identität müssen die Mikrokonche der beiden Formen deswegen unterschiedliche Namen tragen,
weil sie verschiedenen Arten angehören, nämlich *K. jason* einerseits und *K.
obductum* (bzw. *gulielmi,* hierzu s. unten) andererseits. Daß diese Arten für
uns nur in einem Geschlecht unterscheidbar sind, ist völlig belanglos (es be-

trifft einen praktischen, nicht den theoretischen Aspekt). Es gibt rezente
Arten genug, die wir derzeit nur in einem Geschlecht, und andere, die wir
morphologisch überhaupt nicht unterscheiden können.

Zur Wahl der Namen gemäß den Prioritätsregeln ist folgendes zu sagen:
Callomon meint, der morphologische Typus „*gulielmi*" ist der mikrokonche
Partner sowohl bei *obductum* als auch bei *jason*. Folglich sei in einem ersten Schritt der Name *obductum* als jüngeres Synonym durch *gulielmi* zu
ersetzen, und dann sei (Schritt 2) *gulielmi* als jüngeres Synonym von *jason*
gegen diesen ältesten aller in Betracht kommenden Namen auszutauschen.
Ein solches Verfahren ist unzulässig, weil man ja von zwei verschiedenen
Chronospezies spricht, die an den makrokonchen Gehäusen unterscheidbar
sind. Eine von ihnen kommt in der jason-, die andere in der obductum-Subzone vor. Das Problem der Benennung läßt sich nur auf eine andere Weise
lösen. Entscheidend ist dabei die Herkunft des Holotypus von *gulielmi* –
ein Gesichtspunkt, den *Callomon* überhaupt nicht berücksichtigt. Dabei gibt
es zwei Möglichkeiten.

Möglichkeit 1 (Abb. 23B): Der Holotypus von *gulielmi* stammt aus der
obductum-Subzone (vielleicht ist dies der Fall, weil in *Callomon*s Erörterung *K. obductum* im ersten Schritt mit *K. gulielmi* synonymisiert wird, s.
aber unten). Dann heißt die in dieser Subzone vorkommende Chrono-Spe-
zies *Kosmoceras gulielmi;* der Name *obductum* ist ungültig. Die als *gulielmi*
bezeichneten Mikrokonche aus der jason-Subzone wurden falsch bezeichnet, und zwar deswegen, weil sie sich nach ihrer Morphologie gar nicht einwandfrei bestimmen lassen (sondern nur nach ihrer Herkunft). Die Chronospezies der jason-Subzone heißt *K. jason.*

Möglichkeit 2 (Abb. 23C): Der Holotypus von *gulielmi* stammt aus der
jason-Subzone (vielleicht ist dies der Fall, denn *Callomon* (1963: 53) nennt

---

Abb. 23. Sexualdimorphismus bei zwei zeitlich aufeinanderfolgenden Arten (Chronospezies)
des Ammoniten *Kosmoceras* (mittl. Jura) und die nomenklatorischen Konsequenzen.
Fig. A. *Callomon* belegte Makro- und Mikrokonch bzw. Weibchen und Männchen eines Dimor-
phen-Paares mit verschiedenen Namen. Daher erscheinen statt zwei Chronospezies drei nominelle Arten: Je ein Name für die beiden makrokonchen Formen und ein Name *(K. gulielmi)*
für die mikrokonche Form, die in beiden Subzonen übereinstimmend entwickelt ist. Männchen und Weibchen einer Art dürfen aber nicht mit verschiedenen Artnamen belegt werden.
Hieraus ergeben sich zwei Möglichkeiten (Fig. B und C):
Fig. B. Möglichkeit 1: Der Holotypus von *Kosmoceras gulielmi* (*Sowerby* 1821) stammt aus
der obductum-Subzone. Dann ist das nominelle *K. gulielmi* der Mikrokonch zu *K. obductum*
Buckmann 1925, und die Chronospezies muß den Prioritätsregeln entsprechend *K. gulielmi*
heißen.
Fig. C. Möglichkeit 2: Der Holotypus von *K. gulielmi* stammt aus der jason-Subzone. Dann
muß diese Chronospezies *K. jason* (*Reinecke* 1818) heißen. Die Chronospezies der darüber-
folgenden Subzone heißt *K. obductum.* – Dimorphen-Paare zusammengestellt nach *Brinkmann* 1929 Taf. 2 Fig. 2–3 *(K. jason jason, K. obductum obductum)* und Taf. 3 Fig. 2–3
(K. gulielmi gulielmi aus den Horizonten 83 bzs. 540 cm).

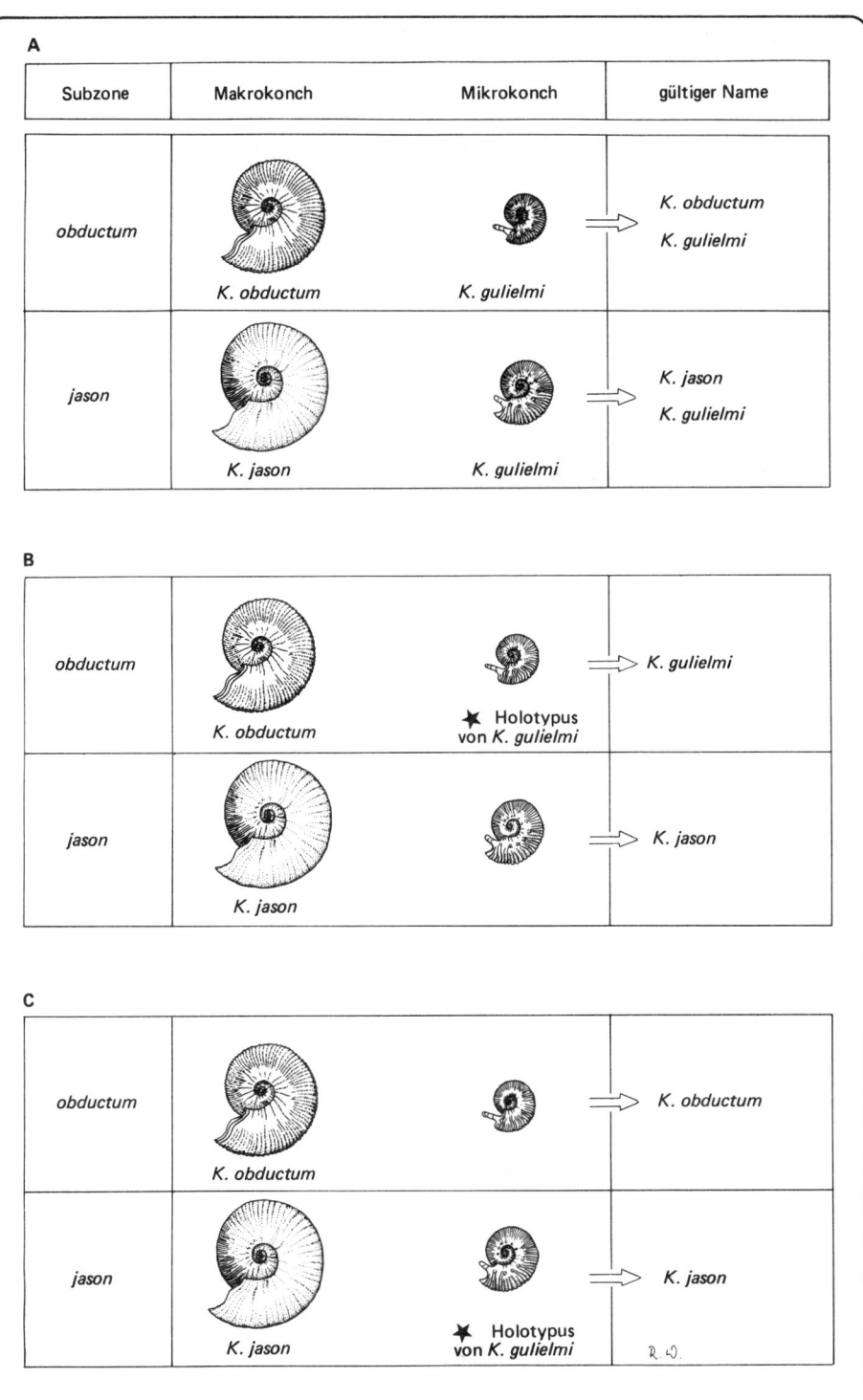

aus der jason-Zone *K. gulielmi,* aus der obductum-Subzone hingegen *K. gulielmi* var.). In diesem Falle kam er also gemeinsam mit *K. jason* vor und ist
dieser Form zuzuordnen. Der Name *gulielmi* ist dann als jüngeres Synonym
von *jason* ungültig. Die Art der jason-Subzone heißt *K. jason,* die der obductum-Subzone *K. obductum (K. gulielmi* ist ja nicht mit *K. obductum* synonym, folglich bei dieser Chronospezies als älterer Name auch nicht in Betracht zu ziehen). Es muß also — und ich weiß nicht, ob dies der Fall ist —
die genaue stratigraphische Herkunft des Originals zu der Beschreibung der
Art *gulielmi* bekannt sein.

Lehmann (1976: 83) knüpfte an dieses Beispiel die Feststellung, daß „an
der in der Neo-Zoologie und Paläo-Zoologie unterschiedlichen Artfassung
. . . alle Versuche (scheitern), den nicht mehr anzweifelbaren Geschlechtsdi-
morphismus der Ammoniten auch nomenklatorisch auszudrücken". Wenn
statt „auszudrücken" „gerecht zu werden" gemeint ist — denn warum soll
man Männchen und Weibchen einer Art unterschiedlich benennen? —, dann
kann ich *Lehmanns* Auffassung nicht folgen. Es besteht bei hinreichender
Kenntnis der Situation kein Grund, Dimorphen-Paare bei den Ammoniten
nicht in genau derselben Weise mit einem einzigen Artnamen zu belegen,
wie wir das bei rezenten seuxaldimorphen Arten tun.

Klar dürfte eines sein: Wenn man die Evolution einer Organismengruppe
nachzeichnen will — und das ist eine der vorrangigen Aufgaben paläontologischer Forschung —, dann kann es nicht gleichgültig sein, ob wir die ehemaligen Arten in mehrere typologische „Arten" oder gar Gattungen und Untergattungen zersplittern.

4.2 Die Rekonstruktion der biologischen Arten früherer Zeitquerschnitte

Inzwischen wird mehr und mehr die Auffassung vertreten, daß auch in der
Paläontologie versucht werden müsse, die einstigen geschlossenen Fortpflanzungsgemeinschaften zu erfassen und somit die taxonomischen Arten
im Sinne des Biospezies-Konzeptes zu interpretieren.[43] Wie *Samtleben*
(1971: 36) darlegte, ist „der Sinn einer systematischen Ordnung, die mit
Hilfe künstlicher Kategorien zur Zersplitterung natürlicher Gruppen führt,
. . . zweifelhaft. Es ist nicht zu erwarten, daß sie zur Lösung phylogenetischer, biostratigraphischer oder palökologischer Probleme beiträgt. Die
Möglichkeit, eine der Natur angenäherte Ordnung zu bekommen, ist nur
dann gegeben, wenn ihr natürliche Gruppen zugrundeliegen" — und die
Grundeinheit dieser Ordnung bilde die Art im Sinne des Biospezies-Konzep-

tes. Ganz ähnlich äußerte sich *Westermann* (1964: 41). Nur eine taxonomische Methode, schrieb er, die sich am Biospezies-Konzept orientiert, könne die Grundlagen für ein Verständnis der Evolutionsvorgänge bieten.

Demgegenüber meinte *Arkell* (1956: 99) im Hinblick auf das biologische Spezieskonzept, man könnte nicht die Natur gewaltsam einer Artdefinition anpassen. Offenbar hat er die tatsächlich vorhandene Gliederung der Organismen in Biospezies nicht erkannt. Und auf dem Höhepunkt der Diskussion um einen biologischen Artbegriff schrieben *Arkell & Moy-Thomas* in *Huxleys* Sammelband "The New Systematics" (1940): "Palaeontological classification . . . must primarily be useful" und "In palaeontology the species can legitimately be thought of as a practical and convenient unit". (Ob diese Hinweise etwas selbstironisch gemeint waren, wie *Lehmann* 1976: 83 annimmt, möchte ich bezweifeln). Zuvor hatte sich bereits *Trueman* (1924) für ein praktisches Artkonzept eingesetzt. Leider wirkt der Einfluß derartiger Auffassungen bis heute nach.

Schindewolf und das Biospezies-Konzept

Auch *Schindewolf* wird jenen Autoren zugerechnet, die für ein „praktisches" Artkonzept in der Paläontologie eintraten — nicht zu Unrecht. Doch scheint er die Problematik erheblich differenzierter gesehen zu haben als *Arkell* und viele andere. Er ging von der Existenz realer natürlicher Einheiten aus, die unseren Taxa „Arten" zugrundeliegen: „Selbstverständlich ist der Artbegriff kein reines Gedankenprodukt ohne Objektbezogenheit . . ., sondern . . . der Inbegriff einer ihm zugrundeliegenden Realität. Und diese Wirklichkeit, auf die der Artbegriff begründet ist, besteht in einem morphologisch weitgehend übereinstimmenden Individuenkreis, der zugleich eine Kreuzungsgemeinschaft bildet." Aber bezüglich einer Näherung an den biologischen Artbegriff in der Paläontologie äußerte er sich eher pessimistisch: Die Art im Sinne des Biospezies-Konzeptes sei „vorerst wenigstens, im wesentlichen ein theoretisches Postulat . . . In der Paläontologie ist . . . zur Hauptsache lediglich eine morphologische Fassung und Kennzeichnung der Arten möglich . . . Die fossile Art kann demgemäß definiert werden als eine Gruppe von Individuen, die in allen für beständig gehaltenen und als erblich vorausgesetzten Eigenschaften übereinstimmen und vermutlich gleich den rezenten Arten eine freie Kreuzungsgemeinschaft darstellen. Die ihrem genetischen Verhalten nach geprüften rezenten Arten liefern dabei Anhalte und Vorbilder für den Umfang, der den morphologisch definierten Arten zu geben . . . ist" (1950: 442).[44] *Schindewolf* (1954: 81—82) wollte den biologischen Artbegriff und damit die seinerzeit neuen Erkenntnisse zur Struktur der Arten nicht in die Paläontologie übernehmen, weil man sie hier bestenfalls indirekt erschließen kann. Dabei sah er sehr wohl, daß die Methoden zur Feststellung der Artzugehörigkeit in der Neontologie und Paläontologie in der Regel identisch sind. Das ist das eigentlich Merkwürdige:

Denn damit erkannte *Schindewolf* an, daß auch in der Neontologie meist nur indirekt auf die Gliederung der Organismen in biologische Arten geschlossen wird. — Jedenfalls verhinderte diese Auffassung, daß sich die Paläontologie der in den Fragen der Artstruktur kompetenteren Biologie frühzeitig anschloß, wo immer dies möglich war, oder aber daß sie konstruktiv in die Diskussion um ein allgemeingültiges Artkonzept eingriff.

Schindewolf (1954: 82) lehnte es darüber hinaus sogar ab, den theoretischen Artbegriff in die Paläontologie zu übernehmen. Für die Neontologie aber erkennt er ihn an. Dies würde bedeuten, daß der Biologie und der Paläontologie nicht dieselbe theoretische Grundlage zukäme. Das war von *Schindewolf* gewiß nicht beabsichtigt und, wie aus anderen Stellen (z.B. 1954: 88, 1928: 128; ähnlich auch *Müller* 1976: 168) hervorgeht, offensichtlich auch nicht so gemeint. Die Ursache für diese Unklarheit liegt mit darin begründet, daß *Schindewolf* manchmal Theorie und Praxis bzw. Naturobjekt und ihre Erfassung durch den Menschen nicht scharf trennt. So schreibt er einerseits zwar (1962: 65), die Definition des biologischen Artbegriffs „mag theoretisch unanfechtbar sein . . . In der Praxis aber . . . liefert (er) uns keine brauchbare Handhabe, die Artzugehörigkeit irgendeiner gegebenen Form zu erkennen". Andererseits aber schließt er an: „Was fängen wir Paläontologen mit einer derartigen Speziesdefinition an? Auch die fossilen Tiere und Pflanzen waren doch zweifellos in Arten gegliedert, und es ist daher zu fordern, daß der Artbegriff auch auf sie anwendbar ist. Nach der gegebenen Defintion aber wären fossile Arten überhaupt nicht faßbar." Hier wird verkannt, daß auch die fossilen Organismen in Biospezies gegliedert waren, der biologische Artbegriff also auch für sie gilt, unabhängig davon, ob wir diese Gliederung heute rekonstruieren können. Und ferner wird verkannt, daß die Definition allein gar nicht dazu dient, die Arten taxonomisch zu fassen; sie beschreibt, was Arten sind. Wenn die „Definition" (Beschreibung) der Gruppe „Vögel" lautete „befiederte Wirbeltiere, die zu fliegen befähigt sind", und dies der Zuordnung von Fossilien dienen sollte, wäre kaum ein fossiler Vogel als solcher erkennbar. Vielmehr werden die Untersuchungsobjekte aufgrund der an ihnen erkennbaren Merkmale bezüglich ihrer systematischen Position interpretiert.

Die Erfaßbarkeit fossiler Biospezies im Zeitquerschnitt

Die vorstehenden Bemerkungen gelten in erster Linie für Individuengruppen aus einem früheren Zeitquerschnitt. Das heißt, es wurden lediglich die Probleme um die Erfaßbarkeit der heutigen Biospezies auf das Fossilmaterial übertragen. Betrachten wir zunächst diesen Problemkreis noch etwas genauer.

Die Frage, ob mehrere Fossilien zu einer oder verschiedenen Biospezies gehören, läßt sich — nicht zuletzt mittels statistischer Untersuchungen — für einzelne stratigraphische Horizonte und damit für einen Zeitquerschnitt zumindest an einer Lokalität in aller Regel beantworten (vgl. z.B. *Simpson* 1943: 165, 167—168; *George* 1956: 127; *Eldredge & Gould* 1972: 93 und in *Hecht* et al. 1974: 304). Natürlich ist es in der Paläontologie schwieriger als in der Neontologie zu erkennen, welche Individuen zu einer bestimmten Biospezies gehören. Grundsätzlich aber ist die Problematik in beiden Fällen dieselbe: Sowohl in der Rezent-Biologie als auch in der Paläontologie ist es relativ einfach, die an einer Lokalität vorkommenden Vertreter verschiedener Biospezies den einzelnen Arten zuzuordnen. Sympatrisches und synchro-

	artidentisch	artverschieden
morphologisch ununterscheidbar	+	+
morphologisch verschieden	+	+

Abb. 24. Die vier Möglichkeiten der taxonomischen Interpretation. Die schraffierten Felder bezeichnen jene Möglichkeiten, bei denen eine hohe Gefahr der Fehldeutung besteht. Nach *Vrba* 1980.

nes Vorkommen erlauben die Schlußfolgerung, daß zwischen merkmalsverschiedenen Individuengruppen reproduktive Isolation besteht bzw. bestand.

Stokes (1976) allerdings „unterläuft" den Sympatrie-Test. Er bezeichnet die Kreide-Seeigel *Micraster gibbus* und *M. coranguinum* als verschiedene, sympatrisch vorkommende Arten, schreibt aber (S. 693) gleichzeitig, daß zwischen ihnen Übergangsformen existieren, die das Resultat von Bastardierungen seien. Damit ist klar, daß *gibbus* und *coranguinum* nur eine einzige Art bilden.

In der Paläontologie besteht eine beträchtliche Komplikation der Situation bereits bei Polymorphismus, etwa auch Sexualdimorphismus, bei der Überlieferung sehr unterschiedlicher ontogenetischer Stadien (z.B. bei Larve und Imago von Insekten) oder bei beträchtlicher modifikativer Variabilität (Abb. 24). Freilich wurden auch unter den rezenten Organismen oft Männchen und Weibchen, Larve und Adultus oder extreme Varianten irrtümlich als verschiedene Arten angesehen. So schrieb *Haeckel* 1866 (1906: 373—374) „wie oft sind . . . nicht . . . abweichend gebildete Jugendformen, Larven und Ammen als eigene Spezies, wie oft als Glieder weit entfernter Familien oder selbst Klassen beschrieben worden! Wer hätte bei der paradoxen Form des *Pluteus* gedacht, daß er die Amme einer Ophiure sei, bei *Pilidium*, daß es zu einem Nemertes gehöre, bei *Phyllosoma*, daß es die Larve von *Palinurus* sei? Wie oft sind selbst bei den höheren Wirbeltieren eigentümlich gefärbte Jugendformen als besondere Arten . . ., wie oft . . . die beiden zusammengehörenden Geschlechter einer einzigen Spezies als verschiedene Arten beschrieben worden!"

Polymorphismus

Bei den fossilen Formen ist sogar bei sehr gut bekannten Organismen das Untersuchungsmaterial oft nicht leicht im Hinblick auf seine Gliederung in Biospezies zu interpretieren. Auf den Sexualdimorphismus bei Ammoniten wurde schon eingegangen. *Tintant* wies auf eine andere Form von möglichem Polymorphismus bei jurassischen Ammoniten hin: Bei *Kosmoceras* werden üblicherweise zwei Untergattungen unterschieden, *Kosmoceras* s. str. und *Zugokosmoceras*. Sie unterscheiden sich lediglich im Vorhanden-

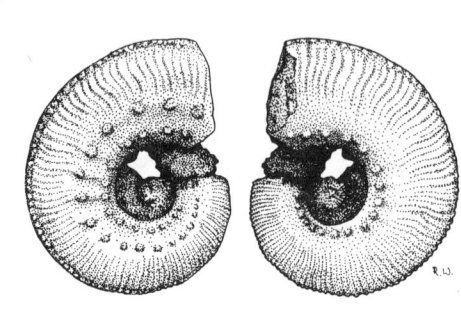

Abb. 25. *Kosmoceras* aff. *jason* (*Reinecke*) aus dem Dogger (Callovium) von Corlay/ Frankreich mit unterschiedlicher Skulptur auf der linken und der rechten Seite des Gehäuses. Eine Seite trägt auf der Mitte der Windungsflanken eine Knotenreihe und entspricht damit der nominellen Art *K. baylei*. Auf der anderen Seite fehlen die Knoten; hier entspricht das Gehäuse *K. jason*. Vielleicht ist dies ein Hinweis darauf, daß diese beiden nominellen Arten lediglich Morphen einer einzigen Biospezies sind. Nach *Tintant* 1969.

sein oder Fehlen von Knoten auf der Mitte der Windungsflanken. Zwischenformen kennt man nicht. Aber es erhebt sich die Frage, ob es sich bei den so unterschiedlichen Formen nicht lediglich um stabile Morphen ein und derselben Art handelt.

Dies ist nun nach *Tintant* (1980: 336) sehr wohl denkbar, denn der in anderen Merkmalen erkennbare evolutive Wandel von *Kosmoceras* und *Zugokosmoceras* stimmt so weitgehend überein, daß die Annahme einer parallelen Entwicklung sehr unwahrscheinlich ist. Die wahrscheinlichste Erklärung ist nach *Tintant* (1969, 1980), daß hier ein innerartlicher Polymorphismus vorliegt, der durch geringe genetische Unterschiede bewirkt wird. Nach dieser Annahme würde sich, zieht man noch den Sexualdimorphismus bei diesen Kosmoceraten in Betracht, die Zahl der nominellen Arten von vier auf eine reduzieren. Auf eine wesentliche Stütze seiner Vermutung wies *Tintant* schon früher hin (1969: 570). Er fand ein Exemplar von *Kosmoceras,* dessen eine Seite keine lateralen Knoten auf der Mitte der Windungsflanken trug und darin *Kosmoceras (Zugokosmoceras) jason* glich, während die andere Seite wohlentwickelte laterale Knoten aufwies und vollkommen der gleichzeitig auftretenden (nominellen) Spezies *K. (Kosmoceras) baylei* entsprach (Abb. 25). Vgl. hierzu auch Anmerkung 37.

Geographische Variabilität

Wird die Dimension des Raumes berücksichtigt, wird es sowohl in der Neontologie als auch in der Paläontologie merklich schwieriger zu erkennen, wieviele Biospezies vorliegen. Bei allopatrischen Populationen, die geringfügige Merkmalsunterschiede zeigen, ist es in beiden Fällen nicht sicher möglich zu entscheiden, ob sie einer oder mehreren Biospezies angehören. Streng allopatrische Populationen lassen nicht die Prüfung zu, ob eine erfolgreiche Verpaarung unter natürlichen Bedingungen möglich wäre. Übertrüge man rezente Individuen aus dem Verbreitungsgebiet einer solchen Population in das einer anderen, um einen solchen Test durchzuführen, wären die natürlichen Bedingungen schon nicht mehr gegeben: Niemand kann garantieren, daß unter den so geschaffenen Verhältnissen nicht Isolationsmechanismen zusammenbrechen, die bei Entstehen eines natürlichen sympatrischen Verbreitungsbildes wirksam wären, oder ob umgekehrt eine „unnatürliche" Isolation erfolgt. Bei Zuchtversuchen besteht die erstere Gefahr in besonders hohem Maße. – Bei fossilen Organismen sind selbstverständlich nicht einmal solche Tests möglich.

Anders verhält es sich mit aneinandergrenzenden Populationen. Bestehen Unterschiede, dann ist im Raum oft ein Merkmalsgradient zu erkennen, und hieraus läßt sich ableiten, daß eine Kette reproduktiv nicht voneinander isolierter Individuengruppen vorliegt – und somit eine einzige Art. Hier ist die Paläontologie sehr benachteiligt, denn die Überlieferung der geographischen Variabilität einer Art ist fast immer äußerst sporadisch. Das macht die Interpretation der Funde hinsichtlich ihrer Zugehörigkeit zu Arten im Sinne des Biospezies-Konzeptes schwierig.

Bedeutung der Merkmale

Identifiziert werden die Arten in erster Linie mittels morphologischer Merkmale. Das spricht aber keineswegs für die Anwendung eines puren Morphospezies-Konzeptes: "The interpretation is based on biological concepts. An occasional error of interpretation in the synthesis of polytypic species in paleontology is vastly to be preferred to the chaotic accumulation of morphologically defined entities without biological meaning" (*Mayr* 1957a: 384). Auf die Grundlage dieser Interpretation wurde im Abschnitt über „Merkmalsanalyse und das Biospezies-Konzept im Rahmen der Evolutionstheorie" (S. 74f.) genauer eingegangen.

Wichtig ist es festzuhalten, daß die Merkmale nicht Kriterien, sondern lediglich Indizien der Artzugehörigkeit sind (*Hull* 1965: 5–6, *Löther* 1972: 211). Somit kommt den Merkmalen im Zusammenhang mit dem Biospezies-Konzept eine ganz andere Bedeutung zu als im morphologischen System: „Sie sind nicht selbst Bestandteil der Definition . . ., sondern Hilfsmittel, die benutzt werden, um die hinter ihnen stehenden genetischen Kriterien zu erfassen" (*Hennig* 1982: 83; vgl. auch *Mayr* 1982a: 45). Im Verfahren der Interpretation des Merkmalssatzes eines Individuums im Hinblick auf dessen Artzugehörigkeit unterscheidet sich die paläontologische Taxonomie von der neontologischen grundsätzlich nicht: „Mit der Ablehnung einer morphologischen Definition des Artbegriffs . . . ist also durchaus nicht gesagt, daß die Systematik sich in der Praxis ihrer Arbeit jeglicher morphologischer Hilfsmittel bei der Feststellung der Artgrenzen begeben müsse" (*Hennig* 1950: 57). Worum es geht – und zur Erreichung dieses Zieles sind alle Hilfsmittel erlaubt – das ist der Versuch der Rekonstruktion der einstigen Beziehungen zwischen Individuen und Individuengruppen. Rekonstruiert werden kann nur, was einmal bestanden hatte. Die Nomenklatur hat dem jeweils neuesten Kenntnisstand um den Umfang dieser real-objektiven Arten in aller Konsequenz Rechnung zu tragen. Darin, daß in einzelnen Organismengruppen das Erkennen der natürlichen fossilen Arten derzeit noch kaum möglich ist, liegt ein besonderer Reiz für weitere Untersuchungen.

4.3 Die zeitlich dimensionierte Biospezies

Ein Problem, das sich bei der Untersuchung der rezenten Arten nicht stellt, ist die Frage nach ihren Grenzen im Zeitablauf. Es ist leicht einzusehen, daß die Paläontologie hier einen Schwerpunkt ihres Interesses sieht.

Weil Arten sich im Laufe der Zeit wandelnde und im Raum variierende Systeme sind, und weil die Artentstehung durch eine relativ allmähliche Aufspaltung der Stammart erfolgt, betrachten viele Autoren die Annahme mit Skepsis, es gebe objektive Artgrenzen. Solange Arten typologisch definiert wurden, war diese Skepsis nicht nur berechtigt, sondern es war selbstverständlich, daß die Position der Artgrenzen als Beiprodukt subjektiv festgelegter Spezies ebenfalls subjektiv war. Aber noch lange nach Formulierung des Biospezies-Konzeptes schrieb *Mayr* (1957: 376), daß eine objektive Begrenzung der Arten in einem multidimensionalen System nicht möglich ist. Diese Meinung teile ich nicht. Im Verlauf dieses Kapitels werde ich meine Auffassung näher begründen.

Aufhänger für die Problematik um zeitlich aufeinanderfolgende und voneinander abstammende Arten waren zunächst „Formenreihen", d.h. überlieferte Sequenzen zeitlich aufeinanderfolgender Populationen, in denen ein morphologischer Wandel erkennbar ist. Solche Formenreihen lassen sich, wie in Kapitel 4.1 erläutert wurde, in mehrere, einander zeitlich ablösende „Chronospezies" gliedern.

Die Frage, ob die verschiedenen morphologischen Formen einer solchen Formenreihe als eigene Arten anzusehen sind oder ob sie lediglich eine einzige Art bilden, geht zurück bis vor die Zeit des Erscheinens von *Darwins* "Origin of Species" (1859), und zwar mindestens bis auf *Forbes & Spratt* (1846) und *Spratt & Forbes* (1847). In jenen Jahren berichteten diese beiden Autoren über die Entwicklung von Süßwasserschnecken aus dem Jungtertiär der griechischen Insel Kos. Sie hatten bemerkt, daß bei drei Gattungen mehrere morphologische Typen zeitlich aufeinanderfolgen. Die Unterschiede sind so stark, daß die einzelnen Formen nach *Forbes & Spratt* auch als eigenständige Arten aufgefaßt werden könnten.[45] Schließlich aber kamen sie zu dem Ergebnis, daß es sich nur um eine Art pro Gattung gehandelt habe, die sich unter dem Einfluß steigender Salinität verändert habe (vgl. *Willmann* 1978).

Bei der taxonomischen Gliederung von Formenreihen ging es seitdem immer wieder hauptsächlich um die Frage, ob die zeitlich aufeinanderfolgenden Individuengruppen bereits Arten waren, und wenn, wo die Grenzen zwischen ihnen zu ziehen seien. Dabei ist es offensichtlich, daß die Grenze zwischen zwei solchen Chronospezies — und um nichts anderes handelt es sich dabei — gänzlich „unbiologisch" ist, denn ihre Position wird willkürlich festgelegt. Eine willkürlich gezogene Linie, die den Beginn einer Chronospezies bedeuten soll, kennzeichnet natürlich auch das Aufhören der vorhergehenden solchen Art. Dieses „Erlöschen" hat weder mit einem echten Aussterben noch mit einer Auflösung (wie bei einer sich in Tochterarten aufspaltenden Spezies) etwas zu tun; am Übergang von der einen zur anderen Chronospezies geschieht nichts, was sich von einem normalen Übergang zwischen zwei Generationen ein und derselben evolutiven Einheit unterscheidet.

Simpson (1943) bezweifelte daher, daß man solche Abschnitte in Formenreihen überhaupt „Arten" nennen dürfe: "Clearly a species as a subdivision of such a temporal, or vertical, succession is quite a different thing from a species as a spatial, or horizontal, unit ... The difference is so great and, to a thoughtful paleozoologist, so obvious that it is proper to doubt whether such subdivisions should be called species . . . The tendency of paleozoological practice is this: Successive taxonomic units are inferences as to morphological units such that the net difference in morphology between corresponding parts of those units is of the same order as that between horizontal units of the same rank in the same or allied groups . . . No claim can be made that this practice is perfect or even that it is theoretically desirable" (*Simpson* 1943: 171—172).

1961 (S. 150) betonte *Simpson* noch einmal, daß der biologische Artbegriff nicht für zeitlich aufeinanderfolgende Arten gelte. ("The biological species concept . . . does not apply, even in principle, to temporally sequential species.") Ganz ähnlich schrieb *Senglaub* (1969: 354). „Solche zeitlich zu begrenzenden ‚Paläospezies' sind mit dem biologischen Artbegriff nicht in Einklang zu bringen." Kürzlich hob dann *Cracraft* (1981: 458) nochmals zu Recht hervor, daß die Unterteilung einer Formenreihe in Arten keine evolutiven taxonomischen Einheiten von objektivem Status umgrenze. Um so erstaunlicher ist es, daß *Raup & Crick* noch 1981 (S. 205) ausdrücklich davon sprachen, daß (bei *Kosmoceras*) neue biologische Arten allein durch einen graduellen phyletischen Wandel entstanden seien.

Vor dem biologischen Problem der Artabgrenzung ganz und gar gescheut haben jene Paläontologen, die Lücken in der Überlieferung für die geeignete Position einer taxonomischen Grenze zwischen zeitlich aufeinanderfolgenden Formen hielten.

Andere sind dieser Frage ausgewichen, indem sie für wesentlich verschieden und vor allem als unvereinbar ansahen, was als „Spezies" bezeichnet wird: Zum einen die im Zeitquerschnitt real umgrenzte Fortpflanzungsgemeinschaft, zum anderen die im zeitlichen Kontinuum innerhalb einer evolutiven Linie als Stadium und (angeblich) ohne natürliche Grenzen erscheinende Art der Paläontologen. Diese Auffassung vertraten z.B. *Neumayr* 1880: 208–209, *Wepfer* 1913: 411, *Naef* 1919: 45, *Salfeld* in *Dürken &* *Salfeld* 1921: 47–48, *Abel* 1929: 103, 114, 117–119, *Newell* 1947: 168, *Weller* 1949: 681, *Dunbar* 1950: 175, *Drooger* 1954: 23, *Peters* 1970: 20 und *Simpson* 1951: 296. Einige dieser Autoren – allen voran *M. Neumayr* – hatten sich dabei allerdings sehr intensiv Gedanken um die Lösung des Problems gemacht. In mehreren Arbeiten hatte *Neumayr* umrissen, daß es im zeitlichen Kontinuum keine scharf gegeneinander abgegrenzten morphologischen Arten geben könne, und folgerte, daß der Speziesbegriff aus der Paläontologie verdrängt werden müsse. Zu ersetzen sei er durch das *Waagen*sche Konzept der „Formenreihe" und „Mutation" (siehe Kapitel 4.5). In einem ähnlichen Resultat gipfelte in den fünfziger Jahren dieses Jahrhunderts die Diskussion um die Art im Zeitablauf (*Burma* 1949a, b, 1954). Nach *Burma* (1954) sind Arten, "highly abstract fictions", denn sie bilden nur Durchgangsstadien im evolutiven Kontinuum. Ohne Grenzen in der Zeit seien sie nicht real – „somit seien bei vollständiger paläontologischer Überlieferung alle taxonomischen Gliederungen genauso willkürlich wie die Unterteilung einer Straße durch Meilensteine" (*Haldane* 1956: 96). *Burma*s Auffassungen folgten *Rhodes* (1956: 37, 38), *Weller* (1961: 1191) und viele andere.

Diesen Überlegungen lag die Auffassung zugrunde, daß Arten nur durch Transformation entstehen und nicht per Speziation, also nicht durch eine phylogenetische Aufspaltung. Unter diesen Voraussetzungen ist den Auffassungen von *Neumayr, Burma, Weller* usw. durchaus zuzustimmen: Chronospezies sind keine real-objektiven Einheiten. Wenn wir nun das Biospezies-Konzept als allgemeingültige Arttheorie im Rahmen der biologischen Wissenschaften anerkennen, ergibt sich eine völlig andere Situation: Die phylogenetische Aufspaltung, die Speziation, ist plötzlich der alleinige Artentstehungsmodus.

4.3.1 Die Grenzen der Biospezies im Ablauf der Zeit

Die Konsequenzen, die sich aus der Anwendung des Biospezies-Konzeptes in der Paläontologie für die Begrenzung der Arten ergeben, hat man sich im einzelnen offenbar noch nicht vergegenwärtigt. Morphologisch (subjektiv) definierte, zeitlich aufeinanderfolgende „Arten" – also auch „Chronospezies" – kann man an beliebiger Stelle in der Zeit gegeneinander abgrenzen. Bei Arten im Sinne des biologischen Spezies-Begriffs ist dies nicht zulässig:

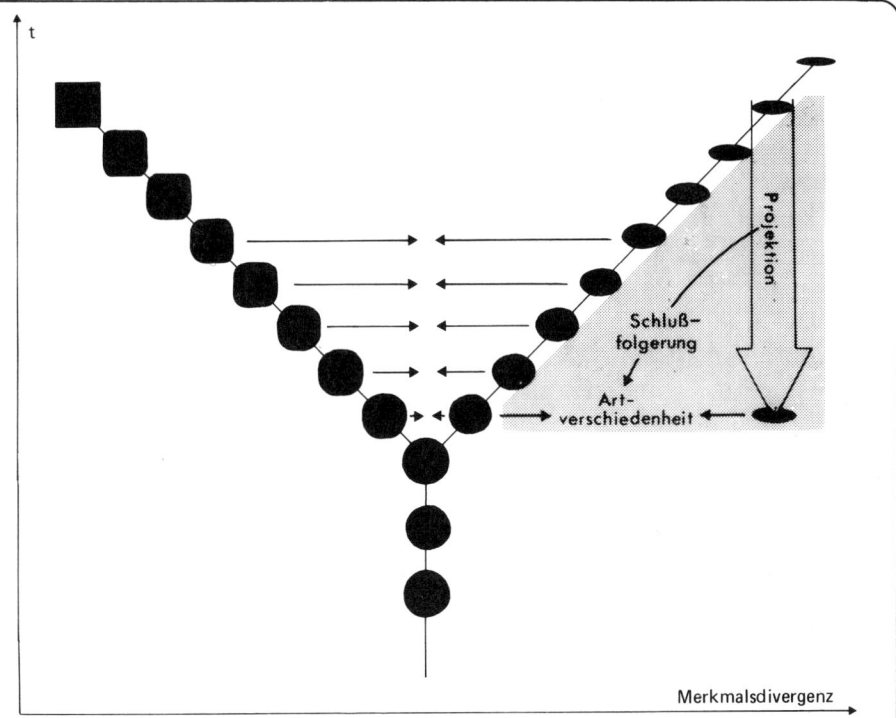

Abb. 26. Zulässige und unzulässige Argumentation um Zugehörigkeit einer Population zu einer bestimmten Biospezies in der Paläontologie. Die Frage nach der Artzugehörigkeit läßt sich aus dem Vorhandensein oder Fehlen reproduktiver Isolation nur für jeweils gleichzeitig existierende Populationen beantworten (Pfeile in Bildmitte), denn das Kriterium der reproduktiven Isolation hat einen Sinn nur in der Zeitebene. Im Zeitablauf kommt diesem Kriterium kein Sinn zu. Der grau unterlegte Weg vermengt daher Unvereinbares. Hier werden in ähnlicher Weise wie beim Vergleich synchroner Populationen verschieden alte Populationen zueinander in Beziehung gesetzt: Man projiziert die Variation von Populationen unterschiedlicher stratigraphischer Horizonte in eine Zeitebene und schließt bei Nicht-Überlappen der Variationsspektren auf artliche Verschiedenheit.

Wenn sie (hypothetisch-) reale Einheiten sind, muß es auch objektiv existierende Grenzen zwischen ihnen geben.

Damit ist angedeutet, daß auch die Biospezies in der Zeit dimensioniert ist. (Dies mag auf den ersten Blick selbstverständlich klingen, wurde jedoch schon mehrfach bestritten.) Die Betrachtungsweise im Zeitablauf aber gilt nicht — oder genauer: nicht ohne zusätzliche Überlegungen — für das Kriterium der Fortpflanzungsisolation und auch nicht für das der Fortpflanzungsgemeinschaft. Beiden kommt ein Sinn nur im Zeitquerschnitt zu. Bezüglich der reproduktiven Isolation gilt danach, daß eine Population eine Biospezies nur im Verhältnis zu gleichzeitig mit ihr existierenden Populationen ist. Bei allochronen Populationen darf die Annahme der artlichen

Verschiedenheit nie mit dem Hinweis auf reproduktive Isolation begründet werden (Abb. 26, schraffiertes Feld). Daß dem Kriterium der Fortpflanzungsgemeinschaft nur im Zeitquerschnitt ein Sinn zukommt, heißt, daß nicht die zeitlich aufeinanderfolgenden Populationen einer Art als Gesamtheit eine Fortpflanzungsgemeinschaft bilden, sondern immer nur die Individuen oder Populationen eines einzigen Zeitquerschnittes. Daß uniparentale Arten keine Fortpflanzungsgemeinschaften bilden, wurde schon gesagt. Hier, bei einer Art als Sequenz zeitlich aufeinanderfolgender Populationen, begegnen wir dem erneut. Eine Art ist eine Fortpflanzungsgemeinschaft also immer nur in einem punktuell kurzen Zeitraum.

Im Zeitablauf ist eine Art eine Folge von Populationen. Steht eine Populationenfolge einer anderen als Art im Sinne des Biospezies-Konzeptes gegenüber, so bedeutet das, daß von jeder Population dieser Folge aus zu gleichzeitigen anderen Populationen reproduktive Isolation besteht (Abb. 26).

In der Definition des biologischen Artbegriffs von *Mayr* fehlt der zeitliche Aspekt. Dabei hatte schon *Schwarz* (1936: 43—46) entschieden darauf hingewiesen, daß natürliche Arten als historische Gebilde zu begreifen seien. Nachdem dann das Biospezies-Konzept „erfunden" war, gab es im wesentlichen drei Wege seiner Berücksichtigung in der Paläontologie.

Die erste Form der Berücksichtigung war negativ. Man ignorierte das Biospezies-Konzept weitgehend und klassifizierte typologisch. Hierauf wurde schon eingegangen, und ich brauche an dieser Stelle darauf nicht zurückzukommen.

Auf dem zweiten Weg bemühte man sich, das Biospezies-Konzept den praktischen Erfordernissen — insbesondere den (vermeintlichen) Notwendigkeiten, die die Biostratigraphie auferlegte — anzupassen. Dies führte oft dazu, daß man die wesentlichen Inhalte des biologischen Artbegriffs — Fortpflanzungsisolation und Fortpflanzungsgemeinschaft — sowohl wie in der Rezent-Biologie auf den Zeitquerschnitt bezog als auch (und das war neu) in die Zeitachse projizierte, um Grenzen zwischen zeitlich aufeinanderfolgenden Taxa festzulegen.

Der dritte Weg wurde erst ansatzweise beschritten. Er fußt auf der Erkenntnis, daß den wesentlichen Kriterien für Arten im Sinne reproduktiv voneinander isolierter Gruppen natürlicher Populationen ein Sinn nur im Zeitquerschnitt zukommt. Die Artgrenzen ergeben sich aus dem Entstehungsmodus der Arten, der Speziation. Auf die beiden letzteren Wege der Artauffassung komme ich gleich noch einmal ausführlicher zurück.

*Simpson*s Konzept der „evolutiven Art"

Irgendwo zwischen den drei genannten Wegen ist das Konzept der „evolutionären Art" in der von *Simpson* (1951, 1961: 153) vorgeschlagenen Form anzusiedeln. Eine evolutionäre Art ist nach ihm "a phyletic lineage (ances-

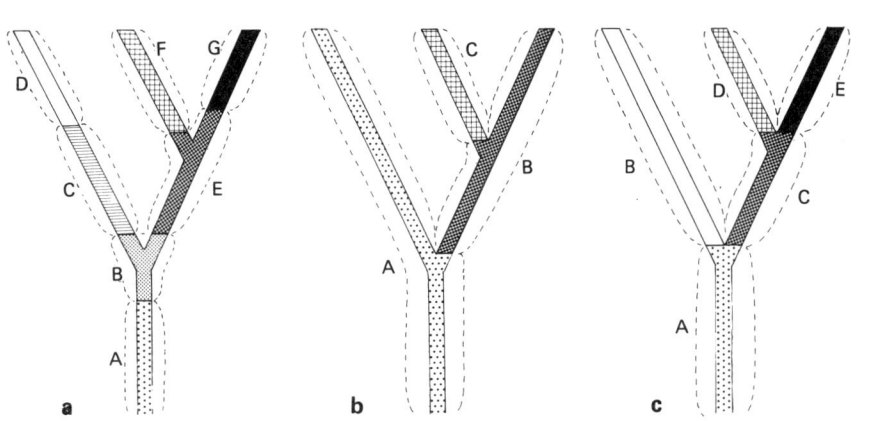

Abb. 27. Gliederung sich verzweigender evolutiver Reihen. a: Gliederung in Chronospezies ohne Berücksichtigung der phylogenetischen Aufspaltungen, b: Gliederung unter teilweiser Berücksichtigung der Aufspaltungen (es werden „fortlebende Stammarten" wie A und B zugelassen), c: Gliederung unter konsequenter Berücksichtigung der Aufspaltungen (Speziationen).

tral-descendent sequence of interbreeding populations) evolving independently of others, with its own separate and unitary evolutionary role and tendencies" (1951: 289). Sie sei die grundlegende Einheit der Evolution. Nach *Rhodes* (1956: 38), *Tintant* (1969), *George* (1956: 129) und vielen anderen bietet dieses Konzept einen sowohl in der Neontologie wie in der Paläontologie gültigen Artbegriff, denn es beinhaltet die Betrachtung der auf Raum und Zeitquerschnitt beschränkten neontologischen Arten im Zeitablauf.

Simpson „erlaubt" in seinem evolutiven Artkonzept ein gewisses Maß an Bastardierung zwischen verschiedenen Spezies (1961: 153), und zwar "as much as does not cause their roles to merge". Er — und auch *Wiley* (1981: 28—29), der dieses Artkonzept neu aufgriff — schließt sich also einem konsequenten Biospezies-Begriff nicht an. Dies geht auch aus seinen Ausführungen zu Zwillingsarten hervor (1961: 160).[46]

Im hiesigen Zusammenhang ist vor allem von Bedeutung, daß *Simpson* die Frage nach den Grenzen zeitlich aufeinanderfolgender Arten nicht beantwortet hat. Er schlägt nämlich eine willkürliche Gliederung der evolutiven Reihen vor.

*Simpson*s Artkonzept entspricht weitgehend den Vorstellungen von *Waagen* (1869: 185). Nach *Waagen* sollen innerhalb einer Formenreihe oder „Kollektivart" mehrere Mutationen unterschieden werden. 1945 hatte *Clark* (:165) die „evolutionäre Art" als Serie aufeinanderfolgender und direkt voneinander abstammender Arten oder Unterarten definiert. Sie entspricht nach ihm also einer Formenreihe, die aus mehreren Chronotaxa zusammengesetzt ist.

Kriterien der biologischen Art
im Verbund mit einem merkmalsbezogenen Artkonzept

Dem Weg zwei zuzuordnen sind die Ausführungen von *McAlester* (1962)
und *Hull* (1965). *McAlester* möchte aus Schätzungen der genetischen Divergenz der Populationen einer Formenreihe die Entscheidung ableiten, ob
sie bereits artlich verschieden sind. Aber dafür muß immer noch der Ausgangspunkt der Formenreihe willkürlich festgelegt werden, worauf *McAlester* (1962: 1380) selbst hinwies. Ferner läßt sich niemals feststellen, ob die
genetische Divergenz allochroner Populationen bereits so weit fortgeschritten war, daß reproduktive Isolation bestanden hätte, wenn sie gleichzeitig
vorgekommen wären – wobei diese letztere Argumentationsweise, die wir
schon bei *Plate* (1914: 130) finden, keinen Sinninhalt hat.

Hull (1965: 9–10) diskutierte eine Gliederung von Chronoklinen, die
nach seiner Meinung hinsichtlich der zeitlichen Ausdehnung der einzelnen
Glieder nicht willkürlich ist. Seine Ausführungen sind typisch für den Versuch, eine praktische Handhabe für eine Artabgrenzung in der Zeit zu finden, die sich an möglichst objektiven Kriterien orientiert, ohne aber das
Morphospezies-Konzept wirklich zu verlassen:

"The unit of taxonomic space is the morphological distance usually indicative of interbreeding status among contemporary organisms which
usually reproduce by interbreeding. However, interbreeding is not the unit
of taxonomic space; interbreeding merely determines the length of the unit
of taxonomic space . . . The yardstick is morphological distance. Interbreeding determines how long a yard of morphological space is."

"The purpose of the yardstick is to delineate evolutionary units. The
rationale for making the yardstick one length rather than another is that for
the group of organisms in question a particular morphological distance is
usually indicative of interbreeding status, which is indicative that the group
is evolving as a unit and is, hence, rightly called a species."

"The units of morphological distance vary in length depending on what
morphological distance is indicative of species status for the contemporary
members of the general type of organism."

Tatsächlich aber werden mit einem solchen Maßstab unter Umständen
sehr willkürliche Gliederungen vorgenommen: Wenn man eine morphologisch kaum variable Art auswählt, um das Maß festzulegen, käme man zu
dem Ergebnis, daß zumindest in der betreffenden Organismengruppe während des gesamten Evolutionsablaufes nahezu kein morphologischer Wandel erfolgt war. Zum anderen ist nicht gesagt, daß die innerhalb einer rezenten Art festzustellende Variabilität tatsächlich die größtmögliche Variationsbreite innerhalb dieser Fortpflanzungsgemeinschaft ist. Aber nur,
wenn wir dies wissen, wäre der Maßstab in der Form festlegbar, wie *Hull* sie
sich vorstellte. Man könnte natürlich auch ermitteln, welche morphologi-

schen Unterschiede zwischen nächstverwandten Arten bestehen, um auf diesem Wege einen Maßstab für die Artverschiedenheit zu gewinnen. Aber wenn man dies an einem Paar von Zwillingsarten (sibling species) versucht, erhält man ebenfalls das Resultat, während der Evolution erfolge kaum ein morphologischer Wandel. Wählen wir umgekehrt ein Paar extrem verschiedener nächstverwandter Arten, kämen wir zu dem Schluß, reproduktive Isolation gehe stets mit tiefgreifenden morphologischen Veränderungen einher. Beides aber kann schon innerhalb kleiner Artengruppen sehr variieren, und insofern ist diese Methode Willkür. Noch problematischer wird das Verfahren bei Gruppen, die ausschließlich fossil bekannt sind. Hier kennen wir die geographische Variabilität der Arten meist nur ungenügend; der von *Hull* gewünschte Maßstab für den Umfang der Arten in der Zeit orientiert sich somit an ganz anderen Dingen als den geforderten biologischen Eigenheiten einer ehemaligen Fortpflanzungsgemeinschaft. Und die morphologische Distanz zwischen zwei nächstverwandten fossilen Arten festzustellen, ist noch schwieriger, weil wir von ausgestorbenen Gruppen meist gar keine Paare wirklich nächstverwandter Arten kennen. Dann aber läßt sich der geforderte Maßstab nicht gewinnen. Daß *Hull* schreibt "a particular morphological distance is **usually** indicative of interbreeding status" (Hervorhebung von mir), zeigt, daß auch er ein gewisses Maß an Willkür bei diesem Verfahren angenommen haben muß.

Diese einzelnen Einwände lassen noch nicht die vorstehend diskutierte Methode von Weg zwei insgesamt als ungeeignet erscheinen, könnte man doch zu dem Schluß kommen, man bemühe sich ja, an Natur-Vorgegebenem das Maß für den Umfang der Arten im Zeitablauf festzulegen. Grundsätzlich vielmehr ist der Einwand, daß diese Form der Artbegrenzung phylogenetische Aufspaltungsereignisse ignoriert, d.h. jene Vorgänge, durch die Biospezies entstehen.

Sehr oft nämlich wird bei einer solchen Aufspaltung eine der neuentstandenen beiden Arten der gemeinsamen Stammart gleichen. Diese Populationen dürften nach *Hull* niemals von der Stammform artlich getrennt werden. Nach dem Biospezies-Konzept ist das aber unerläßlich. Daß diese Methode umgekehrt bei längeren unverzweigten phylogenetischen Reihen zur Unterscheidung mehrerer Arten führt, steht mit dem Biospezies-Konzept ebenfalls nicht in Einklang (vgl. Abb. 27).

Sowohl nach dem evolutiven Artkonzept als auch nach Weg zwei bestehen keine objektiven Artgrenzen. Damit kommen wir zum dritten Weg der Artbegrenzung in der Zeit.

Die Grenzen der Biospezies im Zeitablauf

Es mag trivial erscheinen, darauf hinzuweisen, daß wir Biospezies in der Zeit verfolgen können. Denn zum einen existieren sie real, und zum anderen evoluieren sie. *Griffiths* (1974: 99) brachte das auf die knappe Formel

"Both individuals and species are objects extended in space and time". Und dementsprechend hat *Mayr,* vom biologischen Artbegriff ausgehend, immer wieder die „allmähliche evolutionäre Änderung . . . [der] Arten im Laufe der geologischen Geschichte" (1957b: 223) behandelt. Im Gegensatz dazu hob in jüngster Zeit *Bock* (1979: 28, 29, s.a. *Bonik* 1981) hervor, daß das biologische Spezieskonzept bezüglich der Zeit nichtdimensional sei. Daher könne man z.B. nach dem Alter einer Art nicht fragen. Diese Ansicht resultiert aus *Bocks* Meinung, daß der evolutive Abschnitt zwischen einer Speziation und der nächsten nichts mit Arten im Sinne des biologischen Artkonzepts zu tun habe. Zwar ist richtig, daß die geläufigen Kriterien des biologischen Artbegriffs nur im Zeitquerschnitt anwendbar sind, d.h. das Bestehen reproduktiver Isolation bzw. Bestehen einer Fortpflanzungsgemeinschaft. Aber sie charakterisieren die Biospezies keinesweges erschöpfend. Das Bild von der Beziehung der Biospezies zum Zeitablauf wandelt sich schlagartig, wenn wir die Speziation als wesentliche Eigenschaft der Biospezies mit in Betracht ziehen. Denn bei dem evolutiven Abschnitt zwischen zwei Speziationen handelt es sich um eine Form der Art, die mit dem hinsichtlich der Zeit nichtdimensionalen Biospezies-Begriff vieler Biologen in Einklang steht und mit ihm engstens verknüpft ist.

Eine Art entsteht als selbständige Fortpflanzungsgemeinschaft bei der Aufspaltung ihrer Mutterart, und sie endet, sobald sie sich selbst in Tochterarten aufspaltet. Dieser Anfang und dieses Ende bilden die natürlichen Grenzen der Art im Zeitablauf (Abb. 27c). Wie *Bonde* (1977: 754, 1981) betonte, ist das aus dieser Grenzziehung resultierende Spezieskonzept die einzig mögliche logische Erweiterung der auf den Augenblick fixierten Form des Biospezies-Konzeptes in die Zeit.

Versuchen wir in der Paläontologie eine wirkliche Näherung an den biologischen Artbegriff, dürfen wir demnach nur solche Individuengruppen als Arten bezeichnen, die bei phylogenetischen Aufspaltungsereignissen entstanden sind. Entsprechend müssen wir unsere Taxa „Arten" begrenzen. Damit bleibt der individuelle Charakter einer jeden natürlichen Spezies auch in ihrem Abbild, eben unserem Taxon „Spezies" erhalten.

Auf S. 47 hatte ich den Begriff des „konsequenten Biospezies-Konzeptes" eingeführt. Arten in diesem Sinne (das sind die Biospezies) sind durch absolut wirksame Isolationsmechanismen biologisch voneinander getrennt. Später hatte ich das „phylogenetische Kriterium" als weiteren wichtigen Bestandteil des Biospezies-Konzeptes genannt. Darunter verstand ich die Form der Artentstehung durch Speziation. Speziationsereignisse bilden im Zeitablauf die objektiven Artgrenzen. Damit ist der Gültigkeitsbereich des Biospezies-Konzeptes in die Zeit erweitert.

Vor allem in den 50er Jahren unseres Jahrhunderts neigte man dazu, die Biospezies auf einen Zeitpunkt zu fixieren, ihr also keine Ausdehnung in der Zeit „zuzugestehen". In diesem Sinne schrieb *Thomas* (1956: 24) „Ei-

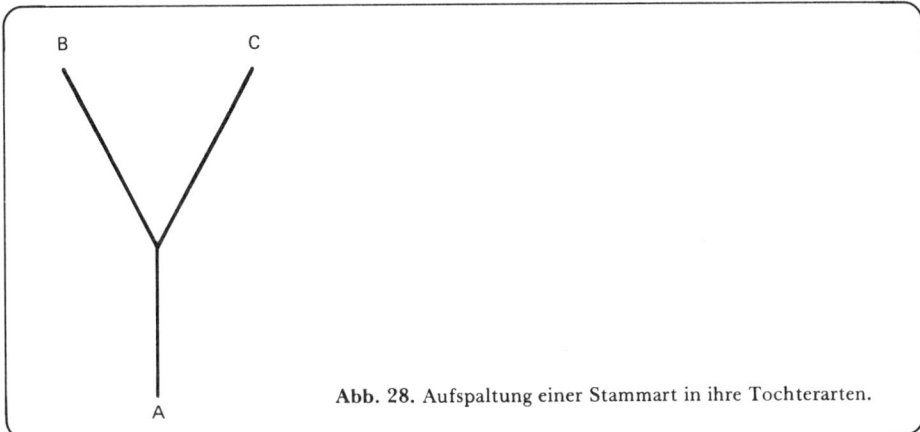

Abb. 28. Aufspaltung einer Stammart in ihre Tochterarten.

ne Chronospezies . . . besteht aus vielen aufeinanderfolgenden polytypischen Morphospezies („Holomorphospezies"), von der jede theoretisch
das paläontologische Äquivalent einer neontologischen Biospezies ist." *Hull*
(1970: 41) verdeutlichte ergänzend, warum die bisherige Definition des biologischen Artkonzeptes keinen Hinweis auf die zeitliche Dimension enthält:
"The application of the biological species definition successively in time
would lead to the recognition of a series of biological species with minimal
temporal dimensions." Beide — *Thomas* wie *Hull* — erkannten nicht, daß
Biospezies im Zeitablauf durch objektive Grenzen voneinander getrennt
werden.

Betrachten wir einmal die Relation zwischen den Populationen genauer,
die an einem Speziationsvorgang beteiligt sind. Mit der Aufspaltung der
Stammart (A in Abb. 28) beginnt eine neue Beziehung zwischen zwei Populationen. Diese Populationen sind die frühesten reproduktiv voneinander
isolierten synchronen Populationen der beiden evolutiven Linien, die bei
der Aufspaltung entstanden sind (B und C in Abb. 28). Damit liegt die Artgrenze in jenem Ereignis, mit dem ein Wandel in den Fortpflanzungsverhält-
nissen erfolgt.

Die Frage, ob Stammart A im Verhältnis zu ihrer Tochterpopulation B eine reproduktiv isolierte Population ist, dürfen wir nicht stellen, denn es gibt
keine Fortpflanzungsisolation entlang der Zeitachse. Dieses Kriterium für
die Artzugehörigkeit gilt, wie gesagt, nur im Zeitquerschnitt. Es ist in unserem Falle von B aus nur auf dessen nächsten Verwandten, das ist C, gerich-
tet. Von Stammart A ausgehend, müssen wir fragen, wie lange sie als Einheit
bestand — als eine Einheit, die nicht durch das Bestehen reproduktiver Isolation unterteilt ist.

Eine Art hört also in jenem Augenblick auf zu existieren, in dem die
Nachkommen einer Fortpflanzungsgemeinschaft zwei Gruppen von Populationen bilden, die reproduktiv voneinander isoliert sind.

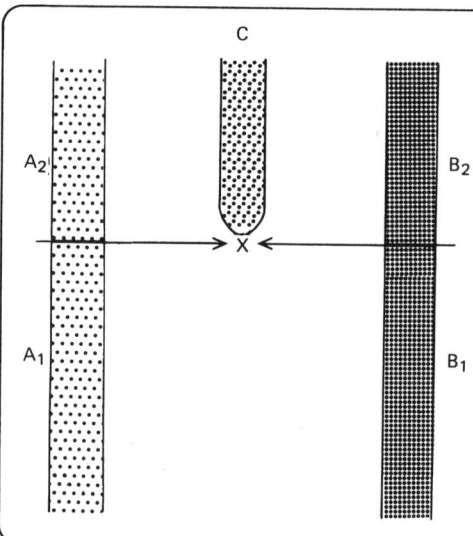

Abb. 29. Artbildung durch Allopolyploidie. Aus den Arten A_1 und B_1 entsteht durch Bastardierung die Art C. Nach der hier vertretenen Auffassung bestehen Arten in erster Linie in Relation zu ihren synchronen nächsten Verwandten. Daher müssen für alle an der Aufspaltung beteiligten Populationenfolgen die Artgrenzen im Entstehungszeitpunkt der neuen Art liegen. A_1 ist eine Art vor allem in Relation zu B_1; dieses Verhältnis wird bei Entstehen der Art C durch eine neue zwischenartliche Beziehung ersetzt: Die Beziehung zwischen den drei miteinander nächstverwandten Arten A_2, C und B_2.

Nur bei einer phylogenetischen Aufspaltung können zwei Populationen in Bezug aufeinander reproduktiv isoliert werden. Andererseits besteht eine Speziation — und das ist eine phylogenetische Aufspaltung — in der Entwicklung von reproduktiven Isolationsmechanismen. Eine Population wird somit stets und nur im Hinblick auf die jeweils andere und genealogisch nächstverwandte Population zu einer Art im Sinne des Biospezies-Konzeptes, nicht aber im Hinblick auf eine entfernter verwandte Individuengruppe. Die Isolationsmechanismen werden auch nicht in Bezug zu bzw. gegenüber der Ausgangspopulation entwickelt.

Die Entstehung jeder dieser Arten ist an die jeweils andere Spezies geknüpft, und daher sind beide entstehenden Arten neu. Daraus ergibt sich als Konsequenz, daß die Stammart mit dem Zeitpunkt der Aufspaltung erlischt.[47]

Im Gegensatz zum nachkommenlosen Aussterben einer Art möchte ich diese Form des Erlöschens als „Auflösung" bezeichnen.

Aber nicht nur Aufspaltung, sondern auch der genauso fundamentale Vorgang einer Fusion kann eine Artgrenze bedeuten (Abb. 29). In der Regel ist eine Fusion bzw. Bastardierung nur **innerhalb** von Biospezies möglich. Auf S. 47 aber wurde die Allopolyploidie als Form der Artbildung durch Hybridisierung genannt: Zwei Biospezies bilden Bastarde, die zunächst unfruchtbar sind. Wird bei ihnen die Chromosomenzahl verdoppelt, so können normale Gameten gebildet werden, und damit geht Fertilität einher. Zu den beiden Elternarten aber besteht reproduktive Isolation (vgl. Abb. 29). Allerdings ist die Formulierung „zu den beiden Elternarten" nicht korrekt. Denn sie hören im Augenblick der Artneubildung zu existieren auf und werden durch drei Tochterarten abgelöst. Von ihnen sind zwei – die Spezies A_2 und B_2 in Abb. 29 – gegenüber den Stammarten zunächst unverändert.

Hennig (1950: 84–85) meinte, die Genauigkeitsgrenzen der Arten seien „letzten Endes durch die Zeitkonstanten des Artbildungvorganges gegeben. Je länger irgendein Vorgang dauert, um so mehr werden in beliebigen Augenblicksquerschnitten durch eine Anzahl solcher Vorgänge die Bilder, die diesen Vorgang in verschiedenen Phasen seines Ablaufs zeigen, in der Überzahl sein gegenüber den Bildern, die den Zustand vor Beginn und nach Beendigung des betreffenden Zustandes wiedergeben. Die Artbildung ist ein recht lange dauernder Vorgang". Nach dem konsequenten Biospezies-Konzept entstehen zwei neue Arten ganz eindeutig zu jenem Zeitpunkt, zu dem reproduktive Isolationsmechanismen voll wirksam werden. Vor diesem Augenblick besteht nur eine Art, so weit vorangeschritten die Aufspaltung auch sein mag. Damit ist auch das folgende Problem beseitigt, das *Hennig* (1950: 287) wie folgt formuliert hat: „Die Frage, wie die Artgrenzen im einzelnen gezogen werden sollen, bleibt . . . insofern der Willkür oder Konvention überlassen, als man verschiedener Meinung darüber sein kann, an welchem Zeitpunkt des Übergangs zwischen zwei Gleichgewichtszuständen (noch „eine" oder „schon zwei" Arten im Zerfallsprozeß) man die Grenze ziehen will." Ähnlich äußerte sich *Simpson* (1961: 152): "Among evolutionary species there cannot possibly be a general dichotomy between free interbreeding and no interbreeding. Every intermediate stage occurs, and there is no practically definable point in time when two infraspecific populations suddenly become separate species."

Phylogenetische Aufspaltungen als Artgrenzen: Bisherige Diskussion

Daß Arten ihre Grenzen in der Zeit stets in den phylogenetischen Aufspaltungspunkten finden müßten, wurde schon von *Remane* (1927: 32) klar zum Ausdruck gebracht: Zu einer fossilen Art „gehören alle . . . Organismen, die im Stammbaum die Strecke von einer Gabelung . . . bis zur nächsten ‚tieferen' Gabelstelle einnehmen". Später hat *Hennig* diese Form der Artbegrenzung begründet; sie bildet die Grundlage seiner „Theorie der Phylogenetischen Systematik". Andere Autoren, die sich als Vertreter der Phylogenetischen Systematik sehen, und in späteren Jahren übrigens auch *Hennig* selbst, haben die strikte Begrenzung der Biospezies in phylogenetischen Aufspaltungen nicht anerkannt.

Unter den Paläontologen vertrat offenbar lediglich *Westoll* (1956: 60) die Auffassung, daß eine fossile Art die zwischen zwei phylogenetischen Gabelungen liegende Populationenfolge sei. Zwar gestand auch *Imbrie* (1957: 150) einem solchen Verfahren Objektivität zu, aber es sollte seiner Meinung nach nicht angewendet werden, weil dann in jedem Taxon ein unterschiedlicher Wandel zu beobachten wäre, je nachdem, wie rasch phylogenetische

Aufspaltungen aufeinanderfolgen. *George* (1971: 208) wies darauf hin, daß eine kontinuierliche Formenreihe unabhängig vom Grad des darin zu beobachtenden evolutiven Wandels der Ausdehnung der Biospezies in die Zeitachse entspricht und nicht in mehrere natürliche Arten zu unterteilen sei. *McAlester* (1962: 1381) und *Nevesskaya* (1967: 12) lassen die Artgrenzen mit Aufspaltungen zusammenfallen, halten daneben aber auch die Gliederung von Chronoklinen in Arten für sinnvoll. Nach *Nevesskaya* seien die Grenzen dort zu legen, wo ein neues Merkmal in Erscheinung tritt.

In der jüngeren Literatur wird vor allem von *Stanley* (1979) ausdrücklich die Auffassung vertreten, daß auch nicht-aufspaltende Chronoklinen aus mehreren Arten bestehen können. Aber auch *Mayr* (1967: 31–32; 1974: 109) spricht von zeitlich aufeinanderfolgenden Arten, die ohne Aufspaltung entstanden seien. Damit können nicht Arten im Sinne des Biospezies-Konzeptes gemeint sein, denn sie entstehen nur durch phylogenetische Aufspaltung in Verbindung mit dem Auftreten reproduktiver Isolation. Hätte *Mayr* dies konsequent beachtet, hätte schon ihm auffallen müssen, daß die Gliederung von Chronoklinen in Arten aufgegeben werden muß.

Des öfteren finden sich Passus, die mit der Position der Grenzen in den Aufspaltungen teilweise in Einklang stehen. Zum Beispiel schrieb *Kuhn-Schnyder* 1948: „Verfolgen wir eine Art zurück, so konvergiert sie mit einer anderen. Blicken wir in die Zukunft, so ist es möglich, daß sie sich spaltet." Damit ist die Gliederung von Chronoklinen in mehrere Arten ausgeschlossen, nicht aber, daß mit der Aufspaltung einer Art in Tochterarten die Stammart nicht fortexistieren könne. *Eldredge & Gould* (1972: 96) und *Eldredge & Cracraft* (1980: 114, 121) betonen ebenfalls, daß neue Arten nur durch Aufspaltung entstehen und daß es ohne Aufspaltung nicht zur Entstehung neuer Arten kommt. Doch kann auch nach ihnen die Stammart weiterexistieren, nachdem sich eine neue Art abgespalten hat (s. auch *Eldredge* 1971: 161, *Gould & Eldredge* 1977: 35–36 und besonders *Eldredge & Cracraft* 1980: 91 und 124–125).

Simpson ging 1951 (S. 293) etwas ausführlicher auf die strikte Grenzziehung in phylogenetischen Aufspaltungspunkten ein. Er lehnte dieses Verfahren ab — unter anderem deswegen, weil oft eine Population keinem wesentlichen Wandel unterworfen ist, während ein anderer Zweig sich abspaltet. Ähnlich äußerte sich *Mayr* (1974: 110). Und *Brinkmann* schrieb schon 1929 (S. 235–236): „Die Abgrenzung der Arten ist . . . der Willkür unterworfen, denn natürliche Trennungen [im zeitlichen Kontinuum] gibt es so gut wie nirgends. Man könnte zwar vorschlagen, die Schnitte an die Gabelungsstellen von Stammlinien zu legen, aber das ist nicht allemal praktisch, z.B. sind die *Spinikosmoceras*formen vor und nach der Abspaltung des *ornatum*-Zweiges ganz ununterscheidbar."

Auf diesen Einwand möchte ich etwas genauer zu sprechen kommen. Im letzten Kapitel hatte ich als wesentlich an einem Speziationsvorgang hervorgehoben, daß ein neues Verhältnis fortpflanzungsisolierter Populationen entsteht und daß daher beide Populationen als neue Arten zu betrachten seien. *Simpson* und *Mayr* berücksichtigen das nicht. Ihre Bedenken gegenüber den in Aufspaltungspunkten liegenden Artgrenzen sind praxisorientiert. Verschieden alte Populationen, die merkmalsidentisch sind, möchten sie eben wegen dieser Übereinstimmung nicht als zwei Arten ansehen. Aber die Überlegungen von *Mayr* sind widersprüchlich. Denn im Falle der Zwillingsarten hat sich *Mayr* durchaus von der Merkmalsbezogenheit im Artkonzept gelöst — zu Recht: denn die Art im Sinne des Biospezies-Konzeptes ist per definitionem keine merkmalsbezogene Einheit. *Mayr* betont ausdrücklich, daß zwei merkmalsidentische, aber reproduktiv isolierte Populationen selbständige Arten im Sinne des Biospezies Konzeptes sind.

Daß eine Stammart von ihren reproduktiv voneinander isolierten Tochterpopulationen stets artverschieden ist, läßt sich an Zwillingsarten besonders verdeutlichen. In einem solchen Falle ist die Stammart nicht nur mit einer ihrer Tochterpopulationen merkmalsgleich, was Gegenstand der vorstehenden Erörterung war, sondern mit beiden. Diese Tochterpopulationen können nur dann als zwei Arten angesehen werden, wenn die Stammart mit dem Zeitpunkt ihrer Aufspaltung zu bestehen aufhört. Wollte man die Stammart über den Zeitpunkt der Aufspaltung hinaus fortexistieren lassen, müßte man sie mit einer ihrer Tochterarten identifizieren. Mit welcher man das tut, unterläge aber wegen der Merkmalsidentität der beiden Tochterarten der Willkür. Für einen solchen Schritt gibt es also keine sachliche Grundlage.[48,49]

Dem hier vertretenen Standpunkt zur Position der Artgrenzen nähert sich *Wiley*. Für ihn ist das von *Simpson* begründete evolutionäre Artkonzept in neu durchdachter Form am wenigsten willkürlich (*Wiley* 1978, 1979: 216). Es soll das biologische Artkonzept einschließen. Danach wird eine Art im wesentlichen aufgefaßt als "a lineage of ancestor-descendant populations with its own identity and evolutionary fate. Species originate when they split from their ancestral lineage and persist until they become extinct via extinction of the lineage or splitting of species into two or more daughter species which have evolutionary tendencies **that are different from the ancestral species**" (Hervorhebung von mir). Die Unterteilung einer nicht-aufspaltenden Linie in mehrere Arten ist somit ausgeschlossen. — Dennoch ist es auch nach ihm möglich — und darauf wies er 1981: 35 unter dem Beifall von *Charig* (1982) nochmals hin —, daß eine Art eine Aufspaltung überlebt, indem sich eine andere von ihr „ab"spaltet.

Diese Situation ist nach *Wiley* gegeben, wenn eine der Tochterarten durch nur wenige Individuen begründet wird und die Stammart ihre historische Identität und Entwicklungstendenzen aus diesem Grunde nicht verliert (*Wiley* 1978: 22, 1981: 34—35, vgl. auch *Bell* 1979: 85—86). Ähnlich schreibt *Mayr* (1982a: 229), man müsse beachten, daß Artbildung meist in kleinen isolierten Gründerpopulationen erfolge. Daher sei eine solche Speziation ohne Einfluß auf Genetik oder Morphologie der Stammart: diese könne über Jahrmillionen unverändert existieren und immer wieder Tochterarten hervorbringen.

Diese Auffassung ist nach meiner Meinung entschieden nicht vertretbar. Wir sehen uns hier demselben Problem gegenüber wie jenem, das wir im Zusammenhang mit der Merkmalsdivergenz gegenüber der Stammart schon diskutiert hatten — mit geringfügigen Verschiebungen in den Schwerpunkten: Zwar akzeptiert *Wiley* grundsätzlich die Lage der Artgrenzen in den Aufspaltungen, und er betont die Populationsstruktur der Arten und daraus resultierende Möglichkeiten stärker, aber letztlich ist auch hier die Argumentationsweise typologisch geprägt. *Wileys* Auffassung könnte man zunächst entgegenhalten, daß sich niemals nachweisen läßt, ob nach der Aufspaltung die scheinbar persistierende Form sich nicht doch gewandelt hat. Schließlich werden von uns nur wenige Merkmale erfaßt. Aber dieser Einwand führt uns hier nicht weiter, zumal ich nicht abstreiten will, daß es vollkommen identische Populationen vor und nach einer solchen „Abspaltung" gibt. Bedenkenswerter ist daher eher der folgende Einwand, den ich als Frage formulieren möchte: Wie soll man eine Population behandeln, die sich nur geringfügig von der Stammform unterscheidet? Ich glaube, es würde eine end- und sinnlose Debatte in jenen Fällen geben, in denen eine Tochterart in ihren Merkmalen nur wenig von der Stammart abweicht. Einige Autoren würden die Stammart als fortexistierend ansehen, während andere beide Tochterarten für von der Stammart verschieden betrachteten. Damit wird das evolutionäre Spezies-Konzept in einem wesentlichen Punkt willkürlich.

Allerdings trifft diese ganze Argumentationsweise, zu der ich mich im Vorstehenden veranlaßt sah, nicht den Kern der Sache. Sie basiert auf der Frage nach der Kontinuität entlang der Zeitachse. Von *Wiley* und *Mayr* wurde in erster Linie die Kontinuität des Erscheinungsbildes gemeint. Ich habe aber schon darauf hingewiesen, daß das Biospezies-Konzept nicht merkmalsbezogen ist. Trotzdem besteht natürlich zwischen einer Stammart und ihren Nachkommen Kontinuität. Das ist, wenn man den Rahmen des Biospezies-Konzeptes nicht verlassen will, vor allem die genealogische Kontinuität, der ununterbrochene Faden von Eltern-Kind-Beziehungen. Diese Kontinuität aber besteht zwischen der Stammart und ihren **beiden** Tochterarten, und dies in jeweils gleichem Maße. Es läßt sich daher nicht eine Tochterart der Stammart enger anschließen als die andere.

Daß eine Tochterart oft einem bedeutend rascheren Wandel unterworfen wird als die zweite, ändert an dieser Tatsache nichts. Aus dem Grad der Verschiedenheit gegenüber der Stammart kann man nicht die Frage des Bestehens oder Nichtbestehens der Artidentität über eine phylogenetische Aufspaltung hinaus ableiten, wenn man sich am biologischen Artkonzept orientiert.

Der Aufbau von Isolationsmechanismen zwischen nächstverwandten gleichzeitigen Populationen geschieht unabhängig davon, ob nur eine oder ob beide Populationen ihren Merkmalssatz verändern. Aber nur zwischen diesen beiden Populationen entwickelt sich die Fortpflanzungsisolation, und nur auf sie dürfen wir bei unseren Überlegungen unsere Aufmerksamkeit richten. Mit dem Wirksamwerden der Isolationsmechanismen ist die alte Fortpflanzungsgemeinschaft aufgelöst. Die Artgrenzen müssen daher **immer** mit Speziationsereignissen zusammenfallen.

Es wurde schon darauf hingewiesen, daß diese Auffassung auch von *Hennig* im Rahmen seiner Theorie der Phylogenetischen Systematik vertreten wurde. Ihm folgend, schrieb *v. Wahlert* (1981: 242) wie selbstverständlich, daß die ausgestorbenen Arten die Abschnitte einer Stammlinie von einem Artentrennungsschritt zum nächsten seien. Teilt sich die Art, dann gehe ein solcher Zeitabschnitt zu Ende.

Aber nicht alle Autoren, die sich als Vertreter der Phylogenetischen Systematik sensu *Hennig* bezeichnen, schlossen sich dieser Auffassung an. Dazu gehören *Schlee* 1971 und auch *Wiley* (1979, 1981). Im Gegensatz zu ihnen stehen beispielsweise *Bonde* (1977, 1981), *Königsmann* (1975) oder *Griffiths* (1974). Sie akzeptieren *Hennigs* Überlegungen ohne Vorbehalt. *Griffiths* (1974: 116) ging noch über *Hennig* hinaus: Er leitete aus der Begrenzung einer Art durch zwei aufeinanderfolgende Speziationsereignisse ab, daß nachkommenlos ausgestorbene sowie alle rezenten Arten als „unvollständige Spezies" zu betrachten seien.

Fortpflanzungsisolation, Zeitablauf und Artgrenzen

Wenn man Arten im Zeitablauf gegeneinander abgrenzt, wird oft darauf hingewiesen, daß innerhalb einer evolutiven Linie ein Kontinuum der Fortpflanzungsbeziehungen besteht, denn kaum jemals werde eine Eltern- von ihrer Nachfolgegeneration reproduktiv isoliert sein. Ich sagte aber bereits, daß für in einem Abstammungsverhältnis stehende Individuengruppen die Frage, wieviele Arten vorliegen, niemals mit dem Hinweis auf die Fortpflanzungsbeziehungen beantwortet werden darf. Das Kriterium der reproduktiven Isolation gilt nur für gleichzeitig existierende Populationen, denn in einer Chronokline wird niemals Divergenz mit dem Ergebnis der Verselbständigung zweier Populationen in Relation zueinander entwickelt. Das heißt, hier entstehen überhaupt keine Arten. Das immer wieder aufkommende Argument, die Organismen von Anfangs- und Endpunkt einer Chronokline könnten wegen ihrer Verschiedenheit miteinander keine fertilen Nachkommen mehr erzeugen, wenn sie synchron vorgekommen wären, berücksichtigt dies nicht (vgl. Abb. 26).[50]

Das Kriterium der Fortpflanzungsisolation innerhalb einer evolutiven Linie entlang der Zeitachse anzuwenden, bedeutet, unvereinbare Bezugssysteme miteinander zu vermischen. Es ist also unzulässig, zwei in einem Abstammungsverhältnis zueinander stehende Populationen mit welcher Begründung auch immer zur selben Fortpflanzungsgemeinschaft zu rechnen (vgl. auch Abschnitt 3.1). Das gilt auch für den Fall, wenn man argumentiert, es habe entlang der Zeitachse keine Fortpflanzungsisolation bestanden.

Diesen Fehler beging auch *Simpson* (1961: 115). Er schrieb, nicht-willkürlich begrenzte Gruppen zeichneten sich durch Kontinuität aus, und schließt an: "For species

as usually defined . . ., the appropriate criterion of continuity is potentiality for . . . interbreeding, sequential **both vertically in time** and laterally through the group" (Hervorhebung von mir). Eine solche Kontinuität bestand mit Gewißheit z.B. vom präkambri-
schen Einzeller bis zum *Homo sapiens*, wie *Simpson* 1961 selbst betont. Natürlich wäre
es unsinnig, eine solche evolutive Linie, von der ja unzählige weitere abzweigen und die
willkürlich ausgewählt wurde, zu einer Art zusammenzufassen. Die von *Simpson* (1961:
165, 177) vorgeschlagene Lösung, evolutive Reihen willkürlich zu segmentieren, ist wegen eben dieser Willkür in einer naturwissenschaftlichen Disziplin meiner Ansicht nach
nicht akzeptabel.

Allochrone Populationen gehören also nie zu ein und derselben Fortpflanzungsgemeinschaft. Es erhebt sich dann die Frage, ob Eltern und Kinder nicht derselben Biospezies angehören — gelten biparentale Arten doch
allgemein als Fortpflanzungsgemeinschaften. Vermutlich wird dies kaum jemand vertreten wollen, denn hier wird das Kontinuum der Fortpflanzungsbeziehungen zeitlich aufeinanderfolgender und voneinander abstammender
Individuen besonders deutlich (vom abrupten Auftreten reproduktiver Isolation sei hier nicht die Rede, vgl. dazu *Löve* 1964: 39–42 oder *Mayr*
1967: 349–356). Es ließe sich weiter argumentieren, ein Fall wie der des
jungen Ödipus, der mit seiner Mutter Kinder zeugte, beweise doch, daß man
das Kriterium der Fortpflanzungsisolation in der Zeit anwenden könne und
müsse und daß Eltern und Kinder ein und derselben Biospezies angehören.

Tatsächlich existiert dieses Problem aber nur scheinbar. Niemand wird
bestreiten, daß Eltern mit ihren Kindern fruchtbare Nachkommen erzeugen
können, wenn sich die Lebenszeiten beider ausreichend überschneiden.
Aber in einem solchen Fall gehören Eltern und Kinder derselben der zahllo-
sen sich im Zeitablauf ablösenden Populationen einer Art — derselben Chronodeme — an. Nur eine jede solcher zeitlich aufeinanderfolgenden Populationen ist eine Fortpflanzungsgemeinschaft, die Folge solcher Populationen
hingegen, aus der eine Biospezies besteht, ist eine solche Fortpflanzungsgemeinschaft nicht mehr.

Wenn die geschlechtsreifen Stadien der Eltern- und Kindgeneration nicht
gleichzeitig auftreten, dann erscheinen die Chronodemen zeitlich klarer
voneinander getrennt. Das ist bei vielen Tieren der Fall, die nur wenige Wo-
chen im Jahr adult vorkommen. An einem solchen Beispiel kann man am
besten verdeutlichen, daß die Frage, ob die Population der Eltern- mit der
der Kind-Generation eine Fortpflanzungsgemeinschaft bildet, jeglichen Sin-
nes entbehrt. Denn hier können die geschlechtsreifen Stadien aufeinanderfolgender Generationen überhaupt keine derartige Gemeinschaft bilden.
Dennoch gehören sie ein und derselben Biospezies an.

Wenn nun geschlechtsreife Individuen aus mehreren Generationen eine
Chronodeme bilden und es daher nie zu einer zeitlichen Separation der
Adultes verschiedener Generationen kommt, erscheinen uns die Grenzen
zwischen den zeitlich aufeinanderfolgenden Populationen stärker verwischt.
Aber diese Situation ist nicht prinzipiell von dem eben geschilderten Bei-

spiel verschieden. Wir müssen bedenken, daß in Wirklichkeit solche Grenzen in keinem Fall bestehen: die Kette von sich in ihrer Lebenszeit überschneidenden Individuen ist im Zeitablauf niemals unterbrochen — auch wenn eine ganze Generation im gesamten Verbreitungsgebiet ihrer Art monatelang nur als befruchtetes Ei oder in einem larvalen Stadium existiert.

Demzufolge werden nach **jedem** Artkonzept irgendwo zwischen zeitlich aufeinanderfolgenden Populationen und damit meist zwischen einer Eltern- und einer Kindgeneration Speziesgrenzen gezogen. Bezogen auf ein willkürliches Spezies-Konzept war dieses Problem nie von Bedeutung; im Gegenteil: weil man bei Beachtung der Kriterien des Biospezies-Begriffs auf dieses Problem aufmerksam wurde, neigten viele Autoren zur Verteidigung willkürlich gezogener Grenzen und damit zur Verteidigung eines weitgehend willkürlichen Artkonzeptes. Aber auch nach dem Biospezies-Konzept besteht das Problem der Zerschneidung einer Fortpflanzungsgemeinschaft eben nicht, denn zeitlich aufeinanderfolgende Populationen einer Art bilden überhaupt keine solche Gemeinschaft. Die Kriterien „Fortpflanzungsgemeinschaft" und „Fortpflanzungsisolation", die für den Rezent-Biologen die Biospezies ausmachen, gelten und können nur gelten im Zeitquerschnitt.

Für zeitlich aufeinanderfolgende Populationen liegt die Frage, ob sie derselben Biospezies angehören, auf einer ganz anderen Argumentationsebene. Sie beginnt mit der Feststellung reproduktiver Isolation. Bei dieser Feststellung dürfen wir lediglich eine Chronodeme in Relation zu gleichzeitig mit ihr auftretenden ebensolchen Populationen betrachten. Eine einzelne Population ist eine Biospezies im Verhältnis zu einer anderen, gleichzeitigen Population. Dann können wir in einem nächsten Schritt die Vorfahren und Nachkommen einer so festgestellten, bezüglich der Zeit nicht-dimensionalen Art mit dieser zusammenfassen, soweit sie zwischen denselben zwei phylogenetischen Aufspaltungen (Speziationen) liegen. Damit findet der historische Aspekt der Biospezies Berücksichtigung.

Da wegen Neuzugang und Verlust von Individuen keine Chronodeme über längere Zeit gleichbleibt, ist deren Anzahl innerhalb einer zeitlich dimensionierten Art außerordentlich hoch. Zugleich bedeutet das, daß die Chronodemen voneinander ebensowenig scharf abgrenzbar sind wie Zeitquerschnitte. Ein einzelnes Individuum kann im Laufe seines Lebens mehreren Chronodemen angehören.

Wenn aus einer Art per Aufspaltung zwei Tochterarten hervorgehen, so liegt die Artgrenze natürlich zwischen einer Eltern- und einer Kindgeneration. Das aber spricht nicht gegen die Position der Grenze, denn Eltern und Kinder hatten ja nach der bisherigen Ansicht nur deswegen nicht verschiedenen Arten angehören können, weil man das Kriterium der reproduktiven Isolation in unsachgemäßer Weise berücksichtigt hatte.

Betrachtet man die Grenze zwischen zwei zeitlich aufeinanderfolgenden und voneinander abstammenden Arten genau, kommt man übrigens zu paradox erscheinenden Re-

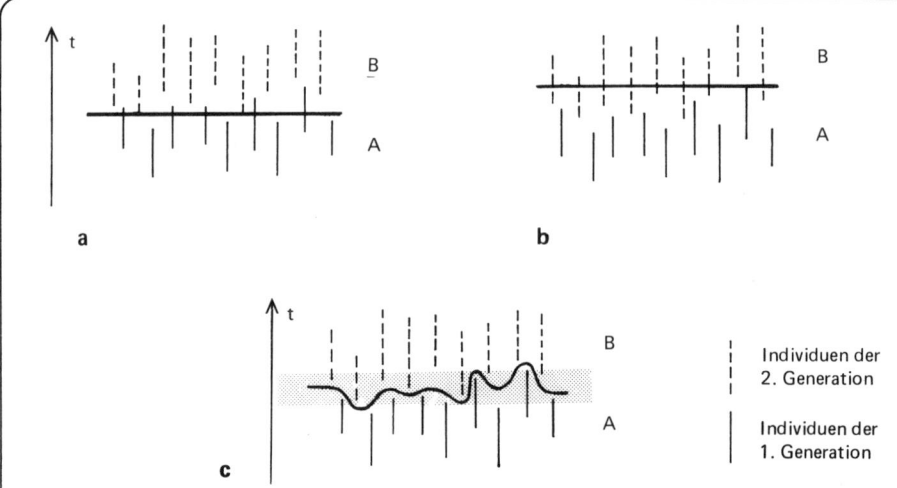

Abb. 30. Die Grenze zwischen zwei zeitlich aufeinanderfolgenden Arten A und B. In Fig. a und b trennt sie verschiedene ontogenetische Stadien einzelner Individuen. In a ist die Artgrenze gezogen mit dem ersten Auftreten der Kind-Generation, in b mit dem letzten Auftreten der Eltern-Generation. Soll die Artgrenze Eltern- und Kind-Generation trennen, verläuft sie nicht isochron (Fig. c). In diesem Fall würden während der grau markierten Zeitspanne zwei Arten nebeneinander bestehen. Die dargestellte Problematik gilt bei dichotomischer Aufspaltung einer Art in Tochterarten gleichermaßen.

sultaten. Genau genommen scheidet die Grenze nicht die eine Generation von der anderen, sondern — und hierauf hat bereits *Simpson* 1953: 388 kurz hingewiesen — ontogenetische Stadien. Wenn z.B. die neue Art mit Geburt bzw. Eiablage — oder auch im Augenblick der Befruchtung — der Nachfolgegeneration beginnt, und die Eltern leben auch weiterhin, dann müßten sie in ihrem Alter einer anderen Art zugerechnet werden als in ihrer Jugend (Abb. 30a).

Beginnt die neue Spezies, wenn die Elterngeneration ausstirbt, dann müssen die frühen Stadien ihrer Generation noch der alten, die ontogenetisch späteren bereits der neuen Art zugerechnet werden (Abb. 30b).

Umgeht man dieses Problem, indem man die Eltern durchweg noch zur älteren Art, die Kinder bereits zu jüngeren rechnet, dann würden zu der Zeit, in der Eltern und Kinder gleichzeitig existieren, die beiden zeitlich aufeinanderfolgenden Arten synchron vorkommen (Abb. 30c).

Die Biospezies hat also sehr wohl eine zeitliche Komponente. Aber das bedeutet nicht, daß man nach den möglichen Fortpflanzungsbeziehungen zweier allochroner Populationen einer evolutiven Linie fragen kann, „wenn diese synchron vorgekommen wären". Hier ist auf die Realität zu verweisen, daß eben diese Populationen nicht synchron sind. In ein und dieselbe Spezies müssen zwei allochrone Populationen derselben evolutiven Linie auch dann gestellt werden, wenn z.B. aus Gründen der Konstruktion ausgeschlossen werden kann, daß ihre Vertreter sich erfolgreich verpaaren konnten („wenn sie gleichzeitig gelebt hätten"). So etwas wäre z.B. denkbar bei einer beträchtlichen Größenzu- oder -abnahme innerhalb einer Formenreihe

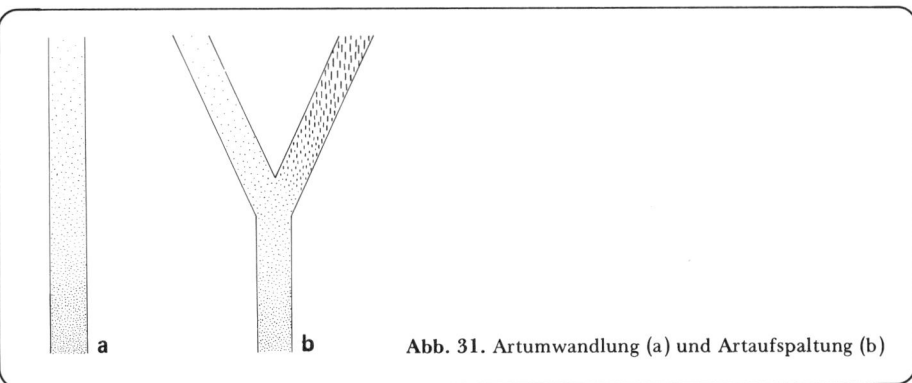

Abb. 31. Artumwandlung (a) und Artaufspaltung (b)

oder bei einem tiefgreifenden Umbau der Genitalarmaturen. In solchen Fällen können Ausgangs- und Endform einer evolutiven Linie so stark voneinander abweichen, daß, hätte es sich um gleichzeitige Populationen gehandelt, eine mechanische Fortpflanzungsisolation wirksam gewesen wäre. Daß solche Populationen eine einzige Biospezies bilden, steht aber nicht im Widerspruch zum Kriterium der Fortpflanzungsbeziehungen im biologischen Artkonzept, weil sie nicht gleichalt sind. Vergleichbar ist diese Situation mit den schon besprochenen „ring-species". Hier können sogar Populationen eine Biospezies bilden, die nachweislich reproduktiv voneinander isoliert sind.

Muster der Artentstehung

„Artumwandlung" bezeichnet den Wandel einer nicht aufspaltenden evolutiven Linie und damit den Wandel bestehender Arten im Laufe der Zeit. Durch Artumwandlung (Artabwandlung sensu *Kaufmann* 1933: 25, 1934: 806) entstehen keine neuen Biospezies. Alle fossilen Taxa, die nur über diesen Vorgang entstanden sind, sind im Vergleich zu anderen Transformationsstufen derselben evolutiven Linie keine Arten im Sinne des biologischen Spezies-Konzeptes. Evolutive Linien, wie lang und welchem Wandel auch immer unterworfen, gehören einer einzigen Art an, solange keine phylogenetische Aufspaltung erfolgt. Eine Art wird also zu verschiedenen Zeiten ein sehr verschiedenes Aussehen zeigen können. Wie *Rhodes* (1956: 38, 43) betonte, entspricht dies der Natur von Arten im besonderen Maße.[52]
Der Wandel der Arten vollzieht sich also nach zwei Mustern (Abb. 31):

1. Artumwandlung ohne Aufspaltung. Es kommt nicht zur Entstehung einer neuen Art (Artabwandlung sensu *Kaufmann*).
2. Aufspaltung einer Mutterart in zwei Tochterarten. Dieser Vorgang ist gekoppelt mit Artumwandlung in zumindest einem der entstehenden Zweige. Die beiden Tochterarten sind von der Stammart taxonomisch verschieden.

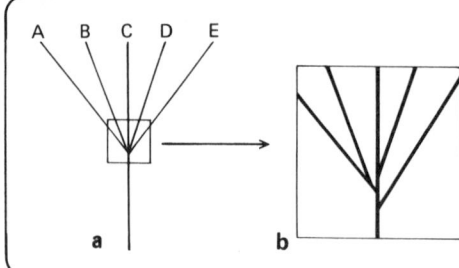

Abb. 32. Die Artdifferenzierung im Sinne von *Bettenstaedt* (multiple Aufspaltung) wird in der Regel eine Sequenz rasch aufeinanderfolgender dichotomischer Aufspaltungen sein (Fig. b), die sich aber in der Paläontologie infolge der unvollständigen Überlieferung nicht auflösen läßt. Vgl. Text.

Bettenstaedt (1968: 374, 1973: 106) unterscheidet daneben (in Anlehnung an *Simpson* 1953):

a) Die Abspaltung eines Seitenzweiges von einer Stammart (Artabspaltung). Die Stammart bleibt morphologisch unverändert und wird als taxonomisch persistierend angesehen.

b) Auflösung einer hochvariablen Art in mehrere Arten mit jeweils verringerter Variationsbreite (Differenzierung). (*Bettenstaedt* 1962 und *Grabert* 1959 faßten auch die Aufspaltung einer Stammart in zwei Tochterarten als Differenzierung auf).

Wie in den vorangegangenen Kapiteln dargelegt, ist die Artabspaltung (Fall a) in den Modus einer Artaufspaltung zu „übersetzen". Bei der Differenzierung (Fall b) wird es sich — wenn man den evolutiven Ablauf genau betrachtet — nicht um eine genau gleichzeitige Auflösung einer Art in mehrere Tochterarten handeln, sondern um mehrere rasch aufeinanderfolgende Aufspaltungen (Abb. 32). Auch sie ist also ein Fall der Aufspaltung einer Stammart in zwei Tochterarten, wenn es uns vielleicht auch nicht gelingt, die Folge der Aufspaltungen zu erkennen. Zugleich möchte ich aber nicht bestreiten, daß es einen solchen „Zerfall" einer Mutterart in mehrere Tochterarten geben kann. Wegen des beschränkten Auflösungsvermögens in der paläontologischen Evolutionsforschung läßt sich aber niemals ausschließen, daß realiter mehrere streng dichotomische Aufspaltungen vorliegen.

Ein neuer Terminus für ein altes Artkonzept?

Es stellt sich die Frage, ob die vorstehend erläuterten Überlegungen es rechtfertigen, das erweiterte biologische Artkonzept noch als „Biospezies-Konzept" zu bezeichnen — gibt es doch eine ganze Anzahl von Vorschlägen, diesen weithin bekannten Begriff durch einen anderen abzulösen. *Simpson* und *Wiley* haben das getan, als sie ihr „evolutionäres Artkonzept" entwickelten. Die vorgestellten Überlegungen zum Wesen der Art schließen allerdings aus, daß dieser Begriff hier übernommen wird.

Wiley (1981: 36) und *Blackman & Day* (1981: 5) schrieben, die Biospezies sei ein Spezialfall der evolutionären Art. Ich hingegen bin entschieden

der Auffassung, daß das, was *Simpson* und *Wiley* als „evolutionäre Arten"
bezeichnen, zum Teil überhaupt keine Arten sind, sondern lediglich Teile
von Arten. Somit sollte dem so bezeichneten „Art"konzept in der Biologie
nicht nur keine übergeordnete, sondern überhaupt keine Rolle zukommen.

Für die Wahl eines neuen Terminus könnte sprechen, daß im Zuge der
Entwicklung des Biospezies-Konzeptes der biologische Artbegriff immer
schärfer mit dem Zeitquerschnitt in Verbindung gebracht und allein auf
sich biparental fortpflanzende Organismen bezogen wurde. Denn da die beiden Kriterien „Fortpflanzungsgemeinschaft" und „Fortpflanzungsisolation" nur im Zeitquerschnitt gelten, könnte man Biospezies in Bezug auf
die Zeit als nicht-dimensional ansehen, legte man allein ihre derzeit verbreitete Definition zugrunde (vgl. z.B. *Bock* 1979: 28). Eine solche Auffassung
wurde fast einhellig 1956 auf dem Symposium über das „Species Concept
in Palaeontology" vertreten: *Thomas* (1956: 23) schrieb, "a palaeontological biospecies . . . is merely one transient part, on a single horizontal time-
plane, of a chronospecies", und *George* (1956: 129) ergänzte, es gebe un-
endlich viele solcher Biospezies: "Within a lineage the biospecies has no
place, except as a time-transect taken out of its evolutionary (chronologi-
cal) context; and since time-transects are legion, so are such abstracted biospecies". Daraus ist aber nicht mit *Bock* (1979) zu schließen, daß die Folge
von Populationen, die eine phyletische Reihe bilden, nicht als „Spezies"
bezeichnet werden sollte. Gegen eine solche Auffassung hatte sich schon
Thomas (1956: 23) gewandt.

Immerhin aber scheint danach ein Artkonzept, das mit dem Biospezies-
Begriff in Einklang steht, aber den Zeitablauf berücksichtigt, den Rahmen
des biologischen Artbegriffs zu sprengen. Es könnte daher als nicht sinnvoll
erscheinen, dieses etablierte Konzept verspätet inhaltlich wesentlich zu erweitern. Aber das Biospezies-Konzept umfaßt wesentlich mehr als nur das,
was in der berühmten Definition von *E. Mayr* zum Ausdruck kommt. Es be-
nhaltet vor allem, daß eine Biospezies eine evoluierende Einheit ist und
daß diese Einheit per Speziation entsteht, d.h. per phylogenetischer Aufspaltung. Um eine knappe Artdefinition, die das berücksichtigt, bemühten
sich *Klausnitzer & Richter* (1979: 237): „Eine Art umfaßt alle zwischen der
Aufspaltung der Stammart und der eigenen Aufspaltung in erneut reproduktiv isolierte Tochterarten in Populationen sich realisierende Individuen,
die zumindest potentiell miteinander fertile Nachkommen erzeugen können."[53]

Das Biospezies-Konzept ist eine umfassende Theorie, die den Versuch
darstellt, die real-objektiven natürlichen Einheiten, die wir Art nennen, in
ihrer Geschichte und in ihrem Wesen zu erklären. Diese Theorie wird je
nach dem Kenntnisstand zu modifizieren sein. Wenn wir hier die Frage nach
Entstehung und Wesen der Art etwas stärker beleuchtet haben, so besteht
kein Grund, für die so begriffenen Arten einen neuen Terminus zu benut-

zen. *Bonde* (1977: 754) hatte für sie den Begriff "time-biospecies" vorgeschlagen. Ich halte diesen Terminus für entbehrlich.

4.4 Zusammenfassung

Bevor ich anhand zweier Beispiele einige Konsequenzen erläutere, die sich
in der „Praxis" der paläontologischen Systematik und Taxonomie ergeben,
möchte ich die wichtigsten Ergebnisse der Überlegungen zum Biospezies-
Konzept in der Paläontologie kurz zusammenfassen.

Das Biospezies-Konzept ist definitionsgemäß kein merkmalsbezogenes
Artkonzept. Merkmale sind demzufolge nicht Kriterien dieses Artkonzeptes,
sie können jedoch Hinweise auf die artliche Zugehörigkeit von Organismen
bieten. Die Feststellung der Biospezies erfolgt daher in der Rezent-Biologie
wie in der Paläontologie durch eine Analyse der Merkmale bzw. der Konstruktion, die im Hinblick auf die reale Gliederung der Organismen in reproduktiv isolierte Gruppen interpretiert werden. Ein rein merkmalsbezogenes
Artkonzept wie das Morphospezies-Konzept braucht das Vorhandensein
dieser Gliederung nicht zu berücksichtigen.

Eine erste Näherung an den biologischen Artbegriff war in der Paläontologie das Chronospezies-Konzept. Es berücksichtigte (im Idealfall) die im
Zeitquerschnitt bestehende Gliederung in reproduktiv isolierte Fortpflanzungsgemeinschaften, doch blieb die Abgrenzung der Chronospezies im
Zeitablauf willkürlich. Das führte dazu, daß Arten von manchen Autoren als
pure Geistesprodukte und keine realen Objekte angesehen wurden. Die Ursache für diese Entwicklung lag vor allem darin begründet, daß man den
Entstehungsmodus der Biospezies nicht als objektive Artgrenze erkannte —
und das ist die Speziation. Auch die Biospezies ist zeitlich dimensioniert:
Begrenzt zum einen durch jenes Speziationsereignis, mit dem sie selbst entstanden ist, und zum anderen durch jene Speziation, mit der sie sich in ihre
Tochterarten auflöst. Arten sind Biospezies — fossil wie rezent, im Zeitquerschnitt wie im Zeitablauf. Unsere Aufgabe ist es, diese Gliederung der
Organismen zu rekonstruieren.

Die Entstehung von Biospezies besteht darin, daß zwei aus einer gemeinsamen Stammart hervorgehende Populationen im Verhältnis zueinander reproduktiv isoliert werden. Dieses Verhältnis einer jeden dieser beiden Populationen zur jeweiligen (nächstverwandten) Schwesterpopulation ist ein wesentlicher Bestandteil des Biospezies-Konzeptes. Eine Art ist vor allem in
Relation zu ihrem nächstverwandten Taxon eine Art. Dieses Verhältnis ist
für beide Tochterpopulationen einer Stammart gleichermaßen ein Novum.
Daher sind beide Populationen als neue Arten und die Stammart als erloschen aufzufassen.

Zwar hat eine jede Biospezies eine zeitliche Dimension, doch gilt das nicht für die beiden meistgenannten Kriterien der biologischen Art: das Kriterium der Fortpflanzungsisolation und das der Fortpflanzungsgemeinschaft. Beiden kommt ein Sinn ausschließlich im Zeitquerschnitt zu. Im Falle der reproduktiven Isolation ergibt sich das schon daraus, daß die Entwicklung von Isolationsmechanismen die Trennung zweier nächstverwandter gleichzeitiger evolutiver Linien bewirkt. Das Kriterium der Fortpflanzungsgemeinschaft ist das Gegenteil der Fortpflanzungsisolation. Es besagt, daß gleichzeitig geschlechtsreife Individuen sich erfolgreich verpaaren können. Etwas ganz anderes ist die Generationenfolge, die manchmal – irrtümlich – als Hinweis auf das Bestehen einer Fortpflanzungsgemeinschaft angesehen wird. Daraus ergibt sich auch, daß zeitlich aufeinanderfolgende Populationen keine Fortpflanzungsgemeinschaft darstellen. Eine Biospezies ist in ihrer zeitlichen Ausdehnung somit ebenfalls keine Fortpflanzungsgemeinschaft.

Das bedeutet nicht, daß man nicht von reproduktiver Isolation auch zwischen zwei zeitlich dimensionierten Arten, genauer: zwischen den gleichlangen Abschnitten zweier paralleler Populationenfolgen, sprechen könnte. Es ist aber stets zu beachten, daß die Betrachtung nur jeweils im Zeitquerschnitt erfolgen darf.

Von manchen Autoren wird eingewandt, daß eine Speziation nicht unbedingt das Erlöschen der Stammart bedeute. Vielmehr könne sie unverändert fortexistieren, und zwar dann, wenn sich eine nur sehr kleine Population abspaltet und eine neue Art begründet. Diese Auffassung hat ihre Wurzeln noch im typologischen Artkonzept, denn hier wird zwischen Stammart und einer der Tochterarten eine merkmalsbezogene Identifikation vorgenommen. Das Biospezies-Konzept jedoch ist ausdrücklich nicht merkmalsbezogen. Es herrscht immer zwischen Stammart und beiden Tochterarten gleichermaßen Kontinuität. Diese Kontinuität besteht in der ununterbrochenen Generationenfolge.

Somit gibt es zwei Muster eines Artwandels: (1) die Artumwandlung. Bei ihr kommt es nicht zur Entstehung neuer Arten, sondern bestehende Arten verändern sich im Laufe der Zeit. Dabei kann es auch zu innerartlichen phylogenetischen Aufspaltungen kommen; sie führen zur Entstehung neuer Unterarten. (2) Artaufspaltung, d.h. die Aufspaltung einer Stammart in Tochterarten (= Speziation). Solche Aufspaltungen werden fast immer dichotomisch erfolgen. Multiple Aufspaltungen, wie sie infolge des nur groben Auflösungsvermögens in der Paläontologie oft nahezuliegen scheinen, können tatsächlich aus mehreren, rasch aufeinanderfolgenden dichotomischen Verzweigungen bestehen.

Eine Art ist also der evolutive Abschnitt zwischen zwei Speziationen oder aber zwischen einer Speziation und dem Zeitpunkt ihres nachkommenlosen Aussterbens.

4.5 Beispiele

An relativ modernen Bearbeitungen zweier Organismengruppen soll verdeutlicht werden, wie unterschiedlich das Bild ausfällt, das man vom Entwicklungsgeschehen gewinnt, je nachdem, welchem Artbegriff man anhängt. Als erstes Beispiel sollen die Formen des irregulären Seeigels *Micraster* dienen, als zweites planktonische Foraminiferen der Gattung *Neogloboquadrina*.

Die Formenreihe von *Micraster* aus der Oberkreide Südenglands

Kermack (1954) untersuchte die durch *Rowe* (1899) berühmt gewordene Formenreihe von *Micraster* in einer eingehenden biometrischen Studie neu. Dabei kam er zu dem Ergebnis, daß von der ältesten von ihm berücksichtigten Form, *M. leskei*, die beiden etwa gleichzeitig auftretenden Arten *M. corbovis* und *M. cortestudinarium**   abstammen.[54] Deren „typische" Exemplare unterscheiden sich deutlich voneinander. Allerdings existieren Zwischenformen (s. auch *Ernst* 1970: 123), und die seien sogar häufiger als typische Individuen von *M. corbovis. Kermack* nahm an, daß die Zwischenformen durch Hybridisierung von *M. corbovis* und *M. cortestudinarium* entstanden seien. *Kermack* ging also davon aus, daß sie eine einzige Fortpflanzungsgemeinschaft bildeten. Diese solle aus entsprechend ihrer morphologischen Divergenzen ökologisch unterschiedlich eingenischten Individuen bestanden haben. Dem typologischen Artkonzept folgend, gliederte *Kermack* diese Fortpflanzungsgemeinschaft in mehrere Taxa von Spezies-Rang.

Aufgrund von nicht näher bekannten Veränderungen des Lebensraumes verschwand nach *Kermack* bald darauf die als *corbovis* bezeichnete „Art". Anschließend entstanden zwei neue Formen, die von derselben evolutiven Linie abstammen: *Micraster coranguinum* und *M. senonensis*. Erstere dürfte *Kermack* zufolge im Sediment gelebt haben, während *M. senonensis* sich nicht oder nur wenig eingrub. Die beiden Formen lassen sich jedoch in kaum einem Merkmal scharf voneinander trennen. Vielmehr besteht ein weiter Überlappungsbereich, und *Kermack* (1954: 420, 422) bezeichnete es — wie *Stokes* (1976: 693) — auch in diesem Fall als so gut wie sicher, daß zwischen ihnen keine Fortpflanzungsisolation bestand. Dennoch führte er auch sie als verschiedene Arten.[55]

In Anlehnung an *Kermack*s Fig. 1 veröffentlichte *Imbrie* (1957) die hier in Abb. 33 wiedergegebene Zeichnung. In ihr erscheinen *M. corbovis* und

---

* Der heute gültige Name für *M. cortestudinarium* ist *M. decipiens* (*Bayle* 1878). *M. senonensis* (s.u.) ist als *M. gibbus* (*Lamarck* 1816) zu bezeichnen; vgl. *Stokes* 1976: 690, 1977: 810, 812. Ich habe die von *Kermack, Imbrie* und *Nichols* benutzten Namen beibehalten, um den Vergleich mit diesen weithin bekanntgewordenen und oft zitierten Arbeiten zu erleichtern.

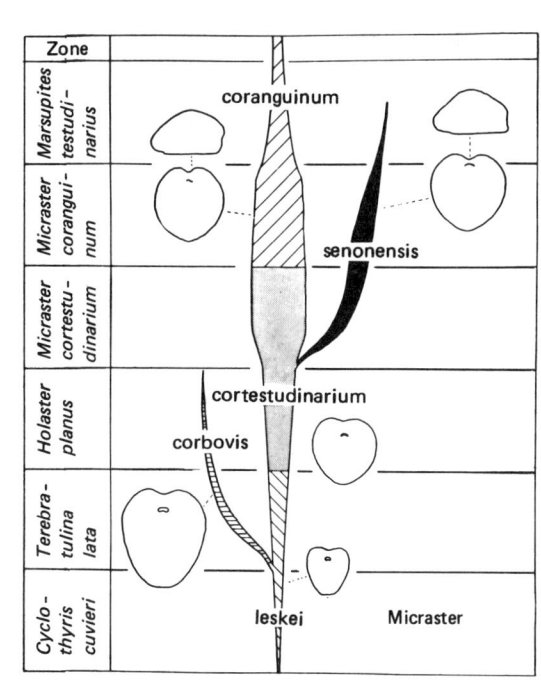

Abb. 33. Evolution von *Micraster* in der englischen Oberkreide nach *Imbrie* 1957, Fig. 15. Man gewinnt den Eindruck, als sei zweimal eine phylogenetische Aufspaltung mit dem Resultat der Entstehung neuer Arten (*M. corbovis* und *M. senonensis*) erfolgt.

M. senonensis als völlig vom „Hauptstamm" getrennte evolutive Linien. Man gewinnt den Eindruck, als sei zweimal eine phylogenetische Aufspaltung im Sinne einer Speziation erfolgt, wo es sich nach den Angaben von *Kermack* doch nur um eine Erhöhung der morphologischen Variabilität und einer entsprechenden Ausweitung des besetzten Lebensraumes handelte.

Ganz anders interpretierte *Nichols* (1959a: 426–427, 1959b: 78) die taxonomische Situation in dieser Gruppe (vgl. Abb. 34). Nachdem *Micraster* mit der relativ uniformen Art *leskei* aufgetreten war, erhöhte sich die Variabilität. Aber zu jeder Zeit während des oberen Turon existierte, wie *Nichols* (1959b: 78) betont, nur eine einzige Art, von der die morphologischen Extremformen zum einen direkt unter der Sedimentoberfläche, zum anderen in erheblicher Tiefe im Sediment lebten (bei *Kermack, Imbrie* und auch *Ernst* 1970 *M. corbovis* einerseits und *M. cortestudinarium* andererseits. Diese Namen sind nur des besseren Vergleichs wegen in Abb. 34 eingetragen). Dann verschwanden, wie auch *Kermack* ausführte, die nahe der Sedimentoberfläche lebenden Formen relativ plötzlich, während die tiefer grabenden sich zu *M. cortestudinarium* umwandelten. Der freigewordene Lebensraum wurde von jener Form besetzt, die von früheren Autoren als *M. senonensis* bezeichnet wurde. *Nichols* nimmt an, daß sie von andernorts ein-

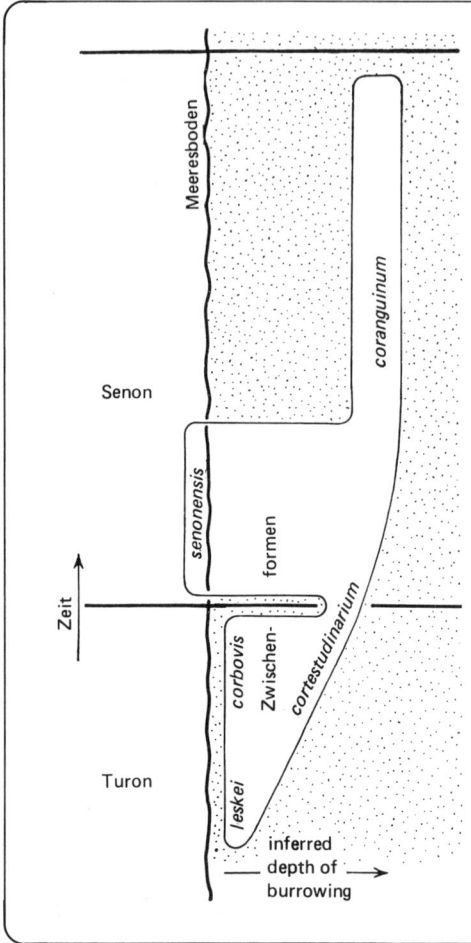

Abb. 34. Die Beziehungen derselben *Micraster*-Formen wie in Abb. 33 nach *Nichols* 1959 b. Eine phylogenetische Aufspaltung fand nicht statt, vielmehr wurde das Variationsspektrum mit der Anpassung an neue Lebensräume erweitert. Zwischen den in Abb. 33 unterschiedenen „Arten" *corbovis* und *cortestudinarium* einerseits und *senonensis* und *coranguinum* andererseits kommen Übergangsformen vor: Zu jedem Zeitpunkt existiert lediglich eine einzige Art.

gewandert ist. Allerdings war sie nicht so weit differenziert, daß reproduktive Isolation von den tiefer grabenden Formen *(coranguinum)* bestanden hätte. Auch *senonensis* und *coranguinum* bildeten zusammen somit zu jeder Zeit eine einzige Fortpflanzungsgemeinschaft.

Nichols berücksichtigte, daß diese Fortpflanzungsgemeinschaften nicht in mehrere Arten unterteilt werden dürften. Nach ihm liegt mit der *Micraster*-Reihe eine unverzweigte evolutive Linie vor, die aus mehreren Chronospezies besteht. *Nichols* hatte eine solche Gliederung nicht vorgenommen; in wieviele chronologische Arten man die Formenreihe gliedert, unterliegt der subjektiven Entscheidung.

Nach dem biologischen Artkonzept handelt es sich bei dieser Sequenz von Populationen nur um eine einzige Spezies, die sich im Zeitablauf verändert. Es ist ja keine Aufspaltung erfolgt, die zum Entstehen neuer geschlossener Fortpflanzungsgemeinschaften geführt hätte. Für diese Art gilt der

Name *M. coranguinum* (*Leske* 1778). Ihre Transformationsstufen (Chrono-Subspezies) wären als *M. coranguinum leskei, M. coranguinum cortestudinarium* usw. zu bezeichnen. Das ist im Falle des letzteren Beispiels zwar nicht gerade schön, aber im Sinne der Nomenklaturregeln völlig korrekt.

Das Bild, das *Kermack* und *Imbrie* von der Entwicklung dieser *Micraster*-Gruppe entworfen hatten (Abb. 33), gab das tatsächliche Geschehen verzeichnet wieder — die von *Kermack* und *Nichols* gelieferten Daten als zutreffend vorausgesetzt. Im wesentlichen richtig wurde die Situation von *Nichols* dargestellt, indem er hervorhob, daß zu jeder Zeit nur eine einzige (Bio-)Spezies existiere. Allerdings schloß das von ihm vertretene Chronospezies-Konzept noch immer aus, daß man in Raum **und** Zeit objektiv umgrenzte Arten erfaßte. Dies wird erst erreicht, wenn wir nur dann eine Artgrenze ziehen, wenn es per Speziation zur Entstehung eines neuen Biospezies-Paares gekommen ist. Aber das war in der Entwicklung der betrachteten *Micraster*-Reihe nie der Fall.[56,57]

Die chronologischen Subspezies, die innerhalb dieser Art unterschieden werden könnten, wären morphologisch definierte Einheiten und hinsichtlich ihrer zeitlichen Begrenzung willkürlich. Sie würden insbesondere mit Rücksicht auf die Belange der Biostratigraphie eingerichtet. Ihre Aufstellung würde zugleich dem menschlichen Klassifizierungsbedürfnis entgegenkommen. Ob man solche Einheiten überhaupt schaffen sollte, und wenn, in welcher Form sie zu berücksichtigen sind, wird in Abschnitt 5.3 erläutert.

Die Entwicklung der Foraminifere *Neogloboquadrina*

Ein im Hinblick auf das Verhältnis von Paläontologen zum biologischen Artkonzept aufschlußreiches Beispiel neueren Datums bieten die Untersuchungen von *Srinivasan* und *Kennett* über die planktonische Foraminifere *Neogloboquadrina*.

Ausgehend von der miozänen „*Globorotalia*" *continuosa* konnten *Kennett & Srinivasan* (1980, ganz ähnlich auch *Srinivasan & Kennet* 1976) zwei evolutive Zweige verfolgen (vgl. Abb. 35): *Neogloboquadrina acostaensis* als tropische bis warm-subtropische und *N. pachyderma* als kühl-subtropische bis polare Form. In den Übergangszonen treten kontinuierliche Übergänge zwischen beiden auf. Die Unterschiede würden nach derzeitiger Kenntnis eher von Umweltfaktoren determiniert als daß sie genetische Differenzen widerspiegelten. Von *N. acostaensis* stammt über *N. dutertrei humerosa* die tropische Form der rezenten *N. dutertrei dutertrei* ab, von *N. pachyderma* über *N. d. atlantica* und *N. d. subcretacea* die subtropische Form von *N. d. dutertrei*. Zu jeder Zeit herrschte zwischen tropischen und subtropischen Formen der beiden evolutiven Reihen Genaustausch. Obwohl *Kennett & Srinivasan* an einer Stelle (1980: 158) die Bezeichnung „Art" für *N. acostaensis* und *N. pachyderma* in Anführungszeichen setzten, ziehen sie keine taxonomischen Konsequenzen: "For practical biostratigraphic reasons" behielten sie für die fossilen Formen verschiedene Artnamen bei (*Srinivasan & Kennett* 1976: 346).

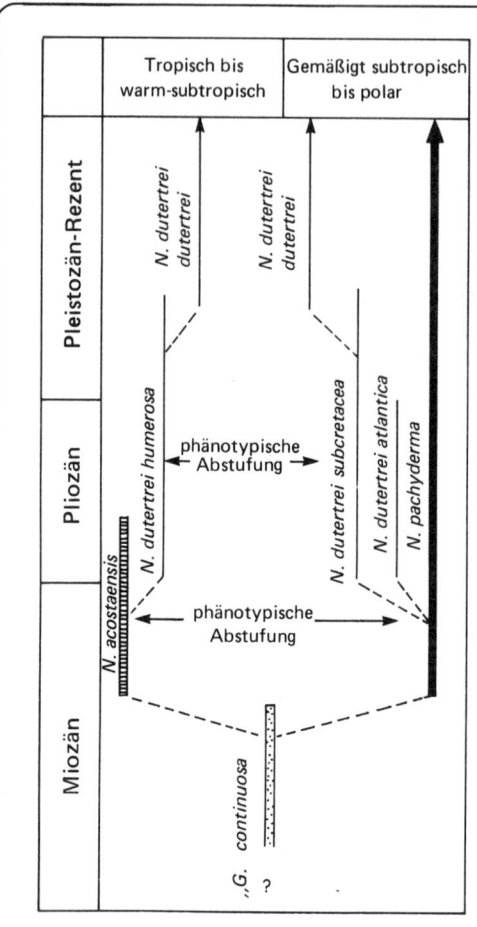

Abb. 35. Evolution der Foraminifere *Neogloboquadrina* nach *Kennett & Srinivasan* 1980: 138 Fig. 2. Erläuterung und Diskussion im Text.

Mit einer solchen Argumentation ist eine Näherung an das biologische Artkonzept natürlich nicht zu erreichen. Wenn man — wie *Srinivasan & Kennett* das expressis verbis tun — Formenreihen als Plexus begreift, sperrt man sich dagegen, die Art als reales Objekt zu akzeptieren. (Den Ausdruck Plexus hatte *Trueman* 1924 für ein Kollektiv typologischer Formenreihen eingeführt, die zusammen zu einem bestimmten Zeitpunkt durchaus eine Fortpflanzungsgemeinschaft haben bilden können.)

Würde man nun, was durchaus legitim sein sollte, aus der taxonomischen Gliederung des *Neogloboquadrina*-Kreises auf das biologische Geschehen seit dem Miozän schließen, käme man zu ganz irrigen Schlußfolgerungen. Da es im Obermiozän/Unterpliozän mit *N. acostaensis* und *N. pachyderma* laut *Srinivasan & Kennett* zwei nächstverwandte Arten gab, sollte man schließen können, daß eine phylogenetische Aufspaltung (Speziation) mit dem Ergebnis der Entstehung dieser beiden Arten erfolgt war. Auf anderem Wege ist die Entstehung nächstverwandter und synchroner Arten nicht denkbar, und *Srinivasan & Kennett* bilden das auch so ab (vgl. Abb. 35). Zwischen diesen Arten muß reproduktive Isolation bestanden haben, denn sonst dürften sie nicht als separate Spezies geführt werden. Nun scheinen diese beiden Arten später wieder zu verschmelzen, wie die Benennung der Endform *(N. dutertrei dutertrei)* zeigt.

Hätten nicht *Srinivasan & Kennett* darauf hingewiesen, daß ihr Artbegriff mit dem Biospezies-Konzept nichts zu tun hat und daß zwischen *N. acostaensis* und *N. pachyderma* offenbar nie Fortpflanzungsisolation bestand, hätte man aus dem scheinbaren Verschmelzen zwei mögliche Schlüsse ziehen können: Entweder sind mit der Entstehung von *N. dutertrei* aus *N. acostaensis* und *N. pachyderma* die Isolationsmechanismen unwirksam geworden, oder aber die unter dem Namen *N. dutertrei* zusammengefaßten Formen repräsentieren mehrere biologische Arten, bilden also gar keine einheitliche biologische Art. Man sieht, in welchem Maße die taxonomische Gliederung hier den Kenntnisstand vom Evolutionsgeschehen verzeichnet. Die von *Srinivasan & Kennett* gewählte Form der Benennung ist rein typologisch. Sie steht damit im Grunde genommen völlig außerhalb der modernen Biowissenschaften. Ihre taxonomische Gliederung des Formenkreises ist nur zum Wiedererkennen rein morphologisch definierter Einheiten zu gebrauchen — und damit ist nicht viel gewonnen. Entscheidend nämlich ist, wie die festgestellten Merkmalsverschiedenheiten hinsichtlich der artlichen Gliederung von *Neogloboquadrina* zu interpretieren sind. Erst wenn diese Interpretation geliefert wird — was für jede Organismengruppe nur die Fachkräfte leisten können — ist der ganze Formenkreis für umfassendere biologische Aussagen nutzbar. Dazu gehört auch die Biostratigraphie. Denn das taxonomische Festlegen einer morphologischen Form als „Art" ist irreführend, wenn es sich dabei realiter um Einheiten wie Unterarten handelt, die infolge Geneintrags von außen oder Fusion mit anderen solchen Einheiten Evolutionsmuster bieten, wie sie eine Art nicht zeigen kann. Wie soll „Vertrauen" in die stratigraphisch nutzbaren Arten entstehen, wenn einige von ihnen sich nicht in der zu erwartenden Weise als nutzbar erweisen, weil sie überhaupt keine natürlichen Arten sind?

Die Angaben von *Srinivasan & Kennett* als zutreffend vorausgesetzt, muß der ganze Formenkomplex von *Neogloboquadrina* als eine einzige Spezies aufgefaßt werden. Für sie gilt als ältester Name *N. dutertrei (d'Orbigny* 1839). Im Miozän besteht diese Art aus den beiden geographischen Subspezies *N. d. acostaensis* und *N. d. pachyderma.* Die zeitlich folgenden Formen sind wie schon bei *Srinivasan* und *Kennett* zu benennen.

Ein ungelöstes Problem bestünde dennoch. Da die rezenten Formen *Neogloboquadrina pachyderma (Ehrenberg)* und *N. dutertrei* einander als eigene Arten gegenübergestellt werden, ist anzunehmen, daß zwischen ihnen reproduktive Isolation besteht, während dies im Miozän (zwischen *N. d. acostaensis* und *N. pachyderma*) nach *Srinivasan & Kennett* offenbar nicht der Fall war.

Allerdings wurde schon gezeigt, daß man aus der derzeitigen taxonomischen Gliederung dieses Formenkomplexes solche Schlüsse nicht ziehen kann. Und tatsächlich ist die Frage der reproduktiven Beziehungen zwischen den rezenten Formen nicht geklärt (*Parker & Berger* 1971: 97, *Cifelli* 1973, *Kennett* 1976).

4.6   Das Problem der evoluierenden Art in der Paläontologie des 19. Jahrhunderts: Der Artbegriff bei Waagen und Neumayr – ein Rückblick

Wer sich in der heutigen Flora und Fauna umsieht, der wird von sich aus schwerlich auf den Gedanken kommen, daß sich die Arten im Laufe der Zeit verändern. Und die meisten Paläontologen der ersten Hälfte des 19. Jahrhunderts haben aus ihrer Kenntnis fossiler Faunen ebenfalls eine solche Ansicht nicht ableiten können. Zwischen 1820 und 1859 hatten nur wenige auf einen Wandel der Arten im Laufe der Zeit oder eine Abstammung verschiedener Arten voneinander hingewiesen. Meist wurden diese Äußerungen an wenig zugänglicher Stelle publiziert, so daß die Fachwelt nur vereinzelt davon Kenntnis nahm. Immerhin aber gab es einen Sturm der Entrüstung, als 1844 *R. Chambers* sein Buch "Vestiges of the Natural History of Natural Creation" publizierte, in dem er den Gedanken an ein Evolutionsgeschehen entwickelte. Aber die biologischen Wissenschaften konnten sich als nicht betroffen fühlen: Die in den „Vestiges" postulierte Abstammung war nicht sachkompetent begründet, und entsprechend oberflächlich blieb auch der Protest (vgl. *Mayr* 1982a: 382–385).

Mit *Darwins* "Origin of Species" verhielt sich das anders. Aus einer Vielzahl von Einzelbeobachtungen hatte er eine wohlbegründete Theorie des Artenwandels vorgetragen. Ihr konnte sich kein Biowissenschaftler entziehen – mochte er zum Evolutionsgeschehen stehen, wie er wollte. Es ist hinreichend bekannt, daß sich *Darwins* Abstammungslehre in vergleichsweise kurzer Zeit durchgesetzt hatte. Die ganze Diskussion um die Artgrenzen im Zeitablauf wäre nicht möglich gewesen, wäre es nicht sehr bald zur Selbstverständlichkeit geworden, daß die Organismen evoluieren und daß frühere Arten die Ahnen späterer sein können.

Aus den vorangegangenen Kapiteln könnte der Eindruck entstanden sein, daß die Überlegungen über die Artgrenzen im Zeitablauf vor allem etwa seit 1940 angestellt wurden. Nichts wäre verkehrter als das. Vielmehr fiel – vor allem im deutschsprachigen Raum – schon bald nach Erscheinen des "Origin" der Gedanke des Artwandels in der Paläontologie auf fruchtbaren Boden. Wo sonst, fragte man sich, wenn nicht in der Fossilüberlieferung, kann ein solcher Wandel nachgewiesen werden? So begann die Suche nach und die Konstruktion von evolutiven Formenreihen fossiler Organismen. Damit stellte sich auch das Problem der taxonomischen Grenzen in der Zeit.

Aus der Tatsache, daß innerhalb von Formenreihen keine scharf begrenzten Arten zu unterscheiden sind, haben zwei Autoren den Schluß gezogen, daß der Artbegriff in der Paläontologie nichts mit dem der Neontologie zu tun haben könne: *Wilhelm Waagen* (1841–1900) und *Melchior Neumayr* (1845–1890).

Waagen und *Neumayr* gingen von einer Überlegung aus, die seitdem ungezählte Male wiederholt wurde: Während die Neontologie nur den Zeitquerschnitt berücksichtigte, in dem Arten gut voneinander zu unterscheiden seien, sei am Fossilmaterial zumindest theoretisch, bei lückenlosen Formenreihen aber auch in der Praxis, eine einwandfreie Arttrennung unmöglich: Der Evolutionsgedanke impliziere ja das allmähliche Auseinander-Hervorgehen der verschiedenen Formen im Laufe der Zeit. Schon *Darwin* hatte 1859 an vielen Stellen seines Buches "On the Origin of Species" hervorgehoben, daß Übergangsformen existiert haben müßten, die alle früheren und rezenten Arten verbanden.[58]

Haeckel (1866; 1906: 378–379) verdeutlichte wenig später die Konsequenzen für die Taxonomie. „Gute Arten", schrieb er, „werden gewöhnlich solche Spezies genannt, deren meisten Charaktere innerhalb des kurzen Zeitraums, seitdem sie beobachtet sind, sich sehr wenig verändert haben, auch jetzt noch sehr wenig variieren und sich deshalb scharf umschreiben lassen; oder solche Arten, deren verbindende und den Übergang zu anderen Arten vermittelnde Zwischenformen uns unbekannt sind, und deren unterscheidende Charaktere daher scharf hervortreten . . . ,Schlechte Arten'. . . würden alle Arten ohne Ausnahme sein, wenn wir sie vollständig kennen würden, d.h. wenn wir nicht allein ihren gesamten gegenwärtigen Formenkreis, wie er über die ganze Erde verbreitet ist, kennen würden, sondern auch alle ihre ausgestorbenen Stammverwandten . . . Es würde ganz unmöglich sein, die einzelnen Formengruppen als Spezies scharf voneinander abzugrenzen."

Hieran schlossen sich die Ausführungen von *Waagen* und *Neumayr* an, und sie bildeten den Ausgangspunkt aller späteren Überlegungen zum Artbegriff in der Paläontologie und zur taxonomischen Behandlung der einzelnen Transformationsstufen. Es ist daher nicht ganz zu verstehen, daß sie heute nahezu vergessen sind. Darüber darf nicht hinwegtäuschen, daß in fast jedem Lehrbuch der Allgemeinen Paläontologie irgendwo, meist in Klammern gesetzt, der Passus „. . . Mutation im Sinne von *Waagen* 1869" auftaucht und zumindest *Waagen*s Gedanken nicht ganz verschüttet scheinen.

Waagen (1869: 182) war der Überzeugung, daß man für die paläontologische Systematik neue Begriffe schaffen müsse, weil die Chronologie in der Biologie nicht vorgesehen sei. „Denn während es sich hier nur darum handelt, die Form zu fixiren und durch eine genaue Beschreibung auch für andere kenntlich zu machen, kommt es in der Paläontologie vor allen Dingen darauf an, den historischen Zusammenhang der einzelnen Typen richtig aufzufassen." Die eine Formenreihe bildenden Evolutionsstufen als Gesamtheit bezeichnete *Waagen* (S. 185) als „Collectivart". „Dabei ist nun aber wohl zu berücksichtigen, daß die einzelnen, in den betreffenden Individuen und Schichten zum Ausdruck gelangten Erscheinungsweisen dieser Formenreihe oder Collectivart von Varietäten streng zu unterscheiden sind: sie eben sind die Arten, die einerseits zusammen die Collectivart bilden, andererseits aber selbst wieder in mehrere Varietäten zerfallen können; denn . . . jede dieser Formen (bildete) in dem Zeitalter, in welchem sie auftrat, eine von allen mitvorkommenden wohl unterschiedene Art" (S. 185–186). Man müsse also zwischen den räumlichen und zeitlichen Varietäten unterscheiden. Die räumlichen sollten weiterhin als „Varietät" bezeichnet werden, für die zeitlich aufeinanderfolgenden „dagegen möchte ich . . . einen neuen Ausdruck „Mutation" vorschlagen". Die Mutationen stellen die einzelnen Entwicklungsstufen einer Kollektivart dar.

Die Varietät ist nach *Waagen* „höchst schwankend" und von geringem systematischen Wert. Eine Mutation dagegen ist, „wenn auch in minutiösen Merkmalen, höchst constant, stets sicher wieder zu erkennen; es ist deshalb auch auf die Mutation ein weit größeres Gewicht zu legen, sie sind sehr bestimmt zu bezeichnen" (S. 186).

Einige nomenklatorische Neuerungen sollten den genetischen Zusammenhang der einzelnen Mutationen im Namen erkennen lassen, allerdings „ohne daß die Schärfe und das Concrete der linné'schen Speciesbezeichnung hiebei geschwächt oder vernichtet werde". *Waagen* schlug vor, nach Nennung der Gattung den Namen der Mutation anzugeben; ihr solle der Name der Stammart folgen, durch ein Wurzelzeichen gekennzeichnet. „Die Mutation selbst ist als Art zu behandeln . . . Man kann dann schreiben z.B. *Ammonites subcostarius* Opp. ($\sqrt{}$ *subradiatus* Sow.)" oder auch den Namen der Mutation über das Wurzelzeichen und den Namen der Stammart setzen. „Als Stammart ist wohl in der Regel die älteste Art einer Formenreihe aufzufassen" (S. 187) – Stammart bedeutete bei *Waagen* also nicht unbedingt Vorfahre wie in der heutigen Phylogenetik. Wenn man nur eine einzelne Mutation aus einer Kollektivart anführen wolle, brauche man nur den Namen der Formenreihe samt Wurzelzeichen fortzulassen, bei Erwähnung der Formenreihe allein könne man sich auf den Namen der Stammart samt Wurzelzeichen beschränken.

„Der Haupteinwand, welcher gegen diese Bezeichnungsweise erhoben werden kann", schrieb *Waagen* weiter, „ist die Unbequemlichkeit derselben". Sie ist „schwerer anzuwenden, als es vielleicht den Anschein haben möchte, und nur in eingehenden paläontologischen Monographien wird es möglich sein, dieselbe durchzuführen" (S. 189–190). Vielleicht hatte *Waagen* damit das voraussichtliche Schicksal seines Vorschlages selbst andeuten wollen: Kaum jemand nach ihm benutzte seine Bezeichnungsweise. Daran änderte sich auch nichts, als *Wepfer* (1913: 415) schrieb, „es wäre ... ein beschämendes Bekenntnis, wenn es nur die Unbequemlichkeit und Schwerfälligkeit der *Waagen*schen Nomenklatur wäre, die sie hätte durchfallen lassen" – aber was gut überlieferte Formenreihen anbelangt, so gab es eigentlich keinen anderen Grund.

Waagens hauptsächliches Verdienst ist es, die zeitlich aufeinanderfolgenden Evolutionsstufen deutlich von den individuellen Varietäten getrennt und ihnen einen Status zuerkannt zu haben, der im wesentlichen dem der Biospezies innerhalb einer Chronospezies bei *Thomas* (1956) oder *George* (1956) und vielen anderen gleichkommt. *Neumayr* (1871a: 352, 1875: 105, in *Neumayr & Paul*) meinte ebenfalls, daß sich die Mutation in Relation zu gleichaltrigen Formen der Spezies analog verhalten, und schrieb 1889 (S. 67). „Nimmt man ... eine beliebige Mutation aus einer Formenreihe heraus und betrachtet sie ohne Rücksicht auf die übrigen Glieder der Reihe lediglich in ihren Beziehungen zu den gleichzeitig lebenden Organismen, so spielt sie diesen gegenüber die Rolle einer guten Art." *Waagens* Kollektivart entspricht der heutigen Chronospezies.

Neumayr entwickelte *Waagens* Konzept weiter.[59] Hatte er noch 1871 *Waagens* Nomenklatur benutzt, so übernahm er für seine berühmte Monographie über die tertiären Süßwassergastropoden Slavoniens (1875) nur noch dessen Einteilung in Formenreihe und Mutation. Er bezeichnete die einzelnen Mutationen binär (mit Gattungs- und Artnamen); auf die Angabe der Stammart verzichtete er – offenbar auf der Suche nach etwas Einfacherem als der Benutzung des Wurzelzeichens. Die Lösung hatte er dann fünf Jahre später gefunden.

Anders als *Waagen* ging *Neumayr* bei seinen Überlegungen davon aus, daß sich die späteren Arten durch bestimmte Varietäten in älteren ankündigen. Damit man den genetischen Zusammenhang der aufeinanderfolgenden Formen in allen Einzelheiten verfolgen kann, brauchte man nach *Neumayr* (1875: 93) daher eine systematische Einheit, die der Spezies analog sei, aber „unabhängig ist von allen Vorurtheilen über deren Constanz oder Veränderlichkeit". Diese Einheit dürfe nur einen kleinen Formenkreis umfassen, damit die „in theoretischer Beziehung besonders wichtigen minutiösen Variationen fixirt werden können. Eine solche Einheit erhalten wir durch möglichst scharfe Unterscheidung und enge Begrenzung der Formen, indem wir solche auch auf scheinbar unbedeutende Merkmale hin trennen, wenn dieselben nur mit relativer Constanz bei einer Anzahl von Individuen wiederkehren und volle Sicherheit vorhanden ist, daß die Unterschiede ...

nicht blos auf verschiedenem Wachsthumsstadium, Erhaltungszustand oder
ähnlichen Zufälligkeiten beruhen" (wie z.b. auch „nur durch äußere Ein-
wirkung hervorgebrachte Standorts-Varietäten", *Neumayr* 1875: 96 und
1880: 212). „Vor allem ist es nothwendig mit dem Vorurtheil zu brechen,
dass all das vereinigt werden müsse, was durch Uebergänge mit einander in
Verbindung steht". Dadurch werde das Material gefälscht, an dem die Frage um Konstanz oder Veränderlichkeit der Arten erst entschieden werden
soll, denn wenn man alle Übergänge zusammenfaßt, erscheine das so gebildete Taxon als konstante linnésche Spezies: Die Konstanz der Arten z.B.
lasse sich nicht ermitteln, „wenn wir das, was erst erwiesen werden soll . . .
zur formellen Grundlage der Untersuchung machen" (*Neumayr* 1880: 206).
„Sind . . . alle einzelnen Formen fixirt . . ., so kann durch Combinierung
dieses palaeontologischen Materiales mit den geologischen Daten über die
Lagerung, Aufeinanderfolge usw. näher untersucht werden, ob sich mehrere dieser Formen zu einer constanten guten Species vereinigen lassen, oder
ob . . . eine allmähliche Abänderung der Typen stattfindet, in der Art, dass
von einer Constanz der Species nicht mehr die Rede sein kann, und ob in
dem letztgenannten Falle überhaupt noch der Begriff Species haltbar ist"
(1875: 93). Der Speziesbegriff beinhalte ja nur die Beziehung einer Art zu
den gleichzeitig lebenden Formen (s.a. *Neumayr* 1880: 204). Abgeschlossene Formenkreise wie im Zeitquerschnitt aber seien bei Berücksichtigung des
Zeitfaktors weder zu erwarten noch festzustellen: „Innerhalb der Gattung
bildet die Formenreihe eine systematische Einheit höherer, die Mutation eine solche niedrigerer Ordnung; . . . beide zusammen müssen den Speciesbe-
griff aus der Palaeontologie verdrängen, der nirgends findbar und anwendbar ist, wo man mit einigermassen vollständigem Material operirt" (1875:
95). Diese Auffassung wurde auch von einigen Zoologen geteilt (z.B. *Dö-*
derlein 1902: 408). Da nun „von einer Constanz der Arten nicht die Rede
sein kann", sei die Anwendung des Spezies-Begriffes selbst für die rezenten
Formen nur möglich, sofern man deren Beziehungen zu ihren Vorfahren ignoriert (1875: 105). Und betrachtet man „nur die Formen eines einzelnen
kurzen Abschnittes in der geologischen Geschichte ohne Rücksicht auf frühere oder spätere Vorkommnisse, so läßt sich auch hier, wie in der Jetzt-
zeit, eine Gliederung in Species und Varietät durchführen" (1880: 208).
Den Varietäten müsse besondere Aufmerksamkeit geschenkt werden,
weil oft „gerade diese isolirten Ausläufer" die genetischen Zusammenhänge
zwischen den Mutationen erkennen ließen (1875: 94). Für *Neumayr* beruhte die Aufeinanderfolge der Mutationen somit im Grunde genommen auf
der Verschiebung des Variationsspektrums; deswegen verdienten die Extremvarianten besondere Aufmerksamkeit. Weil es aber weder ein „Populationsdenken" noch eine statistische Erfassung der Merkmale innerhalb einer
Population gab, konnte *Neumayr* nur vorschlagen, die Varianten genau zu
beschreiben und eventuell sogar zu benennen. (Die Statistik wurde erst

1889 von *F. Galton* für die Untersuchung von Organismen genutzt und kam in der Paläontologie im wesentlichen erst mit der Arbeit von *Wedekind* 1916 zur Anwendung). Für *Neumayr* bestand das bei seinen Untersuchungen (an Süßwassergastropoden Slavoniens) erzielte Resultat darin, „dass wir durch die einzelnen Horizonte hindurch Formenreihen verfolgen können, welche in steter Veränderung begriffen sind, in der Art, dass eine neugebildete Form schneller oder langsamer ihren Vorgänger und Stammvater verdrängt und durch die Häufung dieser Abänderungen entstehen successiv sehr weit von der Stammart abweichende Gestalten" (1875: 95). Ferner heißt es (S. 99–100): „Die Mehrzahl (der Mutationen) variirt bis zu einem gewissen Grade und zwar hauptsächlich in der Weise, daß die sehr minutiösen Abänderungen einerseits nach der Richtung der nächst älteren, andererseits nach derjenigen der darauf folgenden nächst jüngeren Mutation derselben Formenreihe hin auftreten. Durch die Combination dieser in der Abänderungsrichtung der Formenreihe gelegenen Variationen können nun die Übergänge zwischen den einzelnen Formen hergestellt werden." Vermittelnde Populationen zwischen den einzelnen und oft individuenreich auftretenden Formen nämlich waren meistens sehr selten.

Waagen dagegen hatte nicht erkannt, daß die Extremvarianten einer älteren Population innerhalb der Variationsbreite späterer Populationen wieder auftreten können. Das dürfte auch der Grund gewesen sein, warum er glaubte, daß sich Varietäten und Mutationen in der Praxis und im Einzelfall stets gut voneinander unterscheiden ließen. Und dies wiederum mag an seinem Untersuchungsmaterial gelegen haben, denn später stellte sich heraus, daß seine Ammoniten-Reihen Formen enthielten, die in keinem engen genealogischen Zusammenhang standen. Das war bei den Formenreihen der Süßwassergastropoden anders; wie erwähnt, teilte aber auch *Neumayr Waagens* Auffassung über die Unterscheidbarkeit.

Abel (1919: 11) führte später auf *Neumayr*s Ansichten die oft uferlose „Speziesmacherei" zurück. (Dieses Schlagwort findet sich allerdings schon in *Neumayr*s Arbeiten.) Eher traf wohl *Dacqué* (1906: 664–665) den Kern der Sache: Nach ihm beruhe dies darauf, daß viele Artbeschreibungen von Geologen stammen, „denen es darauf ankommt, möglichst viele . . . morphologisch scharf umschriebene ‚Formen' zu haben. Der Geologe will gewissermaßen nur Formbezeichnungen, aber nicht eigentliche Artnamen im tieferen Sinne. Darum fällt bei ihm auch der Artbegriff keineswegs mit dem Artnamen zusammen." *Neumayr* hatte die scharfe Trennung der einzelnen Formen ausdrücklich nur als Übergangsstadium angesehen, denn sie sollten ja auf ihre Beziehungen im Rahmen „guter Arten" hin überprüft werden. Er hatte aber (1880: 213) selbst erkennen müssen, daß seine Vorschläge zur Aufstellung einer Vielzahl neuer Arten führen würde. Daher schlug er vor, alle in **unbestimmter**, aber nachgewiesener enger Verwandtschaft stehenden Formen unter einem binären Namen zusammenzufassen und sie durch einen dritten Namen mit vorangestelltem „forma" zu kennzeichnen (*Neumayr* 1880: 214, vgl. auch 1889: 66).

Über die Anwendung der ternären Nomenklatur zur Kennzeichnung **direkt voneinander abstammender** Mutationen äußerte sich *Neumayr* eher pessimistisch (1875: 94). Sie könne „nur Werth haben, wenn der erste Name die Gattung, der zweite die Formenreihe, der dritte die Form bezeichnet, eine allgemeine Anwendung ist daher nicht möglich, da die Feststellung der Formenreihe nur selten gelingt". *Neumayr* erläuterte sie (1880: 210) näher. Dritter Name solle der der Mutation sein; er sei unter Vorsetzung von „mut." anzugeben. Das entspricht weitgehend der heutigen Kennzeichnung von Chrono-Subspezies. Somit hatte *Neumayr* in Fortführung der *Waagen*schen Gedanken die Einführung dieser Einheit bis in die formalen Aspekte hinein vorweggenommen. Bereits *Dacqué* (1906: 652) bezeichnete an einer Stelle die Mutationen als Unterarten. Damit war *Waagens* Form der Benennung von Mutationen durch die jetzt übliche Bezeichnungsweise ersetzt.

Verdeutlicht hat *Neumayr* diese Bezeichnungsweise an Süßwassergastropoden aus dem Plio-Pleistozän von Kos. Jeweils eine ganze Formenreihe benannte er binär, z.B. „*Melanopsis Gorceixi*". Die innerhalb dieser Formenreihe unterscheidbaren Mutationen bezeichnete er als *M. Gorceixi* mut. *semiplicata, M. Gorceixi* mut. *Aegaea* usw. (Nachdem sie zwischenzeitlich als eigene Arten aufgefaßt wurden, werden sie heute in grundsätzlich der von *Neumayr* vorgeschlagenen Form als Chrono-Subspezies geführt: *M. gorceixi semiplicata, M. g. aegaea* usw.). Soll innerhalb einer Mutation eine Varietät benannt werden, resultieren Namen wie *Vivipara Fuchsi* mut. *Forbesi* var. *clinoconcha* (*Neumayr* 1880: 214). – Ohne dem theoretischen Hintergrund für die Wahl der Benennung nähere Beachtung zu schenken, hat auch *Hilgendorf* (1867) den einzelnen Evolutionsstadien innerhalb einer Formenreihe ternäre Namen verliehen und die gesamte Reihe mit dem Artnamen gekennzeichnet (*Planorbis multiformis Steinheimensis, P. m. tenuis* usw.).

Auf eine bedeutende Schwäche der Überlegungen von *Waagen* und *Neumayr* wies *Abel* (1919) hin: Beide Autoren haben nicht erkennen lassen, wie sie sich die Abgrenzung der aufeinanderfolgenden Kollektivarten bzw. Formenreihen gegeneinander vorstellen, „die ja doch auch durch fast unmerkliche Vorgänge ebenso verknüpft sein müssen wie die Mutationen untereinander" (*Abel* 1919: 10). Diese Bemerkung trifft auch *L. Würtenberger* (1880: 88–91), der den Gedanken von *Neumayr* und *Waagen* bis ins Detail gefolgt war und dabei besonders betonte, daß auch die Gattungen „miteinander verschwimmen, wenn man sie durch die . . . Schichten hinab verfolgt".

Als Lösung dieses Problems hätte *Neumayr* allein ein bestimmtes Maß an morphologischer Divergenz vom ältesten oder jüngsten bekannten Vertreter einer Formenreihe aus vorschlagen können, genau jene unbefriedigende Methode, mit der heute die aufeinanderfolgenden Chronospezies einer nicht-aufspaltenden phylogenetischen Reihe gegeneinander abgegrenzt werden. Daß den Aufspaltungen herausragende Bedeutung zukommen könnte, konnten *Neumayr, Waagen* und *Würtenberger* nicht erkennen, denn Arten wurden nicht konsequent als reproduktiv voneinander isolierte Fortpflanzungsgemeinschaften begriffen, und noch viel weniger konnten sie davon ausgehen, daß solche Gemeinschaften nur per Aufspaltung entstehen. So beschränkte sich *Neumayr* (1889: 66) auf folgende zusammenfassende Feststellung: „Species in der Paläontologie lediglich nach dem Vorhandensein oder Fehlen von Übergängen zu unterscheiden, ist nicht mehr als ein Spiel, dessen Ergebniss genau eben so viel Werth haben mag, als wenn man aus einer großen Kiste, welche alle Uebergänge zwischen zwei sehr weit voneinander abstehenden Fossilien enthält, ein Paar Hände voll Exemplaren herausgreifen und nach diesem Material Species unterscheiden wollte . . . Man hört und liest seltsamerweise noch oft genug ausgedehnte Auseinandersetzungen über die Frage, ob zwei der Zeit nach aufeinanderfolgende Formen als gute Arten oder nur als Varietäten ein und derselben Art zu betrachten seien." Damit war *Neumayr* vielen derer weit voraus, die sich fast 100 Jahre später auf der Basis biostatistischer Untersuchungen Gedanken über die Artgrenzen im Zeitablauf machen sollten.

So sehr man die weitreichenden Überlegungen von *Waagen* und *Neumayr* achtete, so wenig wurden sie allgemein berücksichtigt. Zum einen mag es daran gelegen haben, daß sie sich zum Teil nur dann in die Praxis umsetzen ließen, wenn tatsächlich evolutive Formenreihen vorlagen – und das war selten genug, zumal die paläontologische Methodik den Ansprüchen in aller Regel nicht genügte: Trotz der beispielhaften Untersuchungen von *Hilgendorf* (1866, 1867) an den Steinheimer Planorbiden wurde Fossilmaterial bis über das erste Viertel unseres Jahrhunderts hinaus nur vereinzelt genau horizontiert gesammelt. So waren, wie *Wepfer* (1913: 415) feststellte, die meisten Autoren mit *Waagen*s und *Neumayr*s Ideen einfach überfordert, denn „die konsequente Durchführung der *Waagen*schen Nomenklatur bedeutet nichts anderes, als die Forderung einer klaren Feststellung der Abstammung einer Art ein für allemal." Für *Dacqué* (1906: 641) hatte dieses Problem allgemeinere Ursachen: Vielleicht sei eine allgemeine Ermüdung zum Thema der Artproblematik mit „schuld daran, daß die *Neumayr*schen Erörterungen so wenig ausdrückliche und bewußte Anwendung erfahren haben. Zwar kehren seine Paludinenreihen bei jeder möglichen und unmöglichen Gelegenheit als Belegstücke für deszendenztheoretische Artentwicklung wieder, aber die . . . ungleich wichtigeren Ausführungen „über die Methode der paläontologischen Untersuchung" werden ziemlich unbeachtet gelassen. Man hätte sogar erwarten dürfen, daß . . . jeder Monograph einer fossilen Fauna oder Gattung sich irgendwie mit jenen Darlegungen auseinandersetzt . . . haben würde . . . Man verübelt es einem Autor sehr, wenn er bei Beschreibung einer Schichtenfauna irgendeine kleine Arbeit über ähnliche und gleichalterige Fossilien übersehen hat; aber man geht mit Stillschweigen darüber hinweg, wenn es sich um so prinzipiell wichtige Fragen der Forschung handelt".

Darüber hinaus wurde die Umsetzung der Überlegungen von *Waagen* und *Neumayr* in die Praxis erschwert, weil man es meistens für kaum möglich hielt, daß sich die zeitlich aufeinanderfolgenden „Mutationen" von den synchronen „Varietäten" unterscheiden ließen, wie *Waagen* (1869) und *Neumayr* (1880: 211) angenommen hatten (*Dacqué* 1906: 653, *Wepfer* 1913: 415, *Abel* 1919: 10). Die in jeder Mutation „auftretenden Variationen werden die Merkmale bald der nächst älteren, bald der nächst jüngeren Mutation zufällig wiederholen können, und schließlich wird eine Form neben der aus ihr entstandenen Mutation weiterleben können" (*Wepfer* 1913: 435). Auch diese Auffassung lag darin begründet, daß „Populationsdenken" und Variationsstatistik in der Paläontologie noch weitgehend unbekannt waren.

Zur selben Zeit wie *Waagen* und *Neumayr* zog *Emanuel Kayser* ganz andere Folgerungen aus der Tatsache, daß sich die Arten allmählich verändern. Er schrieb 1871 (S. 495) über die Brachiopoden, die nach ihm die Richtigkeit von *Darwins* Theorie besonders gut belegten: „Wer gleich mir Gelegenheit gehabt, eine Menge von Brachiopodenarten Schicht für Schicht durch einen ansehnlichen Stratenkomplex zu verfolgen, . . . [dem wird] nicht selten . . . der Muth entsunken sein, bei manchen Formen jemals zu einer scharfen Speciesabgrenzung gelangen zu können, immer weniger wird er den Gedanken, dass unsere Arten . . . nur künstliche Begriffe oder Rubriken sind, gänzlich von der Hand weisen können." Es erschien ihm wenig sinnvoll, alle durch Übergänge miteinander verbundenen Formen zu einer Art zusammenzufassen, weil dann „viele Arten einen ganz ungeheuren Umfang annehmen" würden (1871: 496). Eine ternäre Nomenklatur sah er nicht als geeignete Lösung an. „Vielmehr", fuhr *Kayser* fort, „möchte es bei der fortschreitenden Entwickelung in der Paläontologie, die täglich neue Uebergangsformen zwischen verwandten Arten zu Tage fördert, geboten erscheinen, den Artbegriff in anderer Weise aufzufassen, [und] die Grenzen der Art . . . künstlich zu ziehen". Morphologisch stark verschiedene Typen, die sich als sehr konstant erweisen, sollten als Arten fixiert werden, und geringere Formenabweichungen seien um diese „Mittelpunkte peripherisch als Abarten zu gruppieren". In diesen Ausführungen liegen die Wurzeln des typologischen Artkonzepts in der nach-darwinschen Paläontologie.

Daß die Überlegungen von *Waagen* und *Neumayr* der Zeit in mancher Hinsicht weit voraus waren, führte dazu, daß sie mehr und mehr der Vergessenheit anheimfielen. Als dann die „praktische" Paläontologie ihren Rückstand aufgeholt hatte, mußten die Ideen von *Waagen* und *Neumayr* ein zweites Mal entwickelt werden. Dies geschah, wie gesagt, im wesentlichen ab Anfang der vierziger Jahre unseres Jahrhunderts, als nach Aufkommen der „Neuen Systematik" *Simpson* (1943: 176), *Clark* (1945), *Newell* (1947) und andere die Frage nach der Gliederung von Formenreihen („Chronoklinen", *Simpson* 1943: 174) in infraspezifische Taxa erneut aufwarfen. Wie *Neumayr* 70 Jahre zuvor wies *Simpson* darauf hin, daß eine Chronokline binär zu bezeichnen sei; ihre Teilglieder müßten folglich drei Namen tragen und entsprächen Unterarten. Um diese Einheiten von geographischen Subspezies zu unterscheiden, wollte *Caster* (1944, nach *Newell*

1947) sie mit dem Terminus „Waagen" belegen. Er wurde von *Elias* (1950: 152, in *Newell* 1947: 169) zu „Waagenon" umgewandelt. (*Waagens* Bezeichnung „Mutation', war ja inzwischen als genetischer Terminus und in anderem Sinne allgemein bekannt geworden). Aber schon vorher hatte *Huxley* (1938: 255) für sie die Bezeichnung „chronologische Subspecies" vorgeschlagen, und als *Sylvester-Bradley* sie 1951 wieder aufgriff und das Konzept der zeitlichen Unterart näher erläuterte, war, nun aber auf der Grundlage des Populationsdenkens, der Diskussionsstand von 1880 wieder erreicht.

5 Das Biospezies-Konzept in der Paläontologie: Einige Konsequenzen

5.1 Biospezies in der Paläontologie und Artenzahlen

Um Zeiten des Aufstiegs, der Blüte und des Niedergangs von Organismengruppen im Verlauf der Erdgeschichte zu ermitteln, werden oft die bekannten Arten oder Gattungen einzelner Zeitabschnitte addiert und die Ergebnisse miteinander verglichen. Dabei wird ein Systematiker, der sich bei der Artfassung dem biologischen Speziesbegriff zu nähern sucht, zu anderen Resultaten kommen als jemand, dessen Ziel das Unterscheiden purer Morphospezies ist.

Nach dem Biospezies-Konzept beginnt die Existenz einer Art mit jenem Speziationsereignis, mit dem sie als Fortpflanzungsgemeinschaft von ihrer Schwesterart biologisch isoliert wurde, und sie endet mit der Aufspaltung in ihre Tochterarten. Nach dem Morphospezies-Konzept wird eine Gliederung der Organismen in Gruppen („Arten") einander stark ähnelnder Individuen angestrebt; phylogenetische Aufspaltungen werden zur Artbegrenzung im Zeitablauf nicht unbedingt herangezogen. Daher wird die Begrenzung von Chronospezies (Morphospezies) nur selten mit der biologischer Arten zusammenfallen, zumal nach Aufspaltung einer Stammart in zwei Tochterarten oft in einem Zweig — bei Zwillingsarten sogar in beiden Zweigen — kein erkennbarer Wandel erfolgt. Vielmehr existieren in solchen Fällen der ursprüngliche morphologische Typus und folglich auch die Morphospezies über das Aufspaltungsereignis hinaus weiter.

Diesen Unterschieden in der Artbegrenzung liegt die Ursache für im Einzelfall stark abweichende Artenzahlen bei Analyse ein und derselben Organismengruppe zugrunde. Dies läßt sich bei unverzweigten Formenreihen besonders zeigen: Wenn sich eine Art im Laufe der Zeit bedeutend verändert, ist es nach dem Morphospezies-Konzept legitim, mehrere Chronospezies zu unterscheiden. Tatsächlich aber handelt es sich nur um eine einzige Biospezies, die sich im Laufe der Zeit umgewandelt hat; da keine Aufspaltung erfolgt ist, ist keine neue Art im Sinne des biologischen Spezies-Konzeptes entstanden.

Außerdem können Chronoklinen von verschiedenen Bearbeitern unterschiedlich fein in Chronospezies gegliedert werden. Somit spiegeln deren Artenzahlen niemals die realhistorische Fülle von Arten wider. Das ist nur gewährleistet, wenn wir die fossile Artenvielfalt daran messen, wieviele Arten im Sinne des biologischen Artbegriffs existiert haben, d.h. wenn wir den Entstehungsmodus der Biospezies als Grundlage der Taxonomie anerkennen. Erst dann dürfen wir die Zahlen fossiler Arten direkt mit denen der heutigen vergleichen, und erst dann dürfen wir auch die Artenzahlen verschiedener Organismengruppen direkt miteinander vergleichen.

Insgesamt sind aus einer konsequenten Berücksichtigung des Biospezies-Konzeptes in der Paläontologie für die Praxis aber nur unbedeutende Folgen hinsichtlich der Angaben zur Artenvielfalt zu erwarten, denn die meisten fossilen Arten liegen uns als weitgehend in Raum und Zeit isolierte Formen vor. Eine beschriebene taxonomische Art wird meistens auch eine ehemalige Biospezies repräsentieren — das heißt, sie entspricht nicht nur einem zeitlich begrenzten Teil einer solchen, während zugleich eine zweite taxonomische Art ein weiterer Teil derselben Biospezies ist. Nur relativ wenige taxonomische Arten sind eigentlich Chrono-Subspezies und damit eine von mehreren Transformationsstufen einer einzigen biologischen Art. Voraussetzung für die Vergleichbarkeit mit rezenten Arten bzw. den Arten anderer Organismengruppen ist selbstverständlich, daß wir auch den Umfang der Arten im Zeitquerschnitt richtig abgeschätzt haben.

In Einzelfällen jedoch hat die Berücksichtigung des Biospezies-Konzeptes in der Paläontologie erhebliche Konsequenzen. So dürfte aus dem folgenden Beispiel die biologische Sinnlosigkeit der Gliederung unverzweigter Formenreihen in mehrere Chronospezies ersichtlich werden. Im Plio-Pleistozän bestand im Gebiet der griechischen Insel Kos ein See, in dem sich zahlreiche endemische Gastropoden entwickelt hatten. Die Frage war nun, wieviele Arten dort lebten. Der Verfasser kam zu dem Ergebnis, es seien 17, die in den Ablagerungen des Sees, der Kos- bis Elia-Formation, nachgewiesen wurden; sie verteilen sich auf 14 Gattungen (*Willmann* 1983a). Würde man aber die dort überlieferten Formenreihen in chronologische Arten untergliedern, wie das noch bis vor wenigen Jahren geschehen ist, käme man allein für die drei Süßwasserschnecken *Theodoxus, Melanopsis* und *Viviparus* auf 15 Spezies. Zu keinem Zeitpunkt aber existierten aus diesen Gattungen mehr als eine oder zwei Arten in diesem See. Die aus der alten Zählweise resultierende hohe Zahl böte ein völlig unrealistisches Bild des Artenreichtums, und ein sinnvoller Vergleich mit rezenten Gewässern wäre ausgeschlossen.

5.2 Separation, Fortpflanzungsisolation und die Position der Artgrenzen in der Praxis

Ein Speziationsereignis beginnt mit einer äußeren Separation der beteiligten Individuengruppen, ohne daß es zunächst zu reproduktiver Isolation kommt. In der Regel ist diese Trennung räumlicher Art, wie in jüngerer Zeit vor allem *Mayr* in zahlreichen Arbeiten erläutert hat (s. z.B. auch *Dobzhansky* 1970: 388). Die eigentliche biologische Fortpflanzungsisolation zwischen zwei Populationen wird erst eine Zeitlang nach ihrer räumlichen oder ökologischen Separation auftreten (Abb. 7).

Allerdings können wir den Zeitpunkt, wann die reproduktive Isolation erfolgt ist, an fossilen Organismen niemals ermitteln: Daß es sich bei zwei Populationen um selbständige Arten handelt, läßt sich erst nachweisen, wenn sie sympatrisch vorkommen. Aber nächstverwandte Populationen, die sich räumlich voneinander getrennt zu verschiedenen Spezies entwickelt haben, werden erst geraume Zeit nach dem Auftreten von Fortpflanzungsisolation dasselbe Areal bewohnen. Wir können also lediglich feststellen, daß die beiden Populationen im Verhältnis zueinander bereits Arten gewesen sein müssen, bevor sie sympatrisch vorkamen.

Anders verhält es sich mit Populationen, die ökologisch, nicht aber geographisch gesondert sind und sich zu eigenen Arten entwickeln. Sie finden wir auf der Fossillagerstätte **stets** sympatrisch an — und somit bereits zu einem Zeitpunkt, zu dem sie im Verhältnis zueinander noch keine Biospezies darstellten. Auch hier läßt sich der Zeitpunkt des Auftretens reproduktiver Isolation also nicht festlegen. Immerhin aber kann das Vorkommen von Zwischenformen darauf hinweisen, bis wann noch keine reproduktive Isolation bestanden hatte.

Wir werden demnach an fossilen, sich auseinanderentwickelnden Populationenfolgen die Grenzen der taxonomischen Arten in der Regel nicht in jenen Zeitpunkt legen können, mit dem absolute Fortpflanzungsisolation aufgetreten war. Es ist daher zu überlegen, welches Ereignis dann als Grenze genutzt werden kann, die jede Willkür ausschließt.

Voraussetzung für eine ungestörte Eigenentwicklung hin zu neuen Arten ist eine räumliche oder ökologische Trennung der beteiligten Populationen. Diese Trennung muß bestehen, bis sich Fortpflanzungsisolation eingestellt hat. Wenn wir den Augenblick einer solchen endgültigen äußeren Separation kennen, werden wir in der Praxis hier die Artgrenzen ziehen müssen: denn, wie gesagt, können wir an fossilen Populationen nicht den Zeitpunkt bestimmen, zu dem reproduktive Isolation aufgetreten und somit die tatsächliche Artentstehung erfolgt war. Diese Konzession an die Praxis berührt die vorstehend erläuterte Theorie über die Position der Artgrenzen nicht. Wenn wir uns ein Speziationsereignis als einfache Verzweigung vorstellen (z.B. Abb. 28), dann ist es ohne tiefgreifende Bedeutung, ob wir den „taxonomischen Verzweigungspunkt" dort legen, wo sich zwei Populationen geographisch endgültig trennen oder etwas später — im Zeitpunkt der biologischen Isolation.

McAlester (1962: 1381) ist der Meinung, daß man an Fossilien aufgrund ihrer Merkmale abschätzen könne, wann zwischen zwei direkt von einem gemeinsamen Vorfahren abstammenden Populationen reproduktive Isolation auftritt. Diese Auffassung kann ich nicht teilen. Die morphologische Divergenz spiegelt nicht direkt die genetische Verschiedenheit wider: wir können nur bei sympatrischem Vorkommen die tatsächlichen Fortpflanzungsbeziehungen ermitteln.

5.3 Chronotaxa und geographische Subspezies

Wie in den vorausgegangenen Kapiteln begründet wurde, ist eine unverzweigte evolutive Reihe nicht in einzelne Arten zu untergliedern. Es bleibt aber die Möglichkeit bestehen, in einer solchen Sequenz mehrere morphologisch kenntliche, zeitlich aufeinanderfolgende Unterarten (Chrono-Subspezies) zu unterscheiden. Freilich ist eine solche Gliederung wegen der nur subjektiv durchführbaren Grenzziehung zwischen den einzelnen Subspezies willkürlich. Natürliche Einheiten werden dabei nicht voneinander getrennt.

Im Zusammenhang mit Chrono-Subspezies ergibt sich ein besonderes Problem. Viele Arten sind in mehrere geographische Unterarten gegliedert. Eine derartige Spezies entwickelt sich im Laufe der Zeit natürlich nicht einheitlich — eher sind die Unterarten eine jede für sich einem einheitlichen Wandel unterworfen. Somit besteht eine Art kaum jemals aus einer einzigen Sequenz von Chrono-Subspezies, sondern aus einer Vielzahl solcher Sequenzen und damit aus mehreren gleichzeitig existierenden Chrono-Subspezies. Eine jede Chrono-Subspezies ist eine Transformationsstufe einer sich entwickelnden geographischen Unterart (Abb. 36a).

Es erhebt sich die Frage, ob der chronologischen oder der geographischen Unterart Vorrang in der Systematik zukommt. Beide zugleich beizubehalten, würde ein erhebliches Durcheinander bedeuten: Eine chronologische Subspezies wäre dann zugleich Teil einer geographischen Subspezies, und eine geographische Subspezies könnte aus mehreren Chrono-Taxa desselben Ranges bestehen.

Geographische Unterarten entstehen durch (innerartliche) phylogenetische Aufspaltungen. Bezüglich ihrer Grenzen im Zeitablauf sind sie damit den Arten vergleichbar. Allerdings können Unterarten einer Spezies wegen fehlender Isolationsmechanismen wieder miteinander verschmelzen, und zwischen geographischen Unterarten ist ein Genaustausch möglich. Dennoch stellen sie, wenn auch im Vergleich zu Arten mit Einschränkungen, natürliche phylogenetische Einheiten dar.

Chronologischen Transformationsstufen kommt im Gegensatz zu den geographischen Unterarten eine Bedeutung als natürliche Einheit nicht zu: Sie können nicht nur fließende Grenzen zu den synchronen chronologischen Transformationsstufen benachbarter geographischer Unterarten aufweisen, sondern sind, wie gesagt, darüber hinaus nur willkürlich in der Zeit

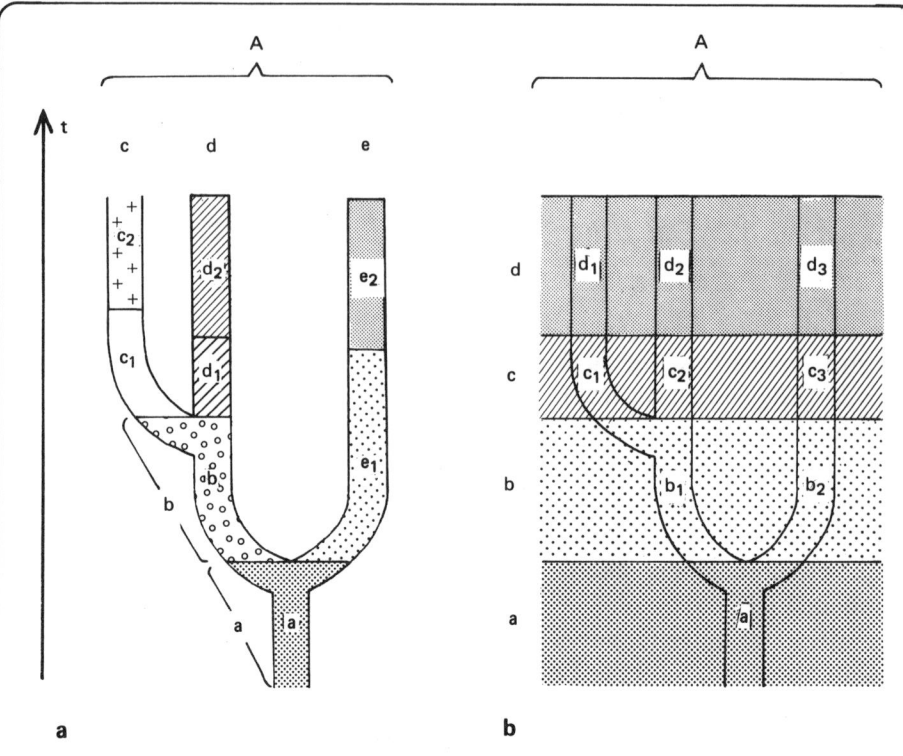

Abb. 36. Geographische und chronologische Unterarten. a. Art A zerfällt in die geographischen Subspezies a bis e. Von diesen existieren je nach gewähltem Zeitquerschnitt nur eine (ssp. a, unten) oder maximal drei (c, d, e; oben). Diese Unterarten können eine jede für sich in chronologische Taxa gegliedert werden (c_1, c_2; d_1, d_2 usw.). Ihnen kommt infrasubspezifischer Rang zu. b. Die Alternative wäre, Art A in Chrono-Subspezies (a–d) zu unterteilen und diesen die einander geographisch ersetzenden Populationen zuzuordnen ($b_1 - b_2$; $c_1 - c_3$ usw.). Diese Form der taxonomischen Gliederung ist nicht annehmbar, denn dabei würden in einer Unterart phylogenetisch (und auch morphologisch) weitgehend unabhängige Taxa vereint.

begrenzbar. Somit sind sie den geographischen Unterarten unterzuordnen: Lassen sich bei einer geographischen Unterart mehrere chronologische Transformationsstufen unterscheiden, so sind letztere als Taxa von infrasubspezifischem Rang zu führen (*Willmann* 1981: 61). Daraus folgt, daß die meisten Arten theoretisch überhaupt nicht in mehrere Chronosubspezies, sondern lediglich in mehrere chronologische Taxa von noch niedrigerem kategorialen Rang, d.h. in Infrasubspezies, gliederbar sind (Abb. 36a). In der Praxis wird sich dies allerdings nur selten bemerkbar machen, da wir geographische Unterarten fossiler Spezies nur in wenigen Fällen kennen.

Dieser Methode entgegengesetzt und, wie begründet, nicht akzeptabel wäre eine Gliederung der Arten in mehrere Chrono-Subspezies, denen die geographischen Populationen unterzuordnen wären. Dies würde bedeuten, daß eine jede solche Chrono-Subspe-

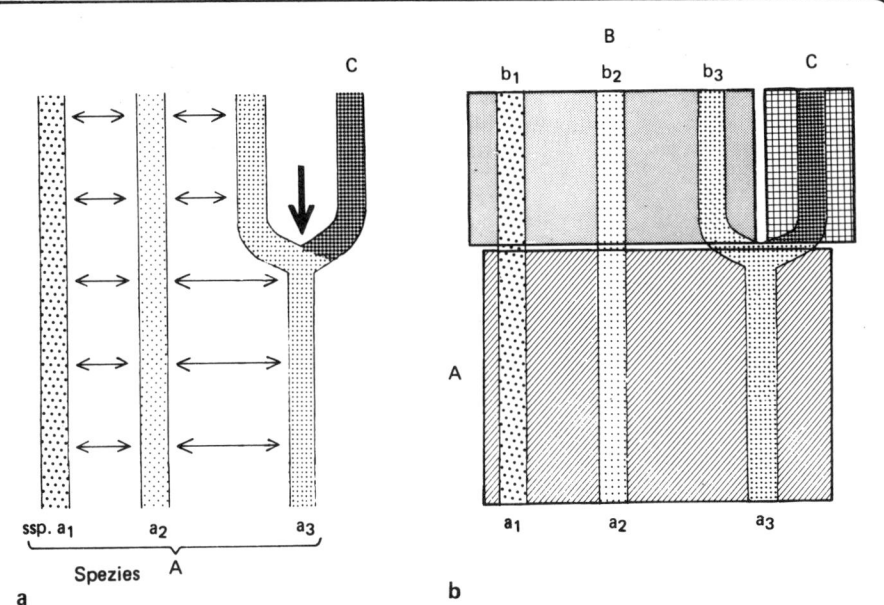

Abb. 37. Artgrenzen in unverzweigten Populationenfolgen. Aufspaltung einer aus den drei Unterarten a_1 –a_3 bestehenden Art A. Direkt von der Aufspaltung betroffen ist nur Subspezies a_3: Die aus ihr hervorgehenden Populationen werden reproduktiv voneinander isoliert (Fig. a, vertikaler Pfeil). Eine der beiden neuen Populationen bildet mit den übrigen Unterarten nach wie vor eine Fortpflanzungsgemeinschaft (waagerechte Pfeile). Mit dieser Aufspaltung sind aus einer Stammart zwei neue Tochterarten hervorgegangen. Die entsprechende Artgrenze im Zeitpunkt der Aufspaltung gilt für alle beteiligten Fortpflanzungsgemeinschaften in ihrer Gesamtheit: Die polytypische Art A und ihre Tochterarten B und C. Davon ist Art B ähnlich polytypisch wie die Stammart A. Dies führt dazu, daß die Unterarten a_1 –b_1 einerseits und a_2 –b_2 andererseits (Fig. b) verschiedenen Biospezies angehören, obwohl sie selbst an keiner Aufspaltung direkt beteiligt sind.

zies zumindest ebenso polytypisch wäre wie eine jede Biospezies im Zeitquerschnitt. Beide bestünden aus denselben sich geographisch ersetzenden Einheiten innerhalb einer Fortpflanzungsgemeinschaft (Abb. 36b). Dabei wäre die morphologische Vielfalt einer solchen Chrono-Subspezies je nach der ihr zugestandenen Existenzdauer noch dadurch erhöht, daß sich die einzelnen Populationen im Laufe der Zeit verändern könnten.

5.4   Grenzen zwischen polytypischen Arten

Bisher wurde stets davon gesprochen, daß Artgrenzen nur in phylogenetischen Aufspaltungen liegen, daß also unverzweigte Formenreihen nicht in mehrere Arten gegliedert werden dürfen. Davon gibt es jedoch eine Ausnahme. Sie steht aber nicht mit einer neuerlichen Belebung des Chronospezies-

Konzeptes in Verbindung, sondern ergibt sich aus der Gliederung von Arten in geographische Subspezies.

Zur Erläuterung müssen wir uns eine Art vorstellen, die aus mehreren geographischen Unterarten besteht. Verfolgen wir diese Unterarten in der Zeit und verändern sie sich, so bildet eine jede für sich eine unverzweigte Formenreihe.

Was geschieht nun, wenn sich eine solche Art in Tochterarten aufspaltet? Dabei wird sich eine ihrer Unterarten in zwei Populationen aufteilen, und diese beiden Populationen werden sich voneinander reproduktiv isolieren (starker Pfeil in Abb. 37a). Aber weil die übrigen Unterarten geographisch separiert sind, „merken" sie von der Aufspaltung unter Umständen nichts. Sie bleiben als evoluierende Einheit bestehen und bilden als Fossildokument nach wie vor eine unverzweigte Formenreihe (Abb. 37a links).

Mit der Aufspaltung ging das Auftreten reproduktiver Isolation einher. Daher liegt im Punkt dieser Aufspaltung eine Artgrenze. Nach dem, was wir über solche Artgrenzen gesagt haben, scheidet sie eine Stammart und deren beide Tochterarten. Die Grenze gilt also nicht nur für die sich aufspaltende Unterart a_3 und deren Tochtertaxa C und b_3 (vgl. Abb. 37b). Vielmehr trennt sie die Stammart A als Gesamtheit, d.h. mit ihren drei Subspezies a, b und c, von den Tochterarten C und B. Von diesen Tochterarten hat sich B in ihren Merkmalen von der Stammart nicht entfernt, und wie diese besteht sie aus drei Unterarten (b_{1-3}). Die separaten Unterarten, das sind die evolutiven Linien a_1-b_1 und a_2-b_2, gehören also vor und nach der Artaufspaltung zu verschiedenen biologischen Arten, obwohl sie an keiner phylogenetischen Aufspaltung direkt Anteil haben. Das hängt damit zusammen, daß die Artgrenzen zwischen jenen Einheiten liegen, die im Zeitquerschnitt geschlossene Fortpflanzungsgemeinschaften bilden, und das sind die in A enthaltenen Populationenfolgen einerseits und die in B und in C enthaltenen Populationenfolgen andererseits.

In der Praxis freilich ist es meistens schon schwierig genug, morphologisch verschiedene Populationen als die Unterarten ein und derselben Art zu erkennen. Um vieles problematischer wird es, den Zeitpunkt der Aufspaltung einer Unterart in den Evolutionsverlauf einer anderen zu projizieren.

5.5 Die Artzugehörigkeit morphologisch gleicher Individuen

Seit man in den Populationen die eigentlichen Träger des Evolutionsgeschehens sah, wurde deutlich, daß innerhalb einer phylogenetischen Reihe morphologisch gleiche Individuen verschiedenen Chrono-Taxa angehören kön-

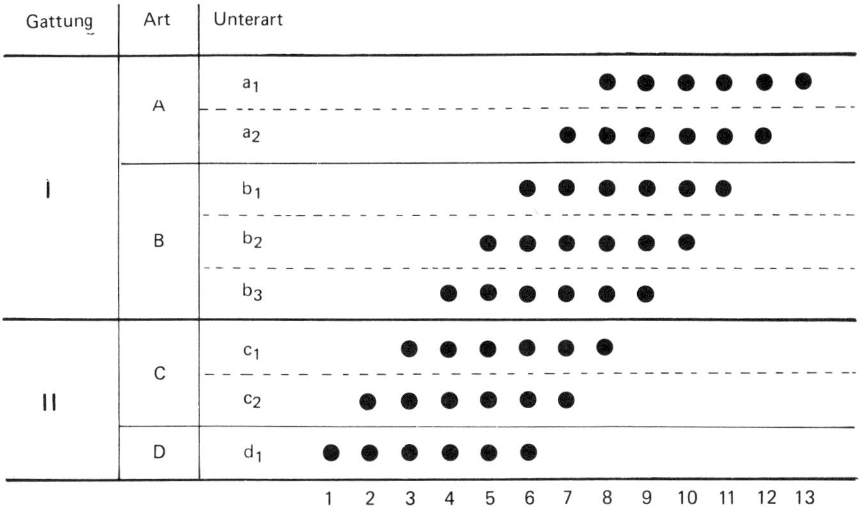

Abb. 38. Gliederung einer evoluierenden Art in mehrere chronologische Taxa (Chronogenera, Chronospezies und Chrono-Subspezies). Die einzelnen durch Punkte symbolisierten Varianten kommen in verschiedenen aufeinanderfolgenden Populationen und verschiedenen Chronotaxa vor. Variante 6 z.B. tritt in den Arten D, C und B und somit auch in den beiden chronologischen Gattungen II und I auf. Nach dem Biospezies-Konzept handelt es sich bei dieser Sequenz um eine einzige Art.

nen.[60] Der evolutive Wandel als allmähliche Verschiebung des Variationsspektrums impliziert, daß bestimmte morphologische Typen zu verschiedenen Zeitpunkten vorkommen, und zwar an unterschiedlicher Position innerhalb der Variationsbreite (Abb. 38). Zum Beispiel tritt die Variante 6 der Abb. 38 in zwei zeitlich aufeinanderfolgenden Gattungen, in drei Chronospezies (B bis D) und in sechs Chrono-Subspezies (c bis h) auf. Dabei „durchwandert" sie das Variationsspektrum in seiner gesamten Breite — von rechts außen (in der ältesten Population) nach links (oben).

Werden, wie es nach dem konsequenten Biospezies-Konzept erforderlich ist, die phylogenetischen Aufspaltungen als die Artgrenzen anerkannt, ist die gesamte in Abb. 38 dargestellte Sequenz von Populationen — da nicht verzweigt — einer einzigen Spezies zuzurechnen.

Dafür tritt nun die Situation auf, daß sich einzelne Individuen bei phylogenetischen Aufspaltungen einer bestimmten Art unter Umständen nicht mehr zuordnen lassen (Abb. 39). Wie bei der Bestimmung der Zugehörigkeit zu Chronospezies ist es notwendig, die Variabilität der Populationen zu untersuchen. — Individuen müssen also in Zusammenhang mit der Gesamtpopulation bestimmt werden. Aber auch diese Methodik garantiert keine richtige Bestimmung, wenn sich nach der Aufspaltung eine der beiden Tochterarten morphologisch nicht oder nur unbedeutend von ihrer Stamm-

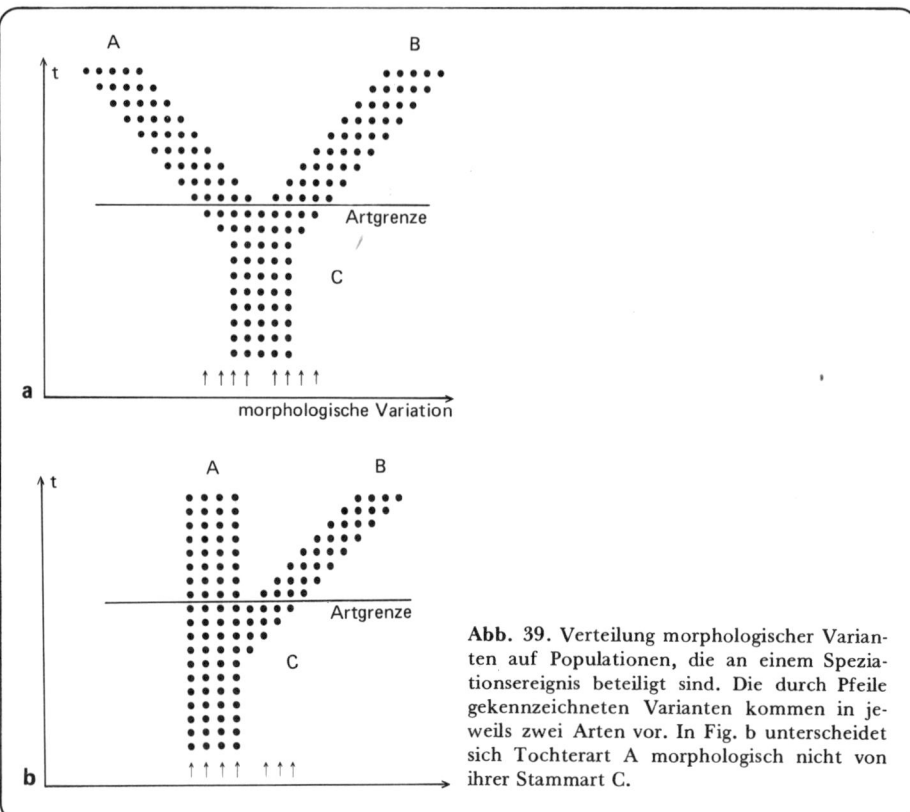

Abb. 39. Verteilung morphologischer Varianten auf Populationen, die an einem Speziationsereignis beteiligt sind. Die durch Pfeile gekennzeichneten Varianten kommen in jeweils zwei Arten vor. In Fig. b unterscheidet sich Tochterart A morphologisch nicht von ihrer Stammart C.

art entfernt hat (Abb. 39b). Dann bleibt zur Ermittlung der Artzugehörigkeit nur noch die relative Altersstellung der Populationen. − Vgl. hierzu auch den Abschnitt über das typologische und das chronologische Artkonzept (Teil 4.1) und das folgende Kapitel.

5.6 Das Biospezies-Konzept in der Praxis paläontologischer Untersuchungen

In der Einleitung hatte ich geschrieben, die vorliegende Abhandlung werde sich mit der Theorie des Artkonzeptes auseinandersetzen, und daher werde die Frage, wie wir im Einzelfall die Grenzen der Arten im Zeitablauf ermitteln können, zurückgestellt. Weil aber in nahezu allen Diskussionen, die ich im Verlauf der letzten Jahre um das Biospezies-Konzept bei fossilen Organismen geführt habe, sehr schnell auf die Praktikabilität eingegangen wurde, will ich doch einige Sätze − und wirklich nur einige Sätze − der Ermittlung der Grenzen in der Praxis widmen. Zuvor möchte ich nochmals unterstreichen, warum das Biospezies-Konzept und damit die Grenzziehung in phylogenetischen Aufspaltungen nach aller Möglichkeit Beachtung finden muß: Als Naturwissenschaft hat die Paläontologie die Aufgabe, uns die real existierenden Objekte und Systeme begreiflich zu machen. Unter allen Vergesellschaftungen von Organismen, die seit *Aristoteles* als „Art" bezeichnet wurden, sind allein Arten im Sinne des biologischen Spezieskonzeptes realobjektive, d.h. naturvorgegebene Einheiten. Nur dann, wenn sich die Paläontologie mit der Evolution, Ökologie, zeitlichen Verbreitung usw. dieser Einheiten auseinandersetzt, kommt ihren Ergebnissen ein naturwissenschaftlich relevanter Erklärungswert zu.

An den bereits erwähnten Formenreihen der Süßwassergastropoden von Kos wurde die biologische Sinnlosigkeit willkürlich in der Zeit festgelegter Artgrenzen besonders deutlich. Hier wurde der Frage nachgegangen, welche evolutive Bedeutung der morphologischen Entwicklung zukommt. Dazu war zu ermitteln, ob der morphologische bzw. der ihm zugrundeliegende genetische Wandel so weit gegangen war, daß neue, sich miteinander nicht mehr kreuzende Arten — eben Biospezies — entstanden waren. Es war klar, daß sich dies nicht aus dem Vergleich zweier in einem Abstammungsverhältnis stehender Formen erschließen ließ, auch wenn diese oft als „Arten" bezeichnet worden waren. Die früheren morphologisch begründeten Gliederungen der Formenreihen in Arten mußten somit ignoriert werden. Statt dessen mußten zwei in einer phylogenetischen Aufspaltung wurzelnde parallele Entwicklungslinien verfolgt werden, wobei es zu prüfen galt, ob zumindest ihre Endstadien im Verhältnis zueinander bereits separate Arten waren. Hätten wir die in den Formenreihen aufeinanderfolgenden Transformationsstufen weiterhin als Arten bezeichnet, wäre nie klar geworden, wann wir von reproduktiv voneinander isolierten, objektiv bestehenden Arten sprechen und wann lediglich von willkürlich gegeneinander abgegrenzten Morphospezies. Und hätten wir zwischen beiden nicht klar unterschieden, hätte sich die Frage, ob die Evolution bereits zum Entstehen neuer Arten geführt hat, überhaupt nicht wissenschaftlich beantworten lassen.

Phylogenetische Aufspaltungen ließen sich an den Süßwassergastropoden von Kos und Rhodos in mehreren Fällen nachweisen oder in ihrer Position sehr genau bestimmen. Nun mag man die dortigen Überlieferungsbedingungen als Glücksfall ansehen, doch darf nicht vergessen werden, daß solche Verzweigungen schon relativ oft erfaßt wurden — man denke nur an die im deutschen Sprachraum weithin bekannten Arbeiten von *Bettenstaedt* (1962, 1968) und *Grabert* (1959) über Kreide-Foraminiferen. Aber in diesen Fällen wurden die Grenzen der taxonomischen Arten nicht konsequent in die Gabelungspunkte gelegt. In erster Linie ist das darauf zurückzuführen, daß man sich der Objektivität dieser Grenzziehung nicht bewußt war.

Konsequenzen des Biospezies-Konzeptes
in der paläontologischen Taxonomie

Wahrscheinlich hat das biologische Artkonzept zunächst weniger Konsequenzen für die paläontologische Taxonomie, als es auf den ersten Blick scheinen mag. Die meisten fossilen Arten sind uns als in der Zeit mehr oder weniger isoliert überlieferte Individuengruppen bekannt. An deren taxonomischer Fassung ändert sich nichts. Anders verhält es sich mit kontinuierlichen phylogenetischen Reihen: Wurden sie bisher in mehrere Arten aufgegliedert, ohne daß sich eine Verzweigung erkennen ließ, so sind sie nun als eine einzige, sich in der Zeit abwandelnde Spezies zu führen. (Schon gar nicht möglich ist es, in einer unverzweigten Formenreihe mehrere Gattungen zu unterscheiden, was z.B. *Elias* 1950: 177 befürwortete.) Hierauf wurde im Zusammenhang mit den evolutiven Reihen von *Micraster* und *Neogloboquadrina* näher eingegangen.

Ich will an dieser Stelle nur ein weiteres Beispiel geben und dabei wieder auf die Süßwasserschnecken aus dem Jungtertiär von Kos zurückgreifen. Bei der Art *Theodoxus doricus* entstanden im oberen Pliozän zwei Entwicklungslinien, die einige Zeit später wieder verschmolzen. Das bedeutet, daß nach der phylogenetischen Aufspaltung, die zur Entstehung der beiden Linien geführt hatte, keine reproduktive Isolation bestand: Die Evolution hatte nicht zu separaten Biospezies geführt. Bisher aber wurden die zahlreichen *Theodoxus*-Formen von Kos wegen ihrer erheblichen morphologischen Verschiedenheit fast immer als eigene Arten angesehen. Sie sind nunmehr als Unterarten einer einzigen Art zu führen.

Ermittlung der Aufspaltungsereignisse

Wie aber stellen wir zur zeitlichen Begrenzung unserer taxonomischen Arten phylogenetische Aufspaltungen fest?

Dazu möchte ich einige Bemerkungen vorausschicken. Zum einen ist die Ermittlung einer Aufspaltung selbstverständlich nur dann möglich, wenn sie auch durch einen Merkmalswandel signalisiert wird.

Zum anderen ist die Frage nach den Artgrenzen im Zeitablauf in der Praxis nur bei Populationenfolgen — genauer: Folgen von Plethen — von Wichtigkeit. Bei zeitlich isolierten Populationen stellt sich die Frage ihrer Abgrenzung in der Zeit nicht: Die Grenzen dürften im Bereich der morphologischen Divergenz zu anderen verwandten Populationen liegen, also in jenem Bereich, der uns nicht überliefert ist. Es wäre ein großer Zufall, wenn uns eine einzelne Population genau aus der Zeit ihrer Aufspaltung vorliegt. Das ist zwar nicht ausgeschlossen; aber die Aufspaltung würde ohnehin nicht ersichtlich. Das wäre auch dann nicht der Fall, wenn wir zweigipfelige Variationskurven als Hinweis auf eine divergierende Entwicklung be-

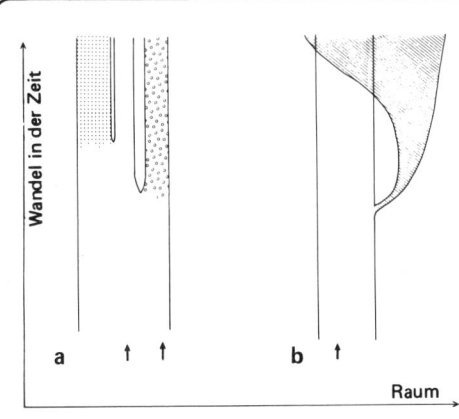

Abb. 40. Artbildung durch geographische Speziation. a. An einer einzigen Lokalität läßt sich jeweils nur eine Formenreihe nachweisen (Pfeile), nicht aber eine Aufspaltung. Der Nachweis einer Aufspaltung wird erst beim Vergleich der Populationenfolgen verschiedener Lokalitäten möglich. b. Bei sekundärer Überschneidung der Verbreitungsgebiete neuentstandener Arten ist der Nachweis einer Speziation in einem einzigen Schichtenprofil möglich, weil dann beide bei der Aufspaltung entstandenen Arten sympatrisch vorkommen.

obachten, denn dann wüßten wir noch nicht, wie weit diese Aufspaltung im Hinblick auf die Entstehung neuer Arten fortgeschritten war.

Auf einen weiteren wichtigen Punkt zur Ermittlung der phylogenetischen Aufspaltungen als Artgrenzen bin ich in Kapitel 5 bereits eingegangen: Es wurde dargelegt, daß es uns kaum jemals gelingen wird, das Eintreten reproduktiver Isolation festzustellen. Wir werden allenfalls den Zeitpunkt der endgültigen äußeren Separation ermitteln können, der der eigentlichen biologischen Isolation vorausgeht. Ich habe aber betont, daß und warum damit kein gravierender Fehler verbunden ist.

In der Regel ist ein Speziationsereignis mit einer geographischen Separation verbunden. Für die Paläontologie ergibt sich daraus die Situation, daß sich eine Aufspaltung kaum jemals in einem einzigen Schichtenprofil direkt nachweisen läßt (Abb. 40a). Fast immer werden wir in einem Profil nur **ei-ne** Formenreihe, d.h. eine einfache Verschiebung von Merkmalsspektren beobachten können. Eventuelle Verzweigungen blieben uns unbekannt, da sie nur aus dem Vergleich der Populationen verschiedener Lokalitäten ersichtlich wären. Eine Ausnahme böte die Entstehung neuer Arten über eine ökologische Sonderung an ein und demselben Ort. Dann ließen sich in nur einem Schichtenprofil zwei divergierende evolutive Reihen nachweisen. Denkbar wäre das z.B. bei einer Anpassung an das Leben in verschiedenen Tiefen im Sediment, bei Übergang vom Bodenleben zum Leben auf Pflanzen, bei Wechsel der Wirtspflanzen usw. (Divergierende Formenreihe in ein und demselben Schichtenprofil erhielte man beispielsweise aber auch bei der Entwicklung eines innerartlichen Di- oder Polymorphismus.)

Nicht selten überschneiden sich bei der geographischen Speziation die Gebiete der neuentstandenen Arten im Anschluß an die biologische Isolation. Dann können zwei nächstverwandte Arten auch im Bereich einer einzigen Profilsäule auftreten. In diesem Fall läßt sich auch ohne Untersu-

chung der geographischen Variabilität eine erfolgte phylogenetische Aufspaltung nachweisen — freilich erst im nachhinein (Abb. 40b).

Ohne größere Probleme ist eine beginnende Auseinanderentwicklung zu
erkennen, wenn sich die Populationen einer Art an mehreren Orten vergleichen lassen. Hier erhebt sich dann vor allem die Frage, ob eine örtliche
Merkmalsdivergenz eine subspezifische Gliederung oder schon eine Gliederung in mehrere Arten anzeigt. Übergänge zwischen den einzelnen geographischen Populationen sprächen für eine subspezifische Gliederung; läßt sich
sympatrisches Vorkommen nachweisen, ohne daß Zwischenformen auftreten, ist reproduktive Isolation wahrscheinlich.

Noch nicht angeschnitten wurde, wie der **Zeitpunkt** der Aufspaltung zu
ermitteln ist. Da es sich bei einem solchen Ereignis meist um eine geographische Separation handelt, können wir diesen Augenblick in nur einem
Schichtenprofil nicht feststellen. Uns muß die Möglichkeit gegeben sein,
mehrere Profile zu untersuchen, und ideal sind die Verhältnisse, wenn die
Fossilüberlieferung eine Betrachtung nahe verwandter Populationen nicht
nur im Raum, sondern an vielen Lokalitäten auch in der Zeit erlaubt.

In aller Regel aber zeigen uns die überlieferten Populationenfolgen die
Aufspaltung nicht. Oft ist ein Verfolgen der Entwicklung in der Zeit nur an
einem Ort möglich, während an anderen Lokalitäten die Fossilien aus einem
so kurzen Zeitabschnitt überliefert sind, daß hier keine Entwicklung festzustellen ist. Dann müssen wir die Transformationsstufen der Formenreihe zu
den isoliert vorliegenden Plethen („Populationen") auf andere Weise rekonstruieren:

In einer lückenlosen Formenreihe ist ein allmählicher Wandel der Merkmale zu beobachten. Zugleich läßt sich in ihr die Reihenfolge ablesen, in
der die Merkmale aufgetreten sind. In Abb. 41a ist die Abfolge solcher Veränderungen durch Quadrate symbolisiert; jedes der Quadrate 1—6 kennzeichnet ein neu hinzugetretenes, d.h. abgeleitetes Merkmal. Das ist eine Dar-
stellungsweise, wie sie in der Phylogenetischen Systematik gebräuchlich geworden ist. Wenn wir nun eine Individuengruppe B finden, die aus dieser
Formenreihe hervorgegangen sein und eine eigene Art darstellen dürfte,
dann haben wir einen Hinweis darauf, daß diese Formenreihe in Wirklichkeit verzweigt ist und damit nicht nur aus einer Art im Sinne des Biospezies-Konzeptes besteht. Zur Ermittlung der Position der Aufspaltung ist
dann festzustellen, welche der Merkmale 1—6 bei der isoliert vorliegenden
Individuengruppe B entwickelt sind. Sind die Merkmale 1—3 vorhanden,
4—6 jedoch nicht, dann muß die Aufspaltung vor Entstehung von Merkmal 4 und nach Auftreten von Merkmal 3 liegen (Abb. 41). Wenn Individuengruppe B außerdem Merkmale aufweist, die in Formenreihe A nicht
vorkommen, so haben wir einen Hinweis auf eine Eigenentwicklung von B,
die im Anschluß an das Entstehen der Merkmale 1—3 erfolgt sein muß
(Abb. 41b).[62]

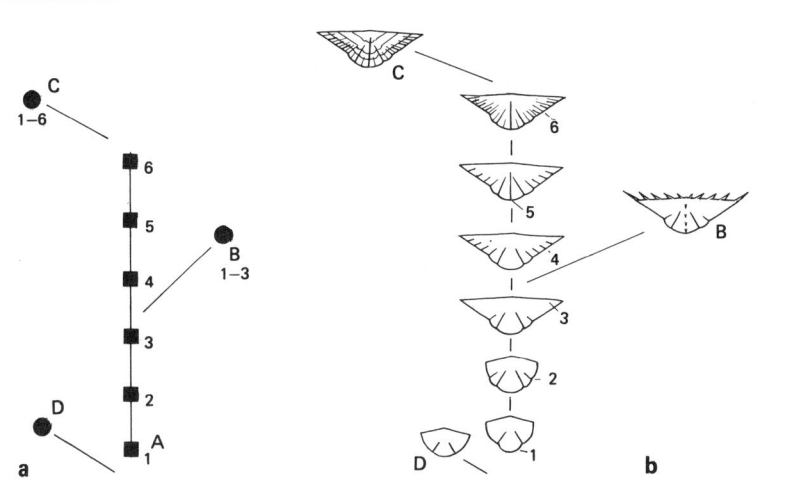

Abb. 41. Ermittlung von Artgrenzen innerhalb einer Formenreihe (A) durch Rekonstruktion der phylogenetischen Beziehungen zu nahe verwandten Arten (B–D). Art B weist Merkmale 1–3, nicht aber 4–6 auf. Eine Aufspaltung muß daher nach Entwicklung von Merkmal 3 und vor Entstehen von Merkmal 4 erfolgt sein. An dieser Stelle liegt innerhalb der Formenreihe A eine Artgrenze. Art C ist nach Entstehen der Merkmale 1 bis 6, Art D vorher entstanden. Abb. 41 b veranschaulicht dieselbe Situation an einer Formenreihe von Figuren. 1 bis 6: In der Formenreihe A auftretende Merkmale. B und C zeichnen sich darüber hinaus durch nur ihnen allein eigene abgeleitete Merkmale aus.

Überhaupt bieten erst solche eigenen (autapomorphen) Merkmale einen wirklichen Hinweis auf eine Aufspaltung. Denn ohne sie ließe sich Individuengruppe B als Glied der Formenreihe A interpretieren. Voraussetzung ist natürlich, daß das stratigraphische Vorkommen von B paßt.

Stellen wir fest, daß eine Individuengruppe (C in Abb. 41) neben eigenen Merkmalen auch die Merkmale 1–6 zeigt, dann muß es sich um Nachkommen der Formenreihe A handeln. Weist eine Individuengruppe (D in Abb. 41) keines der Merkmale 1–6 auf, muß die Aufspaltung, die zur Entstehung von D geführt hat, vor Bildung der Formenreihe A erfolgt sein. Weist D keine nur ihr eigenen Merkmale auf, kann es sich theoretisch um einen direkten Vorfahren von A handeln, wenn D zugleich älter ist als die älteste Transformationsstufe der Formenreihe A.

Schwierig wird die Situation, wenn sich von einer Folge **morphologisch gleicher** Populationen andere Populationen ableiten und wir deren Hervorgehen nicht direkt verfolgen können. Dieser Fall wird durch Abb. 42 veranschaulicht. Hier läßt sich ausschließlich aus dem zeitlichen Vorkommen der abgeleiteten Populationen auf den spätestmöglichen Zeitpunkt der Aufspaltung schließen. Liegen uns nun zwei Arten vor, die direkt auf eine solche Populationenfolge zurückgehen, dann können wir nicht ermitteln, welche von ihnen sich zuerst abgespalten hat. In diesem Fall wissen wir zwar, daß

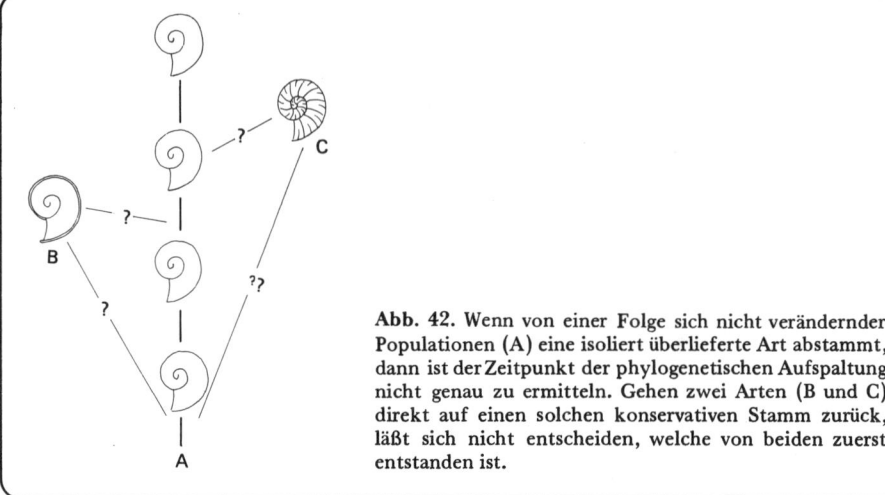

Abb. 42. Wenn von einer Folge sich nicht verändernder Populationen (A) eine isoliert überlieferte Art abstammt, dann ist der Zeitpunkt der phylogenetischen Aufspaltung nicht genau zu ermitteln. Gehen zwei Arten (B und C) direkt auf einen solchen konservativen Stamm zurück, läßt sich nicht entscheiden, welche von beiden zuerst entstanden ist.

die Reihe sich nicht wandelnder Populationen A aus mehreren Biospezies besteht, aber wir können die Lage ihrer Grenzen nicht rekonstruieren.

Ein Beispiel für eine wiederholte Entstehung von Populationen mit abgeleiteten Merkmalen aus einem sich nicht verändernden Stamm bietet die Süßwasserschnecke *Melanopsis* im Pliozän und Pleistozän der Ägäis. Hier ging innerhalb kurzer Zeit von einem glattschaligen morphologischen Typus mehrfach eine Entwicklung zu berippten und beknoteten Formen aus — mindestens zweimal im Bereich der heutigen Insel Kos und einoder zweimal im Bereich von Rhodos. Allerdings ist nicht sicher, ob zwischen den glattschaligen und den berippten Formen reproduktive Isolation bestand. Zumindest in einem Fall war eine biologische Isolation offenbar noch nicht entwickelt, denn zwischen der fortexistierenden glattschaligen *Melanopsis* und der berippten *M. orientalis* auf Rho-

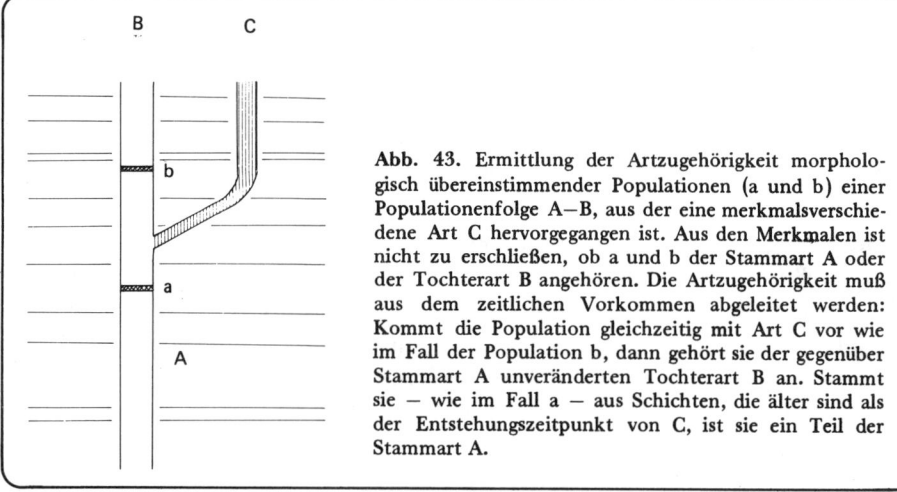

Abb. 43. Ermittlung der Artzugehörigkeit morphologisch übereinstimmender Populationen (a und b) einer Populationenfolge A—B, aus der eine merkmalsverschiedene Art C hervorgegangen ist. Aus den Merkmalen ist nicht zu erschließen, ob a und b der Stammart A oder der Tochterart B angehören. Die Artzugehörigkeit muß aus dem zeitlichen Vorkommen abgeleitet werden: Kommt die Population gleichzeitig mit Art C vor wie im Fall der Population b, dann gehört sie der gegenüber Stammart A unveränderten Tochterart B an. Stammt sie — wie im Fall a — aus Schichten, die älter sind als der Entstehungszeitpunkt von C, ist sie ein Teil der Stammart A.

dos gibt es Übergangsformen (*Willmann* 1981: 36). Allerdings ließ sich infolge der hervorragenden Fossilüberlieferung der Zeitpunkt der Aufspaltung genau ermitteln oder zumindest gut eingrenzen: Einige der berippten Formen können in kontinuierlich überlieferten Formenreihen auf die glattschaligen zurückgeführt werden.

In solchen Fällen ist der Zeitpunkt der Aufspaltung und damit die Position der Artgrenzen in der Zeit also nicht aufgrund gemeinsamer Merkmale zu ermitteln, die in der Stammform und der isoliert vorliegenden Tochterform bereits bzw. noch nicht entwickelt waren. Vielmehr ist lediglich bekannt, wann der abgeleitete Zweig spätestens entstanden ist. Dies bietet den einzigen Hinweis auf den Zeitpunkt der Abspaltung. Die Artzugehörigkeit der Populationen aus dem sich nicht verändernden „Stamm" kann daher nur aus ihrem zeitlichen Vorkommen relativ zu dem der abgeleiteten Populationen erschlossen werden. Stammen die Individuen aus einer Schicht, die vor dem Zeitpunkt der Aufspaltung gebildet wurde, handelt es sich um Vertreter der Stammart. Sind sie jünger als der Zeitpunkt der Aufspaltung, dann gehören sie jener Tochterart an, die der Stammart morphologisch gleicht (Abb. 43).

Einige Autoren glauben, die Begrenzung der Arten in phylogenetischen Aufspaltungen müsse wegen Schwierigkeiten in der Praxis abgelehnt werden (z.B. *George* 1956: 130). Dieser Einwand läßt sich in wenigen Sätzen entkräften:

1) Können wir eine Aufspaltung erfassen, dann besteht keine praktische Schwierigkeit, sie als taxonomische Grenze zu nutzen.
2) Ist keine Aufspaltung nachweisbar, dann haben wir auch keinen Hinweis auf zwei aus einer Aufspaltung resultierenden evolutiven Linien (bzw. Arten). Wir können lediglich die Existenz eines Formtaxons erkennen.

Entzieht sich eine tatsächlich vorhandene Aufspaltung unserem Nachweis, so bedeutet das nicht so sehr eine praktische Schwierigkeit bei speziell dieser Form der Grenzziehung. Vielmehr besteht das Problem des taxonomischen Auflösungsvermögens in der Paläontologie allgemein.

Wenn eine phylogenetische Aufspaltung, d.h. eine Speziation, übersehen wird, dann stimmt ein Taxon, das wir als Art bezeichnen, nicht mit dem Rahmen der natürlichen Biospezies überein. Es wird mehrere Biospezies bzw. Teile mehrerer Biospezies umfassen. Bei Zwillingsarten beispielsweise ist eine phylogenetische Aufspaltung ohne erkennbaren morphologischen Wandel erfolgt. Ein derartiges Speziationsereignis wird uns in der Paläontologie stets verborgen bleiben, und zwangsläufig fassen wir in einem solchen Fall zwei Biospezies zu einer taxonomischen Art zusammen.

Oft wird nach einer Aufspaltung eine der Tochterarten mit ihrer Stammart übereinstimmen. Wenn wir in einem solchen Fall nicht wissen, ob das uns vorliegende Material Populationen vor oder nach der Aufspaltung entstammt, dann ist uns die genaue Angabe der Art nicht möglich. Wir müssen bei der Bestimmung bemerken, daß es sich um „species a oder b" handelt. Das ist vergleichbar jener Problematik, der sich Museums-Taxonomen bei der Bearbeitung rezenter Zwillingsarten gegenübersehen.

6 Biologischer Artbegriff und Phylogenetische Systematik

6.1 Die Position der Artgrenzen

Bereits *Hennig* hat die hier diskutierte Begrenzung der Arten entwickelt, allerdings unter abweichenden Gesichtspunkten im Zusammenhang mit der Theorie der Phylogenetischen Systematik. Noch rund zwanzig Jahre nach Erscheinen seines Buches „Grundzüge einer Theorie der phylogenetischen Systematik" war *Hennig* der Auffassung, die für die Phylogenetische Systematik unabdingbare Begrenzung der Arten durch zwei Speziationsereignisse gelte stets, und dies unabhängig von einem auf eine phylogenetische Aufspaltung folgenden Wandel. Mit diesem letzteren Hinweis zielte er auf Fälle ab, in denen die Stammart einer ihrer Tochterarten gleicht. Wie in früheren Kapiteln gesagt, werden diese Arten oft zusammengefaßt; man erhält dann eine „fortlebende Stammart" (*Schlee* 1971), von der sich andere Arten abgespalten haben.[61]

Für *Hennig* ergab sich die Forderung nach der konsequenten Begrenzung der Arten in phylogenetischen Aufspaltungen aus dem letztendlichen Ziel der Phylogenetischen Systematik, und das ist das Phylogenetische System. Dieses System soll die genealogische Verwandtschaft der Organismen – d.h. die Abfolge der phylogenetischen Aufspaltungsereignisse – widerspiegeln. Das ist nur möglich, wenn es ausschließlich hierarchisch ineinandergeschachtelte Gruppenbildungen umfaßt, die aus einer Stammart und allen ihren Nachkommen bestehen. Ein Beispiel: „Wäre uns z.B. die Stammart der Vögel mit Sicherheit bekannt . . ., dann müßten wir sie zweifellos in die Gruppe ‚Aves' einordnen. Sie könnte aber keiner Teilgruppe der ‚Aves' zugewiesen werden. Vielmehr müßten wir unmißverständlich zum Ausdruck bringen, daß sie im phylogenetischen System der Gesamtheit aller Arten der Gruppe Aves gleichwertig ist" (*Hennig* 1982: 76, Abb. 44a). Würde man das nicht tun, sondern die Stammart einer Teilgruppe der Vögel zuordnen, erhielte man ein paraphyletisches Taxon (a in Abb. 44a), das aus der Stammart + einer von ihr abstammenden Teilgruppe besteht, während (mindestens) eine Teilgruppe b, die ebenfalls auf diese Stammart zurückgeht, in diesem Taxon nicht enthalten ist.

Die Bedeutung des Unterschiedes wird deutlich, wenn wir dieses Verzweigungsschema und seine taxonomische Gliederung in ein System über-

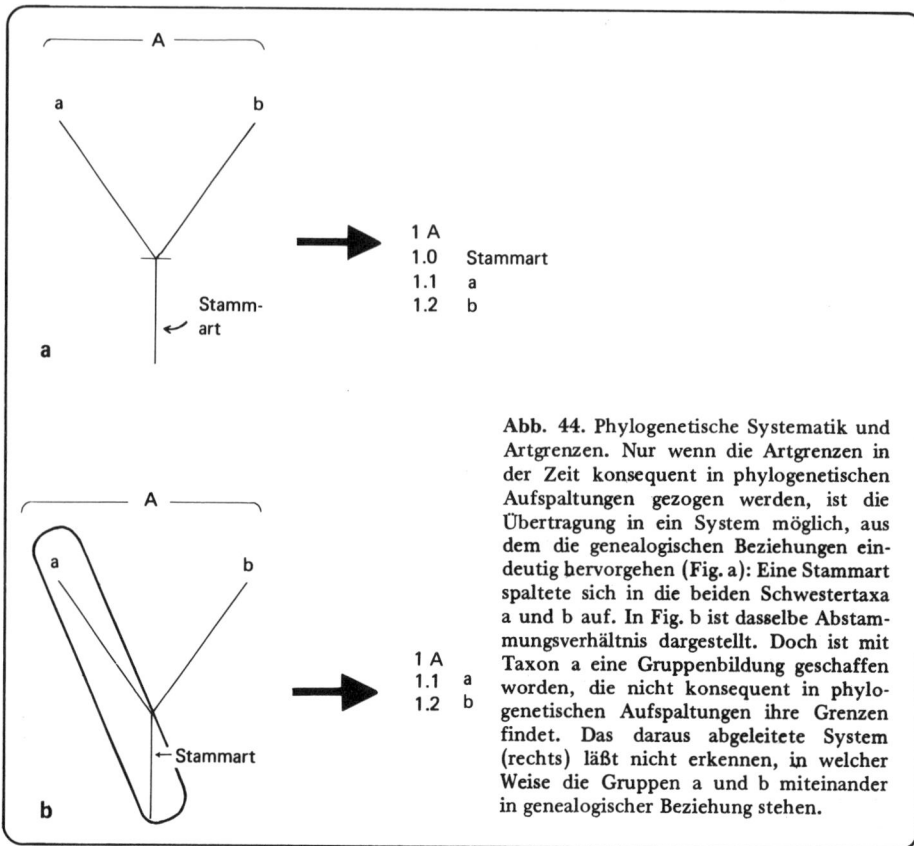

Abb. 44. Phylogenetische Systematik und Artgrenzen. Nur wenn die Artgrenzen in der Zeit konsequent in phylogenetischen Aufspaltungen gezogen werden, ist die Übertragung in ein System möglich, aus dem die genealogischen Beziehungen eindeutig hervorgehen (Fig. a): Eine Stammart spaltete sich in die beiden Schwestertaxa a und b auf. In Fig. b ist dasselbe Abstammungsverhältnis dargestellt. Doch ist mit Taxon a eine Gruppenbildung geschaffen worden, die nicht konsequent in phylogenetischen Aufspaltungen ihre Grenzen findet. Das daraus abgeleitete System (rechts) läßt nicht erkennen, in welcher Weise die Gruppen a und b miteinander in genealogischer Beziehung stehen.

tragen. Wenn wir uns darauf einigen, daß wir darin die Stammart einer monophyletischen Gruppe zuerst nennen, dann erhalten wir aus dem Schema der Abb. 44a das rechts daneben dargestellte System. Wird die Stammart mit einer ihrer Tochterarten vereinigt, resultiert das in Abb. 44b rechts dargestellte System. Aus dem ersten System sind die phylogenetischen Beziehungen klar ersichtlich: Wir haben eine übergeordnete Gruppe A und innerhalb dieser die Stammart (1.0) sowie die beiden aus ihr hervorgegangenen Tochtertaxa a und b (1.1 und 1.2). Aus dem zweiten System (Abb. 44b) sind die Verwandtschaftsbeziehungen nicht erschließbar: Wir haben innerhalb von Gruppe A die beiden Teilgruppen a und b, aber in welchem Verhältnis diese zueinander stehen, ist nicht zu ermitteln: Sie können ein Schwestergruppenpaar bilden (dieser Schluß wäre falsch, vgl. Abb. 44b links), es könnte sein, daß b aus a hervorgegangen ist (was richtig wäre), es wäre aber auch der Schluß zulässig, daß umgekehrt a aus b hervorgegangen ist. In den beiden letzten Fällen wäre darüber hinaus nicht ersichtlich, wann die eine Teilgruppe von A aus der anderen hervorgegangen ist.

Noch 1966 (: 58–59, 61, 63, 65–66, 211) hob *Hennig* hervor, daß nach der Theorie der Phylogenetischen Systematik bei einer Artaufspaltung beide Tochtertaxa als neue Arten aufzufassen seien, und dies auch dann, wenn die Generationen vor und nach der Aufspaltung eine homogene Fortpflanzungsgemeinschaft bilden würden, wenn man sie zusammenbringen könnte (: 61). Zugleich wies er darauf hin, daß der Gedanke, daß zwei morphologisch identische und in einem Abstammungsverhältnis stehende Populationen manchmal zu verschiedenen Arten gehören, viele Autoren vor große Schwierigkeiten stelle (1966: 61, 64).

In seinen letzten Lebensjahren aber wich *Hennig* von diesen Überlegungen grundsätzlich ab und sah einen Unterschied zwischen den phylogenetischen und „biologischen" Beziehungen nahe verwandter Arten. Über das Verhältnis einer Stammart zu ihren Tochterarten schrieb er in *Schlee* (1971: 28), daß zwischen Stammart und einer Tochterart „vollständige und unauflösliche ,biologische' Identität" bestehen könne. Dennoch bestünden im genealogischen Sinne Beziehungen, die auch die zweite Tochterart mit einschließen, und daraus ergebe sich als Folgerung, daß die Stammart nicht mit einer einzelnen der Tochterpopulationen identisch gesetzt werden könne. Ähnlich unterschied *Hennig* auch 1974, und vielleicht deswegen schrieb er (1974: 292), daß es letztlich ein Streit um Worte sei, ob die Stammart mit einer Aufspaltung zu existieren aufhört oder ob man einen Zweig als „fortlebende Stammart" bezeichnet.

Die Auffassung, daß dies nur ein Streit um Worte sei, ist nur möglich, wenn eine Art nicht in ihrer Beziehung zu ihrem Schwestertaxon als Spezies begriffen wird, worauf in der vorliegenden Arbeit besonderer Wert gelegt wurde. Ich weiß nicht, ob *Hennig* ursprünglich aufgrund einer ähnlichen Überlegung keinen Widerspruch zwischen „biologischem" und phylogenetischem System gesehen hatte, oder ob ihm in besonderem Maße klar war, daß das Kriterium der Fortpflanzungskontinuität im Zeitablauf keinen Sinn hat: Es ist deswegen entweder völlig gleichgültig, wo Artgrenzen gelegt werden (reines Morpho- bzw. Chronospezies-Konzept), oder man wählt die einzig objektive Gliederungsmöglichkeit: die durch phylogenetische Aufspaltungen. Mit phylogenetischen Aufspaltungen beginnt dann immer die Existenz sämtlicher Tochtertaxa einer erlöschenden Stammart. Vielleicht hat das jahrzehntelange Nicht-Verstanden-Werden *Hennig* zur Aufgabe oder zumindest zur differenzierten Betrachtung seines ursprünglichen Konzeptes geführt. Aber dieses Nicht-Verstehen beruht weitgehend darauf, daß viele Biologen nicht beachten, daß das Kriterium der Fortpflanzungsisolation nur im Zeitquerschnitt gilt. Man kann daher vor diesem Hintergrund gar nicht fragen, ob eine Population vor einer Aufspaltung „im biologischen Sinne" identisch ist mit einer nach der Aufspaltung.

Hennig (1971, 1974) hat offensichtlich nicht berücksichtigt, daß das im biologischen Artkonzept bedeutsame Kriterium der reproduktiven Isolation nicht beim Vergleich allochroner Populationen einer evolutiven Linie anzuwenden ist. Die Frage nach der „biologischen" Identität von Stammart und einer ihrer Tochterpopulationen ist überhaupt nicht beantwortbar, weil damit völlig verschiedene Bezugssysteme verquickt werden: der zeitliche Ablauf und der im Zeitquerschnitt realisierte Zustand der Fortpflanzungsgemeinschaft. Wo auch immer Artgrenzen in der Zeit gezogen werden, immer scheiden sie eine Eltern- von einer Kindgeneration; stets besteht hier eine Beziehung der Kontinuität der Generationenfolge. Wollte man aus diesem Grunde eine Grenze zwischen auseinander hervorgehenden Arten für nichtig erklären, dann dürfte man überhaupt keine Arten unterscheiden und in der Zeit voneinander abgrenzen.

Einige Ausführungen von *Peters* (1970: 29) zeigen deutlich den gedanklichen Fehler, der auftritt, wenn Zeitablauf und Zeitquerschnitt in ihrem Bezug zu Fortpflanzungsisolation nicht getrennt werden.

Peters fragt, ob die Art Haussperling aufhört zu existieren, wenn verschleppte Haussperlinge auf einer entlegenen Insel gegenüber anderen Populationen Fortpflanzungsisolation erworben hätten. Die Bejahung dieser Frage hält *Peters* für abwegig, und wer möchte ihm darin nicht folgen: Es haben sich doch wegen einiger weniger Insel-Sperlinge „unsere" Haussperlinge nicht zu einer anderen Art gewandelt. Und doch ist diese Frage zu bejahen. Die Population „Haussperling" und die Population „Inselsperling" haben sich im Verhältnis zueinander zu neuen Arten entwickelt; eine neue Beziehung der Fortpflanzungsisolation zwischen nächstverwandten Populationen ist entwickelt worden. Würden wir unter Bezugnahme auf das Biospezies-Konzept argumentieren, unsere Haussperlinge seien dieselben wie jene, die vor der Existenz der Inselsperlinge lebten, so würden wir eine Identifikation vornehmen, die im Zeitablauf nicht zulässig ist. Zum einen ist das Biospezies-Konzept nicht merkmalsbezogen (s. o.), die Gleichsetzung würde aber auf Merkmalen beruhen, zum anderen hat das Kriterium der Fortpflanzungsgemeinschaft ausschließlich im Zeitquerschnitt einen Sinn. Wir müßten formulieren: „Die Stammart von Inselsperling und heutigem Haussperling ist in ihren Merkmalen nicht vom heutigen Haussperling verschieden." Identität besteht nur im typologischen Sinn.

Zu dieser zunächst theoretischen Situation gibt es einige reale Beispiele. *Hennig* (1966, 1982: 66) erwähnt die europäische Gallmücke *Stenodiplosis geniculata Reuter* 1895, die in Neuseeland eingeschleppt wurde. Die Art befällt dort sowohl *Alopecurus* als auch seit einigen Jahrzehnten *Dactylis*. Die auf *Dactylis* vorkommenden Populationen unterscheiden sich sowohl von denen auf *Alopecurus* als auch von den europäischen Vertretern durch Fühlermerkmale („var. *dactylidis*"). Offenbar wurden diese Merkmale im Zusammenhang mit dem Wechsel der Pflanze entwickelt.

Wenn nun — was allerdings nicht sicher ist — die Form *dactylidis* eine eigene Art darstellt, dann, so *Hennig*, wäre die Art, die *Reuter* 1895 als *geni-*

culata beschrieb, „eine andere als die, die wir heute mit diesem Namen bezeichnen, obwohl die heutige Generation sich in keiner Weise von der unterscheidet, die zur Zeit *Reuter*s lebte".

6.2 Arten als monophyletische Taxa

Der Begriff „Monophylie" wird in mehreren unterschiedlichen Bedeutun-
gen benutzt. Das liegt daran, daß er lange Zeit logisch nicht klar definiert
war. Seit *Haeckel* verstand man darunter meist die Entstehung eines Taxons
aus nur einem evolutiven Zweig, in seiner präzisesten Form Entstehung aus
nur einer Stammart. Das ist die traditionelle Form von „Monophylie" (vgl.
Holmes 1980: 57). In diesem Sinne wird der Begriff monophyletisch im ersten Abschnitt von Kapitel 6.2 benutzt.

Hennig faßte diesen Begriff schärfer. Nach ihm ist ein monophyletisches
Taxon eine Gruppe, die alle Nachkommen einer einzigen Stammart und
auch die Stammart umfaßt. Damit ist eine monophyletische Gruppe eine
geschlossene Abstammungsgemeinschaft. In diesem Sinne wird der Begriff
im zweiten Teil von Kapitel 6.2 benutzt.

An einem Beispiel möchte ich den Unterschied zwischen den beiden Mo-
nophylie-Definitionen erläutern. Nach Definition 1 sind die Reptilien eine
monophyletische Gruppe, denn sie sind nach allgemeiner Auffassung aus
nur einer Stammart hervorgegangen. Nach der Definition *Hennig*s aber sind
sie nicht monophyletisch, denn die Reptilien umfassen nicht sämtliche
Nachkommen ihrer Stammart: Zu den Nachkommen dieser Art gehören
auch noch die Vögel und die Säugetiere. Sowohl nach Definition 1 als auch
nach *Hennig* eine monophyletische Gruppe sind z.B. die Vögel.

a. Monophyletische und polyphyletische Entstehung von Arten

Die Speziation als Artentstehungsprozeß bedingt normalerweise, daß Arten
monophyletisch entstehen, d.h. auf nur eine Stammart zurückgehen. Denn
in den meisten Fällen ist die Speziation eine phylogenetische Aufspaltung
im Sinne einer dichotomischen Verzweigung. Das muß nicht immer so sein;
auf S. 120 hatte ich erwähnt, daß unter bestimmten Voraussetzungen die
Entstehung neuer Arten durch Bastardierung erfolgen kann. Das Bild der
einfachen, dichotomischen Aufspaltung wird dabei verkompliziert, da in
diesem Falle zwei Stammarten drei Tochterarten hervorbringen, von denen
zwei den Stammarten gleichen (Abb. 29). Die neue Art ist also diphyletisch
entstanden.

Bonik (1981: 46—47) stellte eine interessante Überlegung an, in deren
Verlauf er die polyphyletische Entstehung von Arten aufzeigen konnte. Er

schrieb, daß ein Bastardierungsprozeß zwischen zwei Arten A und B nicht nur einmal, sondern mehrfach erfolgen könne. Das heißt, es entsteht nicht nur ein Bastard C, sondern ihm folgen weitere Bastarde C', C'' usw. Unter diesen Umständen gibt es zwei Möglichkeiten: Entweder diese Bastarde und ihre Nachkommen sind voneinander reproduktiv isoliert, dann sind aus der Kreuzung von A und B verschiedene Biospezies hervorgegangen. Oder aber die Bastarde C, C', C'' usw. bilden eine einzige Fortpflanzungsgemeinschaft und damit eine einzige Biospezies. Diese Art ist infolge der mehrfachen Entstehung ihrer Gründer im strengen Sinne nicht monophyletisch entstanden, sondern polyphyletisch. *Bonik* schließt, daß demnach eine Monophylie-Aussage eine prinzipiell unbeweisbare Behauptung sei, weil die Monophylie des genealogischen Ausgangspunktes nicht belegbar sei. — Eine ähnliche Situation hatte ich bereits bei der Diskussion der Monophylie von uniparentalen Arten geschildert.

b.

Monophyletische Gruppen im Sinne von *Hennig* sind, wie gesagt, Gruppen, die eine Stammart und alle ihre (in der Praxis: alle ihre bekannten) Nachkommen umfassen (= holophyletische Gruppen, *Ashlock* 1971). Mehrere Autoren — z.B. *Eldredge & Cracraft* 1980, *Lorenzen* 1976 und *Wiley* 1981 — sprachen auch von monophyletischen Arten, wobei der Begriff Monophylie in diesem Sinne gemeint war. *Willmann* (1983b) hat daraufhin die Frage untersucht, ob Arten überhaupt als monophyletisch sensu *Hennig* bezeichnet werden können.

Willmann legte dar, daß *Hennig* den Terminus „Monophylie" nur im Zusammenhang mit Gruppen von Arten für sinnvoll erachtete, nicht aber im Zusammenhang mit Gruppen von Populationen im Sinne einer Fortpflanzungsgemeinschaft. Der Terminus „Monophylie" steht in Beziehung zu *Gruppen* von Taxa. Daher ist er auf eine einzelne Art, wenn man diese als einheitliche Fortpflanzungsgemeinschaft auffaßt, nicht anzuwenden.

Wenn wir eine Stammart betrachten, dann wird deutlich, daß „Monophylie" in der zitierten Definition für eine Art nicht gilt, denn eine Stammart umfaßt selbstverständlich nicht auch ihre Nachkommen. Den Ausweg, als monophyletisch nun nur alle rezenten bzw. alle nachkommenlos erloschenen Arten zu bezeichnen, ist nicht akzeptabel: Schließlich sind Stammarten zur Zeit ihrer Existenz von jenen Arten biologisch nicht verschieden, und jede rezente Art ist potentiell auch eine künftige Stammart (*Willmann* 1983 b: 243).

Wohl aber läßt sich der Begriff „Monophylie" auf Gruppen von Unterarten anwenden. Dabei können natürlich auch sämtliche Unterarten einer Art eine monophyletische Einheit bilden. Betrachtet man diese Unterarten aber nicht als Kollektiv, sondern als Fortpflanzungsgemeinschaft, ist die Anwendung des Begriffes Monophylie zu verwerfen.

7 Schluß

> „Eine Hypothese darf nichts enthalten, was
> gesicherten Erfahrungen widerspricht. Z.B.
> wird man in der Biologie eine Hypothese
> dann für sinnlos erklären, wenn sie . . . den
> Prinzipien der Evolutionstheorie wider-
> spricht." (*H. Mohr* 1981: 73)

Lehman (1967) stellte die Frage, was es bedeutet, wenn Arten nicht real,
also nichts Wirkliches wären. Nach dem typologischen Artkonzept, so *Lehman*, würden reale Organismengruppen aus Individuen bestehen, die in bestimmten wesentlichen Merkmalen übereinstimmen und die von jeder anderen Gruppe deutlich und ohne Zwischenformen verschieden sind. Die Evolutionstheorie nun impliziert das allmähliche Ineinander-Übergehen verschiedener Formtypen, und daher, so *Lehman* weiter, gibt es nach ihr Arten
in diesem typologischen Sinne nicht.

Als sich zur Hoch-Zeit des typologischen Artkonzeptes die Evolutionslehre durchzusetzen begann, wurde nicht von allen Autoren der Schluß gezogen, daß Arten allgemein nicht real existieren. Immer wieder schienen die
taxonomischen Arten durchaus wirklichen Einheiten zu entsprechen. Es
galt also zu erkennen, was das Wesen dieser realen Einheiten — wenn es sie
gab — war. Mit der Formulierung des biologischen Artkonzeptes wurde dieses Ziel erreicht. Das Biospezies-Konzept ist die Formulierung einer Theorie des Wesens und der Struktur der natürlichen organismischen Art. Wenn
wir heute sagen würden, Biospezies sind keine real-objektiven Einheiten,
dann bedeutete das, daß es Einheiten, wie sie in der Verbalisierung des Biospezies-Konzeptes beschrieben werden, nicht wirklich gibt. Einer solchen
Auffassung würde sich vermutlich niemand anschließen.

Das Biospezies-Konzept muß den Unterschied zwischen Arten und den
Taxa der anderen kategorialen Niveaus herausstellen. Von diesen sind die
Unterart und die Artengruppe die nächst tiefere bzw. nächst höhere Ebene.
Da das biologische Artkonzept für alle Organismen gelten soll, muß auch
diese Verschiedenheit in allen Organismengruppen bestehen. Die herausgearbeiteten Artkriterien müssen für alle Organismengruppen gelten — so daß
letztlich jeder Biologe, der sie kennt, bei der systematisch-taxonomischen
Arbeit zur selben Gliederung käme. Das ist jene Gliederung, die der natürlichen artlichen Gliederung entspricht.

Arten im Sinne des biologischen Speziesbegriffes sind in Raum und Zeit
objektiv begrenzte Einheiten. Sie sind die kleinsten eigenständigen, durch
natürlichen Geneintrag unbeeinflußbaren Gruppen von Populationen. Im
Zeitquerschnitt sind sie voneinander reproduktiv isolierte Gruppen von Populationen. Das setzt voraus, daß Arten durch einen Artvervielfachungspro-

zeß entstehen, d.h. durch eine phylogenetische Aufspaltung – die Speziation.

Über Anfang und Ende einer Art im Zeitablauf haben wir uns in den vorangegangenen Kapiteln recht ausführlich Gedanken gemacht. Wenn eine Art
nicht nachkommenlos ausstirbt, dann endet sie, wenn sie sich in Tochterarten aufspaltet. Die Aufspaltung ist erfolgt, sobald zwischen den Populationen absolute Fortpflanzungsisolation besteht. Die Existenzdauer einer Art
ergibt sich somit aus dem zeitlichen Intervall zwischen den beiden Aufspaltungsereignissen.

Indem den Biospezies eine zeitliche Dimension zugestanden wird, wird
zugleich die Wandelbarkeit als eine wesentliche Eigenheit der Arten berücksichtigt. Früher hingegen galt die Unveränderlichkeit als Bedingung für die
Annahme, daß die Arten reale Einheiten sind.

Bei einem Speziationsereignis spaltet sich eine (Stamm-)Art auf, und die
sich verselbständigenden – zwangsläufig nächstverwandten – Populationen
entwickeln sich im Verhältnis zueinander zu eigenständigen Arten. Daraus
wurde als wesentlich am biologischen Artkonzept abgeleitet, daß reproduktive Isolation in erster Linie zwischen einer Gruppe von Populationen und
ihrer nächstverwandten ebensolchen Gruppe von Bedeutung ist. Eine Art ist
vor allem in Relation zu ihrem nächstverwandten Taxon eine Art.[63] Diese
Beziehung schließt aus, daß eine Gruppe vom elterlichen Stammtaxon ab-
zweigt, welches selbst weiterexistiert.

Damit wird es im Unterschied zur Artdefinition von *Mayr* relativ unbedeutend, daß eine Art von **beliebigen** anderen Gruppen von Populationen
reproduktiv isoliert ist. Vielmehr wird die zwischen den Populationen bestehende Beziehung genauer gefaßt. *Mayr* (1969b: 315) hatte geschrieben:
"The more distant two populations are in space and time, the more dif-
ficult it becomes to test their species status in relation to each other, but
the more irrelevant biologically this also becomes." Statt „Abstand in
Raum und Zeit" kann man auch sagen „Grad der genealogischen Verwandtschaft". Je entfernter verwandt zwei Populationen sind, desto irrelevanter
wird es in der Praxis nachzuweisen, ob sie im Verhältnis zueinander reproduktiv isolierte Arten darstellen. Das geht hin bis zur Banalität – Feldmaus
und Baumwollpflanze, um ein Beispiel von *Sokal & Crovello* (1970: 135)
aufzugreifen, sind ohne Frage reproduktiv voneinander isoliert. Von entscheidender Relevanz aber ist eine solche Feststellung bei zwei miteinander
nächstverwandten Populationen.[64]

Die Frage, ob zwei Populationen ein und derselben Art angehören, läßt
sich nicht direkt mit der morphologischen Verschiedenheit oder Identität
beantworten. Das biologische Artkonzept ist nicht merkmalsbezogen. Das
heißt aber nicht, daß wir in der Praxis der systematisch-taxonomischen Arbeit auf die Analyse von Merkmalen verzichten müßten (oder könnten)
oder daß diese auch nur in den Hintergrund zu rücken wäre. Aber Merk-

malsunterschiede und -identität sind nicht für sich zu nehmen, sie müssen biologisch ausgedeutet werden. Morphologische Übereinstimmung zweier Populationen kann allenfalls einen Hinweis auf die Artzugehörigkeit bieten. Das gilt zum einen für Populationen, die in einem Abstammungsverhältnis zueinander stehen, denn bei einem Speziationsereignis braucht sich die eine der Tochterarten von ihrer Stammart morphologisch nicht entfernt zu haben. (In diesem Fall ist für die Artzugehörigkeit entscheidend, ob das Schwestertaxon beider Populationen dasselbe ist.) Das gilt für Populationen eines Zeitquerschnittes genauso, denn bei Zwillingsarten besteht Übereinstimmung trotz spezifischer Verschiedenheit.

Arten sind also Gruppen von Populationen, die von anderen solchen Gruppen reproduktiv isoliert sind und die den Zeitraum zwischen zwei Speziationsereignissen überstreichen. Arten sind nicht Gruppen oder Abfolgen von Populationen, die ein bestimmtes Maß von Ähnlichkeit aufweisen. Die Ähnlichkeit der Populationen einer Spezies wird bestimmt durch die Geschwindigkeit des evolutiven Wandels einer Art und durch die zeitlichen Abstände, in denen Speziationen erfolgen.

Das Biospezies-Konzept führt zu einem System, dessen Elemente natürliche Einheiten sind. Jedes rein merkmalsbezogene Artkonzept führt demgegenüber zur Konstituierung willkürlicher und starrer Einheiten, und die stehen im Widerspruch zu der alle Biowissenschaften umrahmenden Evolutionstheorie.

Zum Schluß möchte ich kurz den Hintergrund des Streites um „typologische" und „biologische" Arten beleuchten. In Kapitel 2 wurde gesagt, unser Erkennen sei als Resultat der natürlichen Selektion an den Realitäten dieser Welt orientiert. Wir können also davon ausgehen, daß das, was wir wahrnehmen, tatsächlich und weitgehend in der von uns erkannten Form existiert. Unter den Organismen erkennen wir zunächst morphologische Typen, und zeitweise waren sie es, die als Art bezeichnet wurden.

Cronquist (1978: 4–5) meinte daher, das Artkonzept sei ein Volks-Konzept, und die Biologen hätten es später für ihren Gebrauch umgewandelt. Aber „im Volke" hat man wohl kaum jemals ein eigentliches Artkonzept entwickelt, d.h. eine Definition der Art ersonnen, um ihr bewußt zu folgen. „Das Volk" unterscheidet typologisch — je nach Interessenlage mehr oder weniger genau. Was in ihm als gleichwertig oder gleichrangig behandelt wird, braucht keineswegs auch biologisch gleichwertig zu sein.

Erst mit dem Bemühen, die Organismen biologisch relevant zu erfassen, d.h. erst als man das subjektive Moment in den Hintergrund rückte, um die objektiven Grenzen auszuloten, begann die Entwicklung von Artkonzepten. Historisch war dieses Bemühen an die Naturwissenschaften gekoppelt. Wenn man dabei zeitweilig zu dem Ergebnis kam, Arten seien keine Realitäten, sondern Konstruktionen des menschlichen Geistes, ändert das an der Zielsetzung dieses Bemühens nichts; das zu lösende Problem wurde lediglich anders als heute beantwortet.

Warum nun haben wir jahrtausendelang Typen unterschieden, und nicht dort, wo typologische und artliche Grenzen divergieren, sofort die Gliederung in Arten erkannt?

Die Antwort liegt auf der Hand. Es lag weniger daran, daß die Menschen die sie umgebende Flora und Fauna nicht genau genug kannten, sondern daß sie eben nur die sie umgebende Flora und Fauna kannten. Unsere Erkenntnisfähigkeit als Resultat der Evolution ist vor allem eine Erkenntnisfähigkeit des einzelnen Individuums. **Ihm** bot diese Erkenntnisfähigkeit einen Vorteil — und das Individuum lebt nahezu nicht-dimensioniert in Raum und Zeit. Betrachten wir die Arten an einer bestimmten Lokalität und aus einem bestimmten Zeitquerschnitt, dann erscheinen sie in der Tat als „Formtypen".

Nur dank kultureller Errungenschaften wurden wir befähigt, so rasch den Ort zu wechseln, daß wir Organismen aus weit voneinander entfernten Lokalitäten erreichen können — ohne dies würden wir kaum mit dem Problem der geographischen Variabilität (und damit der Grenze unseres Typendenkens) konfrontiert. Und nur dank einer hochentwickelten Wissenschaft nehmen wir wahr, daß Arten sich wandelnde Einheiten darstellen. Ohne sie wären wir in unseren Betrachtungen auf einen Zeitraum fixiert, der geo- und biohistorisch so kurz ist, daß Arten unveränderlich erscheinen.

Unsere Erkenntnisfähigkeit ist von Natur aus nur für unser in Raum und Zeit so beschränktes Dasein angelegt. Am Menschen als Teil der Natur bzw. an seinen noch mehr in der Natur verwurzelten Vorfahren hat die Selektion seine Befähigung zum Erkennen entwickelt und nicht an einer kulturell hochstehenden Art. Für den Menschen in seiner natürlichen Umgebung, von der er abhängig war, mußte seine Erkenntnisbefähigung von Nutzen sein, und dies auch nur für die kurze Zeit seines Lebens. „In die Wiege gelegt" ist ihm daher das — wie *Mayr* es nannte — nichtdimensionale Artkonzept.

Diese naturbedingte Beschränkung sollte nach der Etablierung der Selektionstheorie als überwunden gelten. Sie zeigt uns die Arten nicht in ihrer Gesamtheit. Wenn ein solcher Fortschritt in theoretischen Erörterungen auch weitgehend besteht, so wird doch immer noch aus Erwägungen der praktischen Handhabung zur Typologie und damit in einen — im heutigen naturwissenschaftlichen Sinne — theoriefreien Raum außerhalb der Evolutionslehre zurückgekehrt. Ich glaube nicht, daß damit unserem Verständnis vom Leben auf der Erde und dem Verständnis seiner Geschichte gedient ist.

8 Anhang

8.1 Anmerkungen

[1] *Mayr* (1982a: 251)

[2] Real-objektiv bedeutet soviel wie wirklich und im Zusammenhang mit biologischen Objekten soviel wie naturvorgegeben oder natürlich. Der Gegensatz wäre willkürlich bzw. subjektiv bestimmt. — Im Hypothetischen Realismus wird angenommen, daß es eine reale Welt mit bestimmten Strukturen gibt. Mit Hypothesen versuchen wir, uns die Welt begreifbar zu machen, zu erklären. Daß ein bestimmtes Objekt oder System real-objektiv ist, ist letztendlich aber nicht beweisbar — eine solche Aussage verbalisiert immer eine Annahme. Daher ist bei allen für real-objektiv angesehenen Dingen genau genommen zu formulieren, daß es sich um *hypothetisch* real-objektive Dinge handelt.

[3] Über ähnliche Beobachtungen berichtete z.B. auch *Diamond* 1966.

[4] "The species problem is the oldest in biology." (*Dobzhansky* 1972: 664).

[5] Übrigens führte die Anzahl der bekanntwerdenden Arten zu einigen frühen, aber kaum beachteten entwicklungsgeschichtlichen Äußerungen. So vermutete *W. Raleigh*, daß sich die Tiere der Neuen Welt aus denen der Alten entwickelt haben müßten, denn nur die Arten der Alten Welt hätten in der Arche Noah Platz finden können. Etwa 40 Jahre später, 1685, meinte *M. Hale*, die Arche hätte nicht einmal diese Arten aufnehmen können. Noah habe lediglich einige wenige Arten gerettet, die Urformen der heutigen Tiergestalten. Nur sie seien in der Form geschaffen worden, wie wir sie heute sehen (vgl. *Wendt* 1965: 79).

[6] Zugleich begann man die Erfahrungen an Arten zu nutzen, um die organische Natur von rezent unbekannten Formen von Fossilien zu beweisen. *J.J. Baier* (1708: 66—67) legte dar, daß die Ammoniten keine Spielereien der Natur, sondern versteinerte Schaltiere seien, weil (1) „das Kennzeichen nicht nur für das ganze Geschlecht, sondern auch für die einzelnen Arten zuverlässig und konstant ist, so daß, wenn von einer Art sogar tausend Individuen gefunden werden sollten, keines dieser Kennzeichen völlig bar ist. (2) Weil nicht nur das Vorhandensein der Schale, sondern auch die ihr zukommende Farbe bei mehreren Einzelwesen der gleichen Art nachgewiesen werden kann, wenn sie auch im Innern bald der, bald jener Stoff ausgefüllt haben sollte. . . (4) Schließlich kommt noch hinzu, daß . . . hinsichtlich der Altersstufen . . . verschiedene Größen, vom kleinsten bis zum größten, gefunden werden, so daß es bei einigen Arten möglich ist, stufenweise, gleichsam vom Ei an, über immer größere Einzelwesen bis zur höchsten Größe emporzusteigen" (*Baier* deutete Ooide bzw. Rogenstein als Ammoniten-Eier).

[7] Einige lamarckistische Überlegungen *Cuviers* zu einem Artwandel bei Meerestieren fanden kaum Beachtung; vgl. *Tschulok* 1922:5, *Hölder* 1960: 378.

[8] Dort, wo *Kant* das „gewagte Abenteuer der Vernunft" auf sich nimmt und entwicklungsgeschichtliche Überlegungen weiterverfolgt, erinnern seine Erörterungen an manche Passagen in *Leibniz'* „Neuen Abhandlungen über den menschlichen Verstand" (geschrieben 1705, gedruckt 1735). Darin heißt es: „Vielleicht sind oder waren die Thierarten zu irgend einer Zeit oder an irgend einem Ort des Universums der Veränderung mehr unterworfen, als sie es gegenwärtig unter uns sind oder künftig sein werden. Manche Thiere, die etwas von der Katze haben, wie der Löwe, der Tiger und der Luchs, könnten von einer Race gewesen sein" (S. 333). *Kant* widersprach dem. „Diese Vorsorge der Natur", schrieb er, „ihr Geschöpf . . . auf allerlei künftige Umstände auszurüsten, damit es sich erhalten, und der Verschiedenheit des Klimas oder des Bodens angemessen sei, . . . bringt . . ., dem Scheine nach, neue Arten her-

vor, welche nichts anders, als Abartungen und Rassen von derselben Gattung sind"
(1775: 17—18).

(Der Begriff „Rasse" bezeichnet nach *Kant* (1785:75) den erblichen Klassenunterschied der Tiere eines und desselben Stammes.)

[9] *Buffons* Beschreibung der Art: Nachdem er auf verschiedene Möglichkeiten der Artunterscheidung bei Pflanzen und Tieren hingewiesen hatte, fuhr er fort (1749 Bd. 2: 10—11): „D'ailleurs il y a encore un avantage pour reconnoître les espèces d'animaux & pour les distinguer les unes des autres, c'est qu'on doit regarder comme la même espèce celle qui, au moyen de la copulation, se perpétue & conserve la similitude de cette espèce, & comme des espèces différentes celles qui, par les mêmes moyens, ne peuvent rien produire ensemble; de sorte qu'un renard sera une espèce différente d'un chien, si en effet par la copulation d'un mâle & d'une femelle de ces deux espèces il ne résulte rien, & quand même il en résulteroit un animal mi-parti, une espèce de mulet, comme ce mulet ne produiroit rien, cela suffiroit pour établir que le renard & le chien ne seroient pas de la même espèce . . . Dans les plantes on n'a pas le même avantage . . ." (Vgl. auch *Farber* 1972 und *Mayr* 1968: 164).

[10] "I was so struck with the distribution of the Galapagos organisms, etc., and with the character of the American fossil mammifers, etc., that I determined to collect blindly every sort of fact which could bear any way on what are species. I have read heaps of agricultural and horticultural books, and have never ceased collecting facts. At last gleams of light have come, and I am almost convinced (quite contrary to the opinion I started with) that species ar not (it is like confessing a murder) immutable" (in *F. Darwin* 1903: 40—41).

[11] Bezüglich der höheren Kategorien (Gattungen, Familien, Ordnungen, Klassen usw.) kam dieser Streit erst nach Entwicklung der Phylogenetischen Systematik durch *Hennig* zum Abschluß. Danach sind Taxa diesen Ranges dann natürlich, wenn sie monophyletische Einheiten bilden: Gruppen, die eine Stammart und alle ihre Nachkommen enthalten („geschlossene Abstammungsgemeinschaften", Monophylie sensu *Hennig*).

[12] Weil sich in der Praxis Art und Varietät oft nicht ohne weiteres unterscheiden ließen, meinte *Kottler* (1978: 293—294), daß sich manche Passagen bezüglich der weitgehenden Übereinstimmung von Arten und Varietäten im "Origin" hierauf beziehen. Demnach würden deartige Äußerungen also nicht belegen, daß *Darwin* selbst an die Künstlichkeit von Arten glaubte.

[13] "I have just been comparing definitions of species . . . It is really laughable to see what different ideas are prominent in various naturalists' minds, when they speak of "species"; in some, resemblance is everything and descent of little weight — in some, resemblance seems to go for nothing, and Creation the reigning idea — in some, descent is the key, — in some, sterility an unfailing test, with others it is not worth a farthing. It all comes, I believe, from trying to define the undefinable" (*F. Darwin* 1887 Vol. 2: 88).

[14] Im Rahmen paläontologischer Untersuchungen diskutierte nur wenige Jahre später *M. Neumayr* (1875, in *Neumayr & Paul*) am Beispiel endemischer Süßwassergastropoden aus dem Tertiär Jugoslawiens mehrere Fälle allopatrischer Artbildung.

[15] Zum Beispiel *Dobzhansky* 1937: 419, 1958: 39, *Mayr* 1942: 281, 1967: 29, 35, *Hennig* 1950: z.B. 284, *Herre* 1961: 7, 1964: 407, *Lehman* 1967, *Remane* 1968: 35, *Peters* 1970: 14—15, *White* 1978: 2, *Wiley* 1981: 23; unter Botanikern z.B. *Löve* 1960, 1962, 1964, *Beaudry* 1960: 225, *Baker* 1970: 54, *Bremer & Wanntorp* 1979: 222.

[16] *Dacqué* 1921: 198, *Kuhn-Schnyder* 1948: 391, *Newell* 1947: 167, *Simpson* 1951: 287—288, 1961: 115, *Sylvester-Bradley* 1956: 4—5, *McAlester* 1962 und andere. *Hayami & Ozawa* (1975: 2) schrieben, das biologische Artkonzept sei inzwischen generell akzeptiert, und meinten damit auch die Paläontologen. Für die Biostratigraphen allerdings gilt das ihnen zufolge nicht.

[17] Einen modern anmutenden Beitrag bezüglich der Diskussion um die Realität der Art

leistete vor fast 100 Jahren *Brauer* (1885). Er schrieb (S. 240–242), „die Aufstellung von systematischen Kategorien (Taxa, Anm. des Verf.) und deren Abgrenzung ist nicht nur zum Erkennen und Bestimmen der Thier- und Pflanzenformen ein Postulat, sondern sie gewährt auch eine Einsicht in die Entwicklung des entsprechenden Reiches durch Abstammung. . . . Im Sinne der Descendenztheorie sind die systematischen Kategorien nicht blosse willkürliche Abstractionen des menschlichen Geistes. . . ,Die Art setzt sich aus Individuen zusammen und bildet (nach *Claus*, Zoolog. p. 129) einen auf eine Zeitperiode beschränkten Formenkreis', sie ist daher wirklich vorhanden, trotz ihrer nebenherschreitenden langsamen . . . Variationen. Die Art ist für einen Zeitraum objectiv. Wäre die Art nicht vorhanden, so wäre es überflüssig, über deren Entstehung nachzudenken. . . Wäre die Art nicht objectiv, so könnte man nicht begreifen, warum so viele ähnliche Arten nur ausnahmsweise und sehr entfernt stehende Arten sich niemals vermischen. . . Die Art ist aber nichts für alle Zeiten Unveränderliches . . ., sondern sie entsteht eben und vergeht in unbestimmter Zeit. Entstehen und Vergehen sind aber die Grenzen des zeitlich Existierenden."

[18] *Van Valen* (1976) ist der Meinung, daß der Begriff „biologisches Artkonzept", wie *Mayr* ihn versteht, unglücklich gewählt sei (vgl. auch *Simpson* 1961: 150), weil dieser Ausdruck ursprünglich eine allgemeinere Bedeutung habe. Ähnlich wies *Sucker* (1978: 24) nicht ganz zu Unrecht darauf hin, daß der Terminus „biologischer Artbegriff" problematisch ist, weil damit unterstellt wird, daß alle anderen bisher entwickelten Artbegriffe „nichtbiologisch" seien. *Van Valen* möchte die Bezeichnung „biologisches Artkonzept" daher durch „reproduktives Artkonzept" ersetzen.
Nun ist *Mayrs* Ausdruck im Zusammenhang mit der zitierten Art-Definition allgemein bekannt. Außerdem bin ich der Meinung, daß nur Arten im Sinne des „biologischen" Spezies-Konzeptes jene natürlichen Einheiten sind, auf die der Begriff „Art" in den Biowissenschaften Anwendung finden sollte (zu uniparentalen Organismen s. Kapitel 3.3). Dies rechtfertigt durchaus die Verwendung von *Mayrs* allgemein gehaltener Bezeichnung.

[19] Ein Artkonzept, das derartige Fälle einschließt, entspricht dem Kommiskuum von *Danser* 1929a, 1929b.

[20] Kürzlich hat auch *Ehrendorfer* (1983, Vortrag „Artbegriff und Artbildung in botanischer Sicht" auf dem Berliner Phylogenie-Symposion, Abdruck vorgesehen in Z. zool. Syst. Evolut.-forsch. 22 (3), 1984) darauf hingewiesen, daß die Arten ganzer Untergattungen etwa von *Quercus* nicht reproduktiv voneinander isoliert seien. *Ehrendorfer* führte aus, daß eine solche Untergattung somit als Gesamtheit der zoologischen Biospezies äquivalent sei. Es sei aber abwegig, eine solche Fortpflanzungsgemeinschaft in der Botanik nur im Range einer Art zu führen. Seiner Auffassung nach sollten nur taxonomische Arten anerkannt werden. Dabei sei die Kategorie Art „entsprechend dem jeweiligen Bedürfnis der Systematik" auf solche kleinsten, durch exogene oder endogene Isolationsfaktoren getrennte Einheiten zu beschränken, wie sie sich in der Praxis bewähren.

[21] Im Sinne von *Grant* (1957: 67) ist ein Syngameon "the sum total of species or semi-species linked by frequent or occasional hybridization in nature; a hybridizing group of species; the most inclusive interbreeding population".

[22] Vergleiche auch *Haeckel* 1866 (1906: 407): „Es existieren keine morphologischen Eigentümlichkeiten, welche die Spezies von den anderen Gruppenstufen des Systems (Varietäten, Genera etc.) durchgreifend unterscheiden."

[23] Zu den Problemen bei der Entscheidung, ob eine Gruppe rezenter Populationen einer oder mehreren Biospezies angehört, äußerten sich kritisch und recht ausführlich *Sokal & Crovello* 1970. Zu beachten ist aber, daß das praxisbezogene Problem des Erkennens einzelner Biospezies in einer völlig anderen Ebene liegt als die Erkenntnis ihrer Realität (siehe u.a. *Simpson* 1961: 150–151). Der Kritik am biologischen Artbegriff seitens der Vertreter einer phänetischen Klassifikation begegneten ausführlich unter anderen *Hull* 1970: 42–49 und *White* 1978: 2–5.

[24] Ein Taxon einer höheren systematischen Kategorie kann einer natürlichen Gruppe

entsprechen, wenn es in dem Versuch umgrenzt wurde, eine monophyletische Einheit sensu *Hennig* zu erfassen (*Bremer & Wanntorp* 1978: 328, *Løvtrup* 1979: 390, *Wiley* 1981: 77; s. auch Anmerkung 11).

[25] Eine Übersicht der Formen der Speziation veröffentlichten vor einigen Jahren *Bush* (1975) und in abweichender Einteilung, die nicht nur die Geographie der Artbildung berücksichtigt, *White* (1978). Vgl. auch *Futuyma & Mayer* (1980).

[26] Ein offenbar verbreiteter Irrtum unterlief kürzlich *Fåhraeus* (1982: 2). Er identifizierte sympatrische Speziation (Abb. 11c) mit Artumwandlung (Abb. 11d). Daß sich bei sympatrischer Artbildung die Tochterart im Gebiet der Stammart entwickelt, entspricht nach ihm dem Evolutionsmodell des „phyletic gradualism". Das aber ist die Artumwandlung, bei der es nicht zu einer Aufspaltung, d.h. zu einer Speziation, kommt. Das Besondere an der sympatrischen Artbildung ist, daß sich im Verbreitungsgebiet einer Art diese in zwei Arten aufspaltet. Nach dem Modell des phyletischen Gradualismus erfolgt nur ein allmählicher Wandel (vgl. *Eldredge & Gould* 1972: 89, *Hecht* in *Hecht* et al. 1974). Ganz im Gegensatz zu *Fåhraeus* schrieben denn auch *Gould & Eldredge* (1977: 117), daß auch für die sympatrische Speziation das Evolutionsmodell der „punctuated equilibria" gelte, das dem phyletischen Gradualismus gegenübergestellt wird und auf der Aufspaltung evolutiver Linien beruht.

[27] Vergleiche zu den verschiedenen Modi der Artbildung insbesondere die Arbeiten von *Bush* 1975, *Key* 1981, *Mayr* 1967, 1982b.

[28] In dieser Weise äußerten sich beispielsweise *Beaudry* 1960: 223, *Dobzhansky* 1935: 355, 1937b: 280, 285, 1958, 1972, *Bonde* 1977: 755, *V. Grant* 1957: 61, 1976: 24, 36, 1977: 171, *W. Grant* 1960: 257, *Génermont* 1980: 312, *Mayr* 1968: 164, *Schindewolf* 1962: 65, *White* 1978: 2 und unter Betonung etwas abweichender Kriterien *Hull* 1980: 328.

[29] *Dobzhansky* 1972 bezeichnete sie als „Pseudospecies".

[30] Zu bestehen scheint: Wie in Abschnitt 3.4 noch ausgeführt wird, handelt es sich dabei um eine ganz anders zu beschreibende Beziehung: So wie zwischen den gleichgeschlechtlichen Individuen einer biparentalen Art keine Fortpflanzungsisolation besteht (schließlich bildet ja die Art als Gesamtheit eine Fortpflanzungsgemeinschaft, die Wahl des Terminus Fortpflanzungsisolation ist in diesem Zusammenhang unsinnig), genauso kann man nicht sagen, daß zwischen den Individuen einer uniparentalen Spezies wirkliche reproduktive Isolation besteht.

[31] In der Regel, vielleicht sogar in allen bekannten Fällen, erfolgt eine Rückkehr zu biparentaler Fortpflanzung nur bei Individuengruppen, innerhalb derer es noch nicht zu reproduktiver Isolation gekommen war. Vergleiche hierzu *Cain* (1959: 138): Parthenogenese tritt anfangs nur bei wenigen Individuen einer Population auf. Die genetische Grundlage ist in diesem Frühstadium noch sehr einfach, so daß leicht eine Rückkehr zu biparentaler Fortpflanzung möglich ist.

[32] Die Phylogenetische Systematik im Sinne *Hennig*s umfaßt zwei Arbeitsschritte: Rekonstruktion der phylogenetischen Verwandtschaft und Errichtung des auf diesen Verwandtschaftsbeziehungen basierenden phylogenetischen Systems. In diesem System sind nur monophyletische Gruppenbildungen berechtigt (vgl. Anmerkung 11). Solche Gruppen lassen sich durch abgeleitete (apomorphe) Merkmale erkennen, d.h. durch jene Merkmale, die mit Entstehen der betreffenden Gruppe in ihrer Stammart aufgetreten sind und daher diese Stammart und ihre Nachkommen kennzeichnen. In der Praxis bestehen mehrere Schwierigkeiten. Erstens ist oft nicht sicher, ob ein als abgeleitet angesehenes Merkmal tatsächlich abgeleitet und nicht von früheren Vorfahren übernommen ist. Zweitens muß konvergente Entstehung ausgeschlossen sein, und drittens können bei manchen Nachkommen diese Merkmale so stark umgewandelt sein, daß wir sie nicht mehr als Homologa des Ausgangszustandes erkennen, sondern eine unabhängige Entstehung annehmen. Letzteres würde dazu führen, daß wir einige Nachkommen einer bestimmten Stammart irrtümlich nicht als ihre Descendenten ansehen.

[33] Unterarten von Agamospezies werden gelegentlich als „Aposubspecies" bezeichnet

(*Doll* 1974). – *Doll* (1974: 167) bezeichnet die apomiktischen Arten höherer Pflanzen nicht als uniparentale Spezies, da bei allen bekannten Apomikten noch immer beide Geschlechter an der gleichen Pflanze entwickelt sind, auch wenn sie nur matroklin vererben. Da ich in dieser – somit einelterlichen – Form der Vererbung das entscheidende Kriterium sehe, benutze ich den Begriff „uniparentale Art" als Synonym von apomiktischer Art.

[34] Mittlerweile sehen einige Autoren Anzeichen dafür, daß das Auftreten reproduktiver Isolation auch durch genetische Veränderungen bewirkt werden könne, die nichtadaptiv sind (*Carson* 1971, *Dobzhansky* 1972, seitdem zahlreiche weitere Autoren). *Carson* diskutierte diese Möglichkeit im Zusammenhang mit der Entstehung neuer Arten nach dem Gründer-Prinzip. In einem solchen Fall wird eine der Tochterarten einer Stammart durch nur wenige Individuen begründet, im Extremfall durch nur ein befruchtetes Weibchen. *Carson* nimmt an, daß dies bei der Entwicklung der Drosophiliden auf Hawaii und Nachbarinseln eine große Rolle gespielt habe. Hier trat seiner Ansicht nach in der Zeit nach der Populationsgründung als Beiprodukt einer genetischen Rekonstituierung reproduktive Isolation auf, während ein Selektionsdruck auf den geologisch jungen, biologisch weitgehend unbesetzten Inseln kaum herrschte. *Carson* (1971: 68): "The key genetic shifts leading to the crucial species differences may be non-adaptive. I suggest that they may precede, in time, an adaptive phase wherein a large genetically variable population is exposed to the usual . . . forces of natural selection."

[35] Wie wenig verbreitet das Populationsdenken in der ersten Hälfte des 20. Jahrhunderts war, zeigt eine Anmerkung von *Mayr* (1980a: 29). Er berichtet, er habe *Goldschmidt* einmal gefragt, wie die Population, in der ein "hopeful monster" auftritt, wohl darauf reagieren würde. Nach einer beträchtlichen Pause habe *Goldschmidt* geantwortet: „Darüber habe ich in dieser Weise nie nachgedacht."

[36] Nicht nur bei der Entwicklung des Biospezies-Konzeptes hatte die Paläontologie es jahrzehntelang versäumt, am Theoriengebäude der Biowissenschaften wesentlich mitzuwirken. Bitter klingen die diesbezüglichen Äußerungen von *Weller* (1960: 1017): "Most paleontology", schrieb er, "still is descriptive and much of this shows little advance over the work of earlier investigators except that it is more detailed and precise. The continued accumulation of factual data is essential for the advancement of paleontologic knowledge but it does not necessarily increase the understanding of paleontology greatly as a branch of biologic science . . . Invertebrate paleontologists . . . have been especially backward in the understanding and application of modern biologic principles to their work and, in a scientific sense, many of them have fallen far behind biologists. Much of the systematic work in all branches of paleontology is highly speculative, largely morphologic, and does little more than reflect individual opinions regarding the more obvious biologic relationships."

[37] Daß verschiedene, gut unterscheidbare Formen plötzlich auftauchen bzw. von anderen abgelöst werden, obwohl sie alle zu einer Art gehören, gibt es allerdings auch, und zwar bei diskontinuierlicher Variation. In einem solchen Fall sind Zwischenformen selten oder fehlen ganz; bei der kontinuierlichen Variation hingegen sind die Unterschiede zwischen den Individuen einer Art stufenlos. Die umseitige Abbildung 45 verdeutlicht die bei diskontinuierlicher Variation gegebene Situation am Beispiel der Verdoppelung von Skulpturelementen (vgl. auch *Hayami & Ozawa* 1975 Fig. 2). Möglicherweise beruht der in Abschnitt 4.2 erwähnte Fall des Vorhandenseins oder Fehlens einer Knotenreihe auf den Windungsflanken bei *Kosmoceras* (Ammonoidea) auf diskontinuierlicher Variation. Üblicherweise werden diese Morphen als verschiedene Arten angesehen. Ein zweites fossiles Beispiel dürfte die plio-pleistozäne Kleinschnecke *Valvata heidemariae* sein, bei der Individuen mit und ohne einem Spiralkiel vorkommen. Ursprünglich wurden diese Formen als verschiedene Unterarten aufgefaßt (*Willmann* 1981). Ein bekannter Fall ist der Industriemelanismus beim Birkenspanner *Biston betularia*.

[38] Vergleiche hierzu z.B. die Ausführungen von *Westoll* 1956, *Newell* 1956 oder *Trümper* 1965.

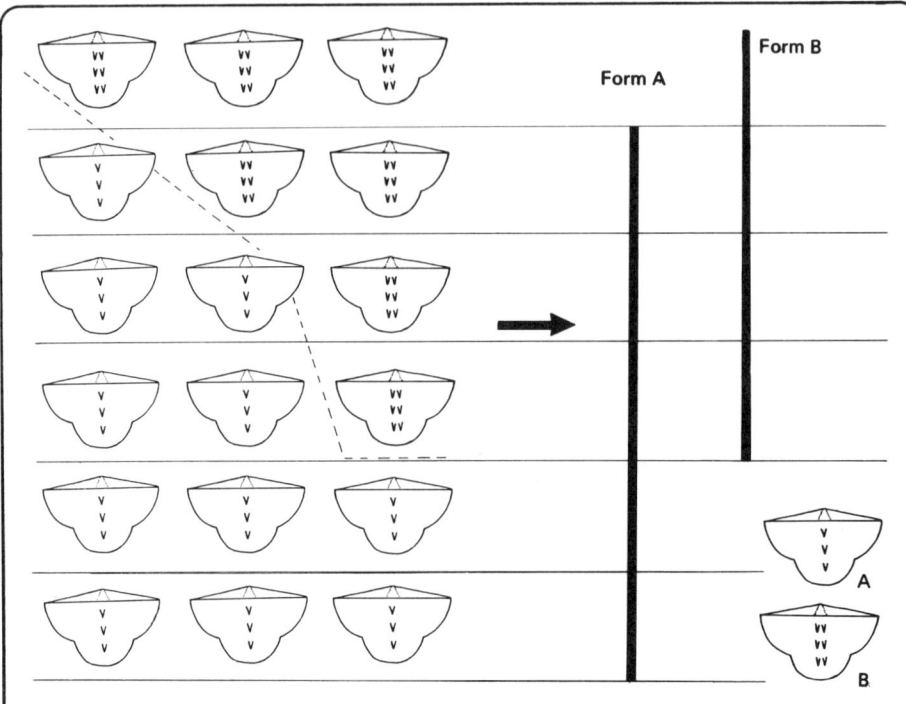

Abb. 45. Plötzliches Auftauchen bzw. Verschwinden gut unterscheidbarer Formen einer Art bei diskontinuierlicher Variation.

[39] Viele Autoren sahen hinter dem typologischen Artbegriff ein Konzept, das auf die nahezu völlige morphologische Übereinstimmung der Untersuchungsobjekte beschränkt war, während nach dem Morphospezies-Konzept die Variabilität eine gewisse Berücksichtigung finden sollte. Es ist aber kaum möglich, diese beiden Konzepte voneinander in dieser Weise zu trennen. Denn danach muß in Anbetracht einer organismischen Vielfalt, in der keine zwei Individuen einander vollkommen gleichen, willkürlich entschieden werden, welcher Grad von morphologischer Übereinstimmung als hoch genug einzuschätzen ist, um eine darauf basierende taxonomische Gliederung als typologisch zu bezeichnen, und bei welchem Grad von Divergenz die taxonomische Identität nach dem Morphospezies-Konzept beginnt. Es ist daher sinnvoller, alle allein auf dem Merkmalssatz fußenden taxonomischen Gliederungen einer Gliederung gegenüberzustellen, hinter der eine Interpretation im Sinne des biologischen Artbegriffs steht.

[40] Diese Einschränkung („wahrscheinlich") darf nicht mißverstanden werden. Damit soll darauf hingewiesen werden, daß allen unseren wissenschaftlichen Aussagen „nur" ein — von Fall zu Fall unterschiedlich hoch anzusetzender — Grad von Wahrscheinlichkeit zukommt.

[41] Conodonten, 0,2—6 mm große, zahnähnliche Hartteile der Conodontophorida (Kambrium — Trias). Morphologisch oft sehr verschiedene Conodonten bauen einen Apparat auf, der im vordersten Abschnitt des wurmförmigen Körpers liegt. Da diese Elemente überwiegend isoliert gefunden werden, ist noch weitgehend unbekannt, welche der zahlreichen nominellen Gattungen und Arten am Aufbau eines bestimmten Apparates beteiligt waren. Die genauen Verwandtschaftsbeziehungen der Conodontophorida sind ungeklärt.

[42] Eine Rolle spielt dabei aber sicher auch, daß es nach einigen Autoren doch nicht ganz sicher ist, daß Sexualdimorphismus vorliegt; *Callomon* 1963: 22, 1969: 116, *Zeiss* 1969: 159, s.a. *Hölder* 1975: 498 und *Tintant* 1980: 335.

[43] Diese Meinung vertraten von paläontologischer Seite z.B. *Boltovskoy* 1954, *Westermann* 1964: 34, 41, *Nevesskaya* 1967: 2, *Bettenstaedt* 1968: 357, *Einor* 1972: 56, *Reif* 1983: 22, und bei *Eldredge* 1972 finden wir die Überschrift „Morphology and relationships of the biospecies Phacops rana and Phacops iowensis". Vgl. auch *Hayami & Ozawa* (1975: 2): "The concept of biological species . . . has passed into general acceptance. However, species as conceived by most stratigraphers, who have used fossils for age determination . . ., still remain typological and almost purely morphological."

[44] Vergleiche im Gegensatz dazu aber *Schindewolf* 1928: 126–128.

[45] Später wurden die einzelnen Formen tatsächlich meistens als eigene Arten angesehen, so z.B. von *Wenz* 1928, 1929.

[46] *Simpson* schrieb 1961: 160: "Different genetical species that lack any determinable anatomical or ecological distinction are single species under the evolutionary definition: they do not have definably separate evolutionary roles . . . The evolutionary definition . . . retains its usefulness in classifications regardless of the existence of sibling species."

[47] Eine Art ist nach dem soeben Gesagten vor allem in Beziehung zu ihrem nächstverwandten Taxon eine Art (vgl. Abschnitt 3.2). Daher läßt sich auch durch Hinweis auf die Schwestergruppen erläutern, wie lange eine Art (z.B. A in Abb. 46) existiert: Eine Art besteht so lange, wie das ihr genealogisch nächstverwandte Taxon dasselbe ist.

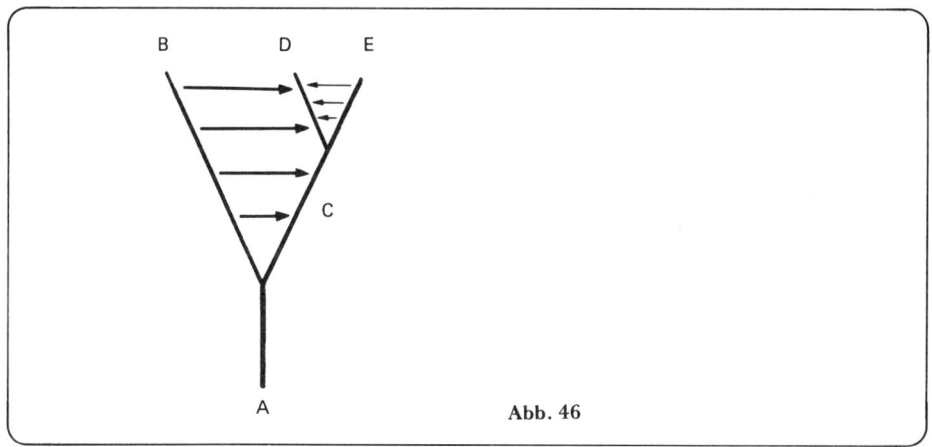

Abb. 46

Damit ist folgendes gemeint: Sobald ein jüngeres Taxon (z.B. C in Abb. 46) genealogisch nächstverwandt ist mit gleichzeitig existierenden Individuen, die wir für Vertreter der älteren Art A halten, muß diese letztere Zuordnung falsch sein: Inzwischen muß eine phylogenetische Aufspaltung erfolgt sein. Bei ihr ist einerseits Taxon C entstanden, andererseits dessen Schwestertaxon B, während die Stammart (A) erloschen sein muß. Eine ursprüngliche Gleichsetzung von A und Individuen aus B ist zu korrigieren, sobald die Schwestergruppenbeziehungen erkannt sind – in diesem Fall: sobald erkannt ist, daß einige der für A gehaltenen Individuen mit C in einem Schwestergruppenverhältnis stehen. Wieviele Biospezies in einer evolutiven Linie aufeinanderfolgen, ergibt sich aus der Anzahl nächstverwandter synchroner Arten, die durch sukzessive Aufspaltungen entstanden sind.

[48] Die Stammart mit beiden Tochterarten zu vereinigen ist – selbstverständlich – nicht möglich. Denn das hieße, das Biospezies-Konzept zu verlassen, würden damit doch

auch die beiden reproduktiv voneinander isolierten Zwillingsarten zu einer typologischen Einheit zusammengefaßt.

[49] Diese Erörterung ging von dem Fall aus, daß die Zwillingsarten zugleich Schwesterarten sind. Das muß nicht der Fall sein; die Ähnlichkeit von Zwillingsarten kann auf Symplesiomorphie beruhen. Dann stimmen Arten morphologisch miteinander überein, die nicht phylogenetisch nächstverwandt sind, d.h. kein Schwestergruppen-Paar bilden.

[50] Eine solche Beziehung konstruierten zahlreiche Autoren in ihrer Diskussion des biologischen Artkonzeptes – z.B. *Schindewolf* 1950: 443; *McAlester* 1962; *Nevesskaya* 1967: 8; *Gittenberger* 1972: 59; *Hull* 1965: 8 und – im Gegensatz zu seinen früheren Arbeiten – auch *Simpson* 1961: 115.

[51] Die Chronodemen – der Begriff stammt von *Sylvester-Bradley* 1951 – sind die Grundeinheiten der Chronoklinen, und dieser Terminus bezeichnet im Grunde genommen nichts anderes als zeitliche Formenreihen. – Der oft benutzte Begriff „Schichtpopulation" ist (im Gegensatz zu den Ausführungen von *Sylvester-Bradley* 1951: 89) nicht mit dem Begriff „Chronodeme" synonym. Eine Schichtpopulation ist eine auf die Praxis zugeschnittene Einheit und umfaßt wohl immer Individuen aus einer unbestimmten Zahl von Generationen einer Art, wie sie sich gerade in einer (von Fall zu Fall einen unterschiedlichen Zeitraum repräsentierenden) Schicht vergesellschaftet finden. Eine solche Gruppe von Individuen sollte man besser nicht als Population bezeichnen. Für sie steht der Begriff „Plethe" zur Verfügung (*Brinkmann* 1929: 53). Eine Chronodeme hingegen ist eine Population zu einem bestimmten Zeitpunkt.

[52] *Kaufmann* (1933: 43, 1934: 807) bezeichnete als „Artumbildung" den Wandel von einer Art in die nächstjüngere. Dies könne sich nach ihm sowohl mit als auch ohne phylogenetische Aufspaltung abspielen. Dem stehe die innerartliche Artabwandlung gegenüber. Wenn aber evolutiver Wandel ohne phylogenetische Aufspaltung erfolgt, handelt es sich, wie erläutert wurde, immer um eine innerartliche Veränderung und somit um Artabwandlung sensu *Kaufmann*. Der Begriff „Artumbildung", wie *Kaufmann* ihn definiert, wäre hierauf also nicht anzuwenden. Erfolgt aber eine phylogenetische Aufspaltung, dann ist der Begriff „Artumbildung" deckungsgleich mit „Artentstehung". Ich erwähne dies hier besonders, weil meistens (z.B. von *Mayr* 1967: 341, 453) der Begriff „Artumwandlung" bzw. „Artumbildung" im Sinne von Artabwandlung sensu *Kaufmann* benutzt wurde, also für die innerartliche Veränderung im Laufe der Zeit. Wie im vorstehenden Absatz dargelegt, kann wegen der Invalidität von *Kaufmann*s Terminus „Artumbildung" daraus keine Verwirrung entstehen.

[53] Unter „potentiell' verstanden *Klausnitzer & Richter* nicht nur die theoretisch mögliche natürliche Fortpflanzung, sondern im Falle agamischer Individuen auch die experimentelle Vereinigung der Genome zweier Individuen mit dem Resultat der Produktion fertiler Nachkommen, die sich selbständig in arttypischer Weise weitervermehren. Dabei gehen sie von der Annahme aus, daß im Falle einer Rückkehr zur bisexuellen Fortpflanzung nur solche experimentell kreuzbaren Individuen den Bestand einer derartigen biparentalen Art bilden würden. Vgl. zu Agamospezies ausführlich Kapitel 3.3.

[54] *Kermack* 1954: 422. Die Richtigkeit dieses Abstammungsverhältnisses ist zwischenzeitlich bezweifelt, von *Ernst* (1970: 125) schließlich aber bestätigt worden.

[55] Zu *Kermack*s Artbegriff siehe *Kermack* 1956.

[56] Der Hinweis von *Tintant* (1980: 362), die *Micraster*-Reihe biete ein schönes Beispiel für nicht-geographische phylogenetische Aufspaltungen, geht an der Realität der bisherigen Kenntnis vorbei.

[57] Das geschilderte Bild der Evolution von *Micraster* ist schon deswegen vereinfacht, weil nur die Entwicklung in einem engumgrenzten Raum berücksichtigt ist. In Norddeutschland und Südrußland beispielsweise gab es im Santon einen *M. rogalae*, der möglicherweise von *M. cortestudinarium* abstammt (*Ernst* 1970: 133). Wenn er als reproduktiv vom *Micraster*-„Hauptstamm" isolierte Art aufzufassen ist, läge im Zeitpunkt seiner Entstehung eine Artgrenze auch innerhalb der „Hauptlinie".

[58] Einige Äußerungen von *Darwin* (1859) mögen das illustrieren: "By the theory of natural selection all living species have been connected with the parent-species of each genus, by differences not greater than we see between the varieties of the same species at the present day; and these parent-species, now generally extinct, have in their turn been similarly connected with more ancient species; and so on backwards ... So that the number of intermediate and transitional links, between all living and extinct species, must have been inconceivably great. But assuredly, if this theory be true, such have lived upon the earth" (1859: 281–282).

"The process of modification and the production of a number of allied forms must be slow and gradual — one species giving rise first to two or three varieties, these being slowly converted into species, which in their turn produce by equally slow steps other species, and so on, like the branching of a great tree from a single stem, till the groups become large" (1859: 317).

"As on the theory of natural selection an interminable number of intermediate forms must have existed, linking together all the species in each group by gradations as fine as our present varieties, it may be asked, why do we not see these linking forms all around us? ... Why is not every geological formation charged with such links?" (1859: 462, 463).

Darwin glaubte offenbar kaum, daß man jemals eine lückenlose Formenreihe finden würde. In seinen Augen war die geologische Überlieferung einfach zu unvollständig:

"... We have no right to expect to find in our geological formations, an infinite number of those fine transitional forms, which on my theory assuredly have connected all the past and present species of the same group into one long and branching chain of life. We ought only to look for a few links ..." (1859: 301).

[59] *Neumayr* war als Student im Winter 1866/67 mit *Waagen* in München in engere Beziehung getreten. Hier bearbeitete er unter *Waagens* Leitung Fossilien und nahm an einigen Veranstaltungen von ihm teil. Seit jener Zeit verband beide eine enge Freundschaft.

[60] Hierauf dürfte auch die in Abschnitt 4.6 (S. 148) zitierte Anmerkung von *Wepfer* 1913 abzielen, in der er darauf hinweist, daß eine Form neben der aus ihr entstandenen Mutation (Mutation sensu *Waagen*) fortbestehen könne.

[61] Mehrfach wurde diese fortlebende Stammart auch als „paraphyletische Species" bezeichnet (s. ausführlich *Willmann* 1983b).

[62] Ich bitte den Leser um Nachsicht dafür, daß ich hierauf so ausführlich eingegangen bin, handelt es sich dabei doch um ein selbstverständliches Verfahren, ausdrücklich und in ausgedehnter Form schon von *Kowalewski* (1873) und sicher von anderen noch früher befolgt. *Kowalewski* hatte die Verwandtschaftsbeziehungen innerhalb der Huftiere dargestellt und schrieb (1873: 141, 138): „Bei ihnen (den Unpaarhufern) kann man eine Reihe von Merkmalen aufstellen, die der ganzen Abtheilung eigen sind und folglich von dem gemeinsamen Stammvater ererbt wurden." (Innerhalb der Unpaarhufer) „können die dreizehigen Palaeotherien des Pariser Gypses nicht als Stammformen von Rhinoceroten gelten, da die ältesten Formen von Rhinoceros vierzehig sind, alle Palaeotherien aber nur drei Zehen haben. Freilich ist es mehr als wahrscheinlich, daß die Rhinoceroten und Palaeotherien von einer gemeinschaftlichen Form abstammen" (und zwar von einer ihnen unmittelbar vorangehenden Stammform, *Kowalewski* 1873, Taf. zu S. 152).

Palaeotherien und Rhinoceroten werden also aufgrund gemeinsamer Merkmale direkt auf eine gemeinsame Stammform zurückgeführt. Diese Merkmale entsprechen den Nrn. 1–3 im Beispiel der Abb. 41. Dann spaltete sich die Entwicklungslinie auf, wie durch die Zehenreduktion allein bei den Palaeotherien belegt wird (entsprechend Merkmal 4–6 in Abb. 41). Die Rhinoceroten blieben in dieser Hinsicht ursprünglicher (waren aber in anderen Merkmalen einer eigenen Entwicklung unterworfen; entsprechend den der Form B in Abb. 41 allein eigenen Merkmalen).

[63] Dieses nächstverwandte Taxon kann durchaus bereits aus mehreren Arten bestehen — dann, wenn in einer evolutiven Linie keine Artaufspaltung erfolgt ist, wohl aber im

Parallelzweig. Dann ist die Aussage, daß reproduktive Isolation vor allem zwischen zwei nächstverwandten Arten von Bedeutung ist, zu erweitern: Sie besteht dann vor allem zwischen einer Art und ihrem Schwestertaxon (Abb. 46).

[64] Nach *Löther* (1972: 223) beziehen sich Aussagen wie die vorstehenden auf die Ermittlung der Artgrenzen und nicht auf die Art als System. Die Art aber sei das, was innerhalb der Grenzen liegt: Der Artbegriff sei seinem Wesen nach kein Relations-, sondern ein Systembegriff. Das System werde durch die innerartlichen Beziehungen der Individuen konstituiert.

Daß die Art in der Tat als ein solches System zu begreifen ist, haben wir in Kapitel 4.2 gesehen. Das wird meines Erachtens auch in *Mayrs* bekannter Definition durch den Hinweis auf „Gruppen von Populationen" gleich in doppelter Hinsicht hervorgehoben: Denn zum einen sind die Populationen selbst solche Systeme, und zum anderen wird „Gruppe" hier nicht als Gruppierung im Sinne einer bloßen Nebeneinanderstellung verstanden, sondern zwischen allen Populationen einer solchen Gruppe sind die verschiedensten Interaktionen möglich, so daß eine wechselseitige Beeinflussung resultieren kann.

Aber ein solches System wäre auch denkbar, ohne daß die Organismen in distinkte Arten gegliedert sind, das heißt, wenn es, wie *Mayr* (1967: 337) formulierte, „nur Individuen gibt, die alle zu einem einzigen ‚Connubium' gehören", zu einer riesigen Genvermischungsgemeinschaft. Daraus ergibt sich, daß der Artbegriff durchaus auch ein Relationsbegriff ist. Insbesondere *Mayr* hat hierauf immer wieder hingewiesen.

8.2 *Glossar*

Adultus, Individuum im Erwachsenen-Stadium

Agamospezies (*Turesson* 1929: 330), uniparentale Art. Nach *Simpson* (1961: 155) eine wenig glückliche Bezeichnung

allochron, sich im zeitlichen Vorkommen nicht überlappend

allopatrisch, Verbreitungsbild von Populationen, die räumlich getrennte Gebiete bewohnen

Allopolyploid, ein polyploider Organismus, der durch die Verdoppelung der Chromosomen einer Zygote mit zwei ungleichen Chromosomensätzen entsteht

Alopecurus, Gattung der Gramineae

apomiktisch sind Populationen, die keine Fortpflanzungsgemeinschaft („Genvermischungsgemeinschaft") bilden (uniparentale Populationen)

Art, a: Kategorie unterhalb der Gattungsgruppe und grundlegende Einheit der biologischen Klassifizierung; b: Taxon der Kategorie „Art"

Artbegriff, Inhalt eines Artkonzeptes

Artkonzept, Theorie vom Wesen der Art

Ascendent, Vorfahre

Bastard, Kreuzungsprodukt zweier Arten oder Rassen

Bastardisierung, Bildung von Bastarden

binomisch, aus zwei Namen bestehend (auch: *binär*)

biologischer Artbegriff, *Biospezies-Konzept*. Theorie der Art, nach der Arten durch Fortpflanzungsisolation voneinander getrennt sind. Nach dem „konsequenten Biospezies-Konzept" müssen die Isolationsmechanismen absolut wirksam sein, und die Grenzen im Zeitablauf werden durch die Speziationen gebildet.

Biospezies, Art im Sinne des Biospezies-Konzeptes

biparental, zweieltrig. Gegensatz: uniparental

Bisexualität, Zweigeschlechtlichkeit (Vorkommen von Männchen und Weibchen)

Chronodeme, Population einer Chronokline

Chronokline, Sequenz von voneinander abstammenden, morphologisch sich wandelnden Populationen

Chronospezies, chronologische Art, zeitlich dimensionierte Art, deren Grenzen im Zeitablauf aufgrund der Morphologie willkürlich festgelegt werden

Dactylis, Gattung der Gramineae

Deme, Gruppe von Individuen einer Population, die in enger Beziehung zueinander stehen; „Lokalpopulation"

Descendent, Nachkomme

dichotom(isch), zweigeteilt

Dimorphismus, Auftreten in zwei Erscheinungsformen

empirisch, aufgrund der Erfahrung erkannt

endemisch, in seiner natürlichen Verbreitung auf ein bestimmtes Gebiet beschränkt

Essentialismus (Popper 1950), bezeichnet *Platos* Ideologie, wonach der Variabilität in der Welt eine begrenzte Zahl ewiger und starrer Wesenheiten („Essenzen") zugrundeliegt. In der Biosystematik meist als „typologisches Denken" bezeichnet (Gegensatz hier: Populationsdenken, *Mayr* 1959)

Ethospezies (Emerson), Arten, die sich vor allem durch ethologische Eigenschaften unterscheiden

evolutive Linie, Folge voneinander abstammender Populationen (auch artübergreifend benutzt)

Fertilität, Fruchtbarkeit, fertil: fruchtbar

Formenreihe, evolutive Reihe, Sequenz von phylogenetisch aufeinanderfolgenden Organismen unterschiedlicher Ausprägung

Gattung (Genus), a: Kategorie oberhalb der Artgruppe, b: Taxon der Kategorie „Gattung"

genealogische Verwandtschaft (= phylogenetische Verwandtschaft), stammesgeschichtliche Verwandtschaft. Eine Art A ist mit einer Art B genealogisch näher verwandt als mit einer Art C, wenn A und B eine gemeinsame Stammart besitzen, auf die C nicht zurückgeht. — Genealogisch *nächst*verwandt sind zwei Arten, die direkt von ein und derselben Stammart herzuleiten sind, sie sind also das Ergebnis der Aufspaltung ihrer jüngsten gemeinsamen Stammart

Genfluß, der Austausch genetischer Faktoren zwischen Populationen

Genom, die Gene eines einfachen Chromosomensatzes

geographische Speziation, Artbildung im Zusammenhang mit geographischer Separation

Holotypus, das in der Erstbeschreibung einer Art als Typusexemplar festgelegte oder in dieser Beschreibung einzige genannte Exemplar dieser Art

homolog sind Organe von gleicher stammesgeschichtlicher Herkunft, unabhängig von ihrer Funktion. Gegensatz: *analog,* von gleicher Funktion, aber unterschiedlicher Herkunft

Hybrid, Bastard

Hybridzone, Verbreitungsgebiet der Bastarde aus zwei benachbarten Populationen

Infrasubspezies, Taxon von niedrigerem Rang als dem der Unterart

Isolationsmechanismen, Mechanismen und Faktoren, die eine erfolgreiche Kreuzung verhindern (genauer: *reproduktive I.*)

Kategorie, Einheit der Klassifikation, z.B. Ordnung, Familie, Gattung, Art

Kline, über benachbarte Populationen hinweg bestehende Merkmalsabstufung (Morphokline); in der Zeit: s. Chronokline

Klon, ungeschlechtlich entstandene Nachkommenschaft eines Individuums
konsequentes Biospezies-Konzept, s. biologischer Artbegriff

Metazoa, die vielzelligen Tiere
monophyletisch, eine monophyletische Gruppe besteht aus einer Stammart und deren
     sämtlichen Nachkommen (Monophylie sensu *Hennig,* = Holophylie)
monotypisch ist eine Art mit nur einer Unterart, eine Gattung mit nur einer (der Ty-
     pus-) Art
Morphospezies, aufgrund morphologischer Eigentümlichkeiten allein definierte Art
Mutante, genetisch bedingt vom „Normaltypus" einer Population abweichendes Indivi-
     duum
Mutation, erbliche Veränderung, z.b. Gen-, Chromosomen-, Genom-Mutation
Mutation (Waagen 1868), Entwicklungsstufe einer zeitlich dimensionierten („Kollek-
     tiv"-)Art

Neontologie, Wissenschaftszeig, der sich mit der Erforschung der rezenten Organismen
     befaßt, Gegensatz: Paläontologie. In der Praxis wird die Neontologie meist der Biolo-
     gie gleichgesetzt. Zur Biologie gehört aber auch die Paläontologie in den meisten ih-
     rer Fragestellungen
nichtdimensionale Art, Art im Sinne jenes Artbegriffes, wie er aus der Untersuchung der
     Organismen eines Ortes und aus einem Zeitquerschnitt abgeleitet wurde.
Nomenklatur, Namengebung in der Systematik
nominelle Taxa, dem Namen nach bestehendes Taxon, u.U. nicht in der Natur vorkom-
     mend (bei Synonymie mit einem anderen Taxon)

objektiv, gegenständlich, tatsächlich; dem Subjekt, d.h. dem Bewußtsein als Wirkliches
     gegenüberstehend. Genauer: *real-objektiv* im Gegensatz zu ideal-objektiv (innerhalb
     des Denkens dem Denkgeschehen als Denkgegenstand gegenüberstehend)

Palinurus, Languste (*P. vulgaris,* Europäische L.)
Paludinen, Paludina, ungültiges Synonym von *Viviparus* (Sumpfdeckelschnecke)
paraphyletisch ist eine Abstammungsgemeinschaft, die nicht sämtliche Nachkommen ih-
     rer Stammart enthält (Beispiel: Reptilien)
Parthenogenese, Entwicklung der Eizelle ohne Befruchtung (Jungfernzeugung)
Phylogenese, Stammesgeschichte der Organismen (phylum, der Stamm; „Werden der
     Stämme")
phylogenetisches Artkriterium, die Tatsache, daß Arten durch Speziation (Auftreten re-
     produktiver Isolation) entstehen und enden
phylogenetische Verwandtschaft, s. genealogische V.
Pilidium, freischwimmende Larve der Schnurwürmer (Nemertinea)
Planorbiden, Planorbidae, Familie von Süßwasserschnecken
Pluteus, Larve der Seeigel und Schlangensterne
Polymorphismus, das Auftreten mehrerer Erscheinungsformen unter den Individuen ei-
     ner Population
polyphyletisch ist ein Taxon, in dem Individuen unterschiedlicher phylogenetischer Her-
     kunft zusammengefaßt sind
polytypische Art, Art mit mehreren Unterarten bzw. morphologisch unterschiedenen
     Populationen
Population, Gesamtheit der an einem Ort zu einem bestimmten Zeitpunkt vorkommen-
     den Individuen einer Art; innerartliche Individuengruppe von Systemcharakter. — Ei-
     ne individuenarme, engräumig verbreitete Art kann aus nur einer Population bestehen
Prioritätsregel, Regel der zoologischen Nomenklatur, nach der der zuerst veröffentlichte
     verfügbare Name eines Taxons gültig ist

real-objektiv, s. objektiv

reproduktiv, die Fortpflanzung betreffend
reproduktive Isolation, Fortpflanzungsisolation, s.a. Isolationsmechanismen
ring-species, eine Art bildender Kreis von Populationen, dessen Endglieder einander
    überlappen, d.h. sympatrisch vorkommen oder bastardieren

Schwesterart, die nächstverwandte Art eines Taxons, s. genealogische Verwandtschaft
Scorpiurus, Gattung der Leguminosae
Selektion, „Auslese" bestimmter Individuen einer Population durch biotische und abio-
    tische Faktoren
Sexualdimorphismus, Dimorphismus aufgrund von Unterschieden, die mit der Bestim-
    mung der Individuen als Männchen bzw. Weibchen verknüpft sind
sibling species, s. Zwillingsarten
Speziation, Artbildung; die Entstehung von Arten im Sinne des Biospezies-Konzeptes.
    Phylogenetische Aufspaltung mit dem Resultat der reproduktiven Isolation
Spezies, s. Art
Stratigraphie, Zweig der Geologie, der sich mit dem Erfassen der Gesteinsschichten (stra-
    ta) befaßt, wörtl.: „Schichtbeschreibung"
Subspezies, Unterart, a. Kategorie der Artgruppe, der Art untergeordnet, b. Taxon der
    Kategorie „Subspezies"
Subzone, s. Zone
sympatrisch verbreitet sind Populationen, die in ein und demselben geographischen
    Areal vorkommen
Symplesiomorphie, ursprüngliches Merkmal, gemeinsamer Besitz von einem ursprüngli-
    chen Merkmal. Die Ähnlichkeit aufgrund von Symplesiomorphien spricht nicht für
    engste phylogenetische Verwandtschaft
Synapomorphie, gemeinsamer Besitz eines abgeleiteten Merkmals, abgeleitetes Merkmal
synchron, gleichzeitig
Synonym, ein jeder von mehreren Namen, die ein und dasselbe Taxon bezeichnen

Taxon, konkrete systematische Einheit der Organismen wie eine jede einzelne Ordnung,
    eine jede Familie, Gattung, Art usw. Vgl. Kategorie
Taxonomie, Arbeitsrichtung der Biologie, die sich mit der systematischen Benennung
    der Organismen befaßt
ternär, dreifach
Transformationsstufe, Entwicklungsstufe in einer Chronokline
trinomisch, aus drei Namen bestehend
typologische Art, Art im Sinne des typologischen Speziesbegriffes, vgl. Essentialismus,
    Typologie
Typologie, in der Taxonomie: Denkweise, in der die Variabilität als Abweichung einer
    als wesentlich erachteten starren Norm betrachtet wird, vgl. Essentialismus

uniparental, eineiterlich, nicht biparental erzeugt (z.B. bei Parthenogenese)

Vagilität, Entfernung in Luftlinie zwischen jenem Punkt, an dem ein Individuum gebo-
    ren wurde und jenem, an dem es stirbt (bzw., was genetisch bedeutsamer ist, an dem
    es sich fortpflanzt)
Verwandtschaft, Verwandtschaft wird im vorliegenden Buch stets im Sinne von „phylo-
    genetisch verwandt" verstanden, nicht im Sinne von „formverwandt". Enge Formver-
    wandtschaft kann auch zwischen phylogenetisch entfernt verwandten Organismen be-
    stehen. Vgl. phylogenetische V.

Zone, mit dem Auftreten einer Art begrenzte stratigraphische Einheit; Subzone, dgl.,
    durch eine Unterart charakterisiert
Zwillingsarten (sibling species), morphologisch übereinstimmende Arten
Zygote, befruchtete Eizelle

8.3 Literaturverzeichnis

Abel, O. (1909): Konvergenz und Deszendenz. Verh. zoolog.-bot. Ges. Wien 59, 221–230.

Abel, O. (1919): Die Stämme der Wirbeltiere. Berlin, Leipzig.

Abel, O. (1929): Paläobiologie und Stammesgeschichte. Jena.

Arkell, W.J. (1956): Species and Species. Syst. Assoc. Publ. 2 (The Species Concept in Palaeontology): 97–99, London.

Arkell, W.J. & J.A. Moy-Thomas (1940): Palaeontology and the taxonomic problem. S. 395–410 in *Huxley, J.S.* (ed.): The New Systematics. London.

Ashlock, P. (1971): Monophyly and associated terms. Syst. Zool. 20, 63–69.

Baier, J.J. (1958): Oryktographia Norica. Hrsg. B. v. Freyberg. Erlanger Geol. Abh. 29, 1–133.

Baker, H.G. (1970): Taxonomy and the Biological Species Concept in Cultivated Plants. In *Frankel, O.H. & Benett, E.* (eds.): Genetic Resources in Plants. IBP Handbook 11, 49–68.

Barrows, D.P. (1900): The Ethno-Botany of the Coahuilla Indians of Southern California. 82 S., Chicago.

Beatty, J. (1982): Classes and Cladists. Syst. Zool. 31, 25–34.

Beaudry, J.R. (1960). The Species Concept: Its Evolution and Present Status. Revue Canad. Biol. 19, 219–240.

Beddall, B.G. (1957): Historical Notes on Avian Classification. Syst. Zool. 6, 129–136.

Bell, M.A. (1979): Persistence of Ancestral-Sister Species. Syst. Zool. 28, 85–88.

Bettenstaedt, F. (1958): Phylogenetische Beobachtungen in der Mikropaläontologie. Paläont. Z. 32, 115–140.

Bettenstaedt, F. (1962): Evolutionsvorgänge bei fossilen Foraminiferen. Mitt. Geol. Staatsinstitut Hamburg 31, 385–460.

Bettenstaedt, F. (1968): Wechselbeziehungen zwischen angewandter Mikropaläontologie und Evolutionsforschung. Beih. Ber. Naturhist. Ges. 5, 337–391.

Bettenstaedt, F. (1973): Evolutionsabläufe bei fossilen Klein-Foraminiferen. Aufsätze u. Reden senckenb. naturf. Ges. 24, 103–112.

Blackman, R.L. & M.C. Day (1981): Species and Speciation – Introduction. S. 3–7 in *Forey, P.* (ed.): The evolving biosphere. London.

Bock, W.J. (1979): The Synthetic Explanation of Macroevolutionary Change – A Reductionistic Approach. Bull. Carnegie Mus. Nat. Hist. 13, 20–69.

Boltovskoy, E. (1954): The species and subspecies concepts in the classification of the Foraminifera. Micropaleontologist 8, 52–56.

Bonde, N. (1977): Cladistic Classification as Applied to Vertebrates. S. 741–804 in: *Hecht, M., P. Goody, B. Hecht:* Major Patterns in Vertebrate Evolution. New York, London.

Bonde, N. (1981): Problems of Species Concepts in Palaeontology. – Intern. Symp. Concpt. Methods in Paleontology Barcelona: 19–34.

Bonik, K. (1981): Evolutionsbiologie und Systematik: Versuch einer Synthese. – Aufsätze und Reden senckenb. naturf. Ges. 30, 1–106.

Bonik, K. (1982): Gibt es Arten bei Diatomeen? Eine evolutionsbiologische Deutung am Beispiel der Gattung *Nitzschia* (Bacillariophyceae). – Senckenbergiana biol. 62, 413–434.

Bonik, K., W. Gutman & H. Lange-Bertalo (1978): Merkmale und Artabgrenzung: Die Vorrangigkeit evolutionstheoretischer und biologisch-ökologischer Erklärungen in der Taxonomie. – Natur u. Mus. 108, 33–43.

Brauer, F. (1885): Systematisch-zoologische Studien. Sitzber. Kaiserl. Akad. Wiss. math.-nat. Cl. 91, 1. Abt.: 237–413.

Bremer, K. & H.-E. Wanntorp (1978): Phylogenetic Systematics in Botany. Taxon 27, 317–329.

Bremer, K. & H.-E. Wanntorp (1979): Geographic Populations or Biological Species in Phylogeny Reconstruction? Syst. Zool. 28, 220–224.

Brinkmann, R. (1929): Statistisch-biostratigraphische Untersuchungen an mitteljurassischen Ammoniten über Artbegriff und Stammesentwicklung. Abh. Ges. Wiss. Göttingen, math.-phys. Kl., N.F. 13, 1–249.

Brinkmann, R. (1937): Biostratigraphie des Leymeriellenstammes nebst Bemerkungen zur Paläogeographie des nordwestdeutschen Alb. Mitt. geol. Staatsinst. Hamburg 16, 1–18.

Brücher, H. (1974): Über Art-Begriff und Art-Bildung bei *Solanum* (Sect. Tuberarium). – Beitr. Biol. Pflanzen 50, 393–429.

Buch, L. von (1825). Physikalische Beschreibung der canarischen Inseln. Berlin.

Buffon, M. de (1749): Histoire naturelle, générale et particulière I–II, 612 u. 603 S., Paris.

Burger, W.C. (1975): The Species Concept in Quercus. Taxon 24, 45–50.

Burma, B.H. (1949): The species concept: A semantic review. Evolution 3: 369–373.

Burma, B.H. (1949): Postscriptum. Evolution 3, 372–373.

Burma, B.H. (1954): Reality, Existence, and Classification: A Discussion of the Species Problem. Madrono 12: 193–209.

Bush, G.L. (1975): Modes of Animal Speciation. Ann. rev. Ecol. Syst. 6, 339–364.

Cain, A.J. (1959): Die Tierarten und ihre Entwicklung. 280 S. (dtsch. Übersetzung von Animal Species and their Evolution). Jena.

Callomon, J.H. (1963): Sexual Dimorphism in Jurassic Ammonites. Trans. Leicester Literary & Philosoph. Soc. 57, 21–56.

Callomon, J.H. (1969): Dimorphism in Jurassic Ammonites. In *Westermann, G.* (Hrsg.): Dimorphism in Fossil Metazoa and Taxonomic Implications. IUGS ser. A 1: 111–125, Stuttgart.

Camp, W.H. & C.L. Gilly (1943): The structure and origin of species. Brittonia 4, 323–385.

Carson, H.L. (1971): Speciation and the Founder Principle. – Stadler Symp. 3, 51–70.

Cifelli, R. (1973): Observations on *Globigerina pachyderma (Ehrenberg)* and *Globigerina incompta Cifelli* from the North Atlantic. J. Foram. Res. 3, 157–166.

Clark, B.L. (1945): Problems of Speciation and Correlation as Applied to Mollusks of the Marine Cenozoic. J. Paleont. 19, 158–172.

Cracraft, J. (1981): Pattern and process in paleobiology: the role of cladistic analysis in systematic paleontology. Paleobiology 7, 456–468.

Cracraft, J. (1984): The Terminology of Allopatric Speciation. Syst. Zool. 33, 115–116.

Crombie, A.C. (1977): Von Augustinus bis Galilei. Die Emanzipation der Naturwissenschaft. 631 S., München.

Cronquist, A. (1978): Once Again. What Is a Species? S. 3–20 in *Montclair, N.* (ed.): Biosystematics in Agriculture. New York.

Dacqué, E. (1906): Zur systematischen Speziesbestimmung. N. Jb. Min. Geol. Paläont. Beilagenbd. 22, 639–683.

Dacqué, E. (1921): Vergleichende biologische Formenkunde der fossilen niederen Tiere. 777 S., Berlin.

Darwin, Ch. (1859): On the Origin of Species by Means of Natural Selection. 490 S., London.

Darwin, F. (1887): The Life and Letters of Charles Darwin. Vol. II, 393 S. 3. Aufl., London.

Darwin, F. (1903): More Letters of Charles Darwin. Vol. I, 494 S., London.

Descartes, R. (1920): Regeln zur Leitung des Geistes. Philosophische Bibliothek 26b, 1–109 (2. Aufl.), Leipzig.

Diamond, J.M. (1966): Zoological Classification System of a Primitive People. Science 151, 1102–1104.

Dobzhansky, Th. (1935): A Critique of the Species Concept in Biology. Philosophy of Science 2, 344–355.

Dobzhansky, Th. (1937): The Genetic Nature of Species Differences. Amer. Naturalist 71, 404–420.

Dobzhansky, Th. (1958): Species after Darwin. In *Barnett, S.E.* (ed.): A Century of Darwin. London: 19–55.

Dobzhansky, Th. (1970): Genetics of the Evolutionary Process. 505 S., New York.

Dobzhansky, Th. (1972): Species of Drosophila. – Science 177, 664–669.

Döderlein, L. (1902): Ueber die Beziehungen nahe verwandter „Thierformen" zu einander. Z. Morph. Anthrop. 4, 394–442.

Doll, R. (1974): Die apomiktische Art und ihre Beziehung zur Evolution. S. 161–173 in: *Vent, W.* (Hrsg.): Widerspiegelung der Binnenstruktur und Dynamik der Art in der Botanik. Berlin.

Doyen, J.T. & C.N. Slobodchikoff (1974): An Operational Approach to Species Classification. Syst. Zool. 23, 239–247.

Drooger, C.W. (1954): Remarks on the Species Concept in Paleontology. Micropaleontologist 8, 23–27.

Dullemeijer, P. (1976): Einige Bemerkungen über Erklären in der Biologie. – Aufs. u. Reden senckenb. naturf. Ges. 28, 17–31.

Dunbar, C.O. (1950): The species concept: Further discussion. Evolution 4, 175–176.

Dürken, B. & H. Salfeld (1921): Die Phylogenese. Fragestellungen zu ihrer exakten Erforschung. 59 S., Berlin.

Ehrlich, P.R. & P.H. Raven (1969): Differentiation of Populations. Science 165, 1228–1232.

Einor, O.L. (1972): The Problems of Species in Paleontology. Proc. IPU 23rd intern. geol. Congress, 53–68.

Eldredge, N. (1971): The Allopatric Model and Phylogeny in Paleozoic Invertebrates. Evolution 25, 156–167.

Eldredge, N. (1972): Systematics and evolution of Phacops rana (Green, 1832) and Phacops iowensis Delo, 1935 (Trilobita) from the Middle Devonian of North America. Bull. Mus. nat. Hist. 147, 45–114.

Eldredge, N. & J. Cracraft (1980): Phylogenetic Patterns and the Evolutionary Process. 349 S., New York.

Eldredge, N. & St.J. Gould (1972): Punctuated Equilibria: An Alternative to Phyletic Gradualism. In: *Schopf, Th.J.M.:* Models in paleobiology: 82–115, San Francisco.

Elias, M.K. (1950): The State of Paleontology. J. Paleont. 24, 140–153.

Elias, M.K. (1950): Paleontologic versus neontologic species and genera. – Evolution 4, 176–177.

Ernst, G. (1970): Zur Stammesgeschichte und stratigraphischen Bedeutung der Echiniden-Gattung *Micraster* in der nordwestdeutschen Oberkreide. Mitt. Geol.-Paläont. Inst. Univ. Hamburg 39, 117–135.

Ernst, G. (1973): Evolution und ökologische Varianz bei fossilen Echiniden. Aufsätze u. Reden senckenb. naturf. Ges. 24, 83–102.

Esper, E.I.Chr. (1781, 1782): De varietatibus specierum in naturae productis. Sectio I (28 S., 1781), sectio II (31 S., 1782) Erlangen.

Fåhraeus, L.E. (1982): Allopatric speciation and lineage zonation exemplified by the Pygodus serrus – P. anserinus transition (Conodontophorida, Ordovician). Newsl. Stratigr. 11, 1–7.

Farber, P.L. (1972): Buffon and the Concept of Species. J. Hist. Biol. 5, 259–284.

Forbes, E. & T.A.B. Spratt (1846): On a Remarkable Phaenomenon Presented by the Fossils in the Freshwater Tertiary of the Island of Cos. 15th Ann. Rep. Assoc. Adv. Science, London: 59.

Foucault, M. (1971): Die Ordnung der Dinge. 470 S., Frankfurt.

Fox, R.B. (1953). The Pinatubo Negritos. Their Useful Plants and Material Culture. Philippine J. Sci. **81** (1952), 173–391, Manila.

Futuyma, D. & G. Mayer (1980): Non-allopatric speciation in animals. Syst. Zool. **29**, 254–271.

Galilei, G. (1980): Sidereus Nuncius. Hrsg. *H. Blumenbach.* Frankfurt

Galton, F. (1889): Natural Inheritance. 259 S., London, New York.

Génermont, J. (1980): Les animaux à reproduction uniparentale. S. 287–320 in *Bocquet, Ch., J. Génermont & M. Lamotte* (eds.): Les problèmes de l'espèce dans le règne animal 3 (Mém. Soc. Zool. France 40), Paris.

Génermont, J. & M. Lamotte (1980): Le concept biologique de l'espèce dans la Zoologie contemporaine. S. 427–452 in *Bocquet, Ch., J. Génermont et M. Lamotte* (eds): Les problèmes de l'espèce dans le règne animal 3 (Mém. Soc. Zool. France 40), Paris.

George, T.N. (1956): Biospecies, Chronospecies and Morphospecies. Syst. Assoc. Publ. 2 (The Species Concept in Palaeontology), 123–137, London.

George, T.N. (1971): Systematics in palaeontology. J. geol. Soc. **127**, 197–245.

Ghiselin, M.T. (1975): A Radical Solution to the Species Problem. Syst. Zool. **23**, 536–544.

Ghiselin, M.T. (1981): Categories, life, and thinking. The Behavioral and Brain Sci. **4**, 269–286.

Gittenberger, E. (1972): Zum Artbegriff. Acta Biotheoretica **21**, 47–62.

Glangeaud, Ph. (1897): Sur la forme de l'ouverture de quelques Ammonites. Bull. Soc. géol. France sér. 3,**25**, 99–107.

Gloger, C.L. (1833): Das Abändern der Vögel durch Einfluß des Klima's. 159 S., Breslau.

Gould, S.J. & N. Eldredge (1977): Punctuated equilibria: the tempo and mode of evolution reconsidered. Paleobiology **3**, 115–151.

Grabert, B. (1959): Phylogenetische Untersuchungen an *Gaudryina* und *Spiroplectinata* (Foram.). Abh. senckenb. naturf. Ges. **498**, 1–71.

Grant, V. (1957): The Plant Species in Theory and Practice. In: *Mayr, E.* (ed.): The Species Problem. – Am. Assoc. Adv. Sci. Publ. **50**, 39–80, Washington.

Grant, V. (1963): The Origin of Adaptations. 606 S., New York, London.

Grant, V. (1976): Artbildung bei Pflanzen. 303 S. (dtsch. Übersetzung von: Plant Speciation), Berlin, Hamburg.

Grant, V. (1977): Organismic Evolution. 418 S., San Francisco.

Grant, W.F. (1960): The Categories of Classical and Experimental Taxonomy and the Species Concept. Revue Canad. Biol. **19**, 241–262.

Grassé, P.P. (1973): Evolution. (Allgemeine Biologie 5). 224 S., Stuttgart.

Griffiths, G. (1974): On the Foundations of Biological Systematics. – Acta Biotheoretica **23**, 85–131.

Grinnell, R.S. & G.W. Andrews (1964): Morphologic Studies of the Brachiopod Genus *Composita.* J. Paleont. **38**, 227–248.

Günther, K. (1967): Zur Geschichte der Abstammungslehre. S. 3–60 in *Heberer, H.* (Hrsg.): Die Evolution der Organismen. 3. Aufl., Stuttgart.

Gutmann, W.F. & K. Bonik (1981): Kritische Evolutionstheorie. 227 S., Hildesheim.

Haeckel, E. (1906): Prinzipien der Generellen Morphologie der Organismen. 447 S., Berlin.

Haldane, J.B.S. (1956): Can a Species Concept Be Justified? Syst. Assoc. Publ. 2 (The Species Concept in Palaeontology), 95–96, London.

Hayami, I. & T. Ozawa (1975): Evolutionary models of lineage-zones. Lethaia **8**, 1–14.

Hecht, M.K., N. Eldredge & S.J. Gould (1974): Morphological Transformation, the Fossil Record, and the Mechanisms of Evolution: A Debate. Evolutionary Biol. **7**, 295–308.

Heller, F. & A. Zeiss (Hrsg.) (1972): J.M.C. Reinecke und sein Werk: Des Urmeeres Nautili und Argonautae aus dem Gebiet von Coburg und Umgebung. Erlanger geol. Abh. 90, 1–42.

Hempel, C.G. (1974): Philosophie der Naturwissenschaften. 158 S., München.

Hennig, W. (1950): Grundzüge einer Theorie der phylogenetischen Systematik. 370 S., Berlin.

Hennig, W. (1953): Kritische Bemerkungen zum phylogenetischen System der Insekten. Beitr. Ent. 3 (Sonderheft), 1–85.

Hennig, W. (1966): Phylogenetic Systematics. 263 S., Urbana, Chicago, London.

Hennig, W. (1969): Die Stammesgeschichte der Insekten. 436 S., Frankfurt.

Hennig, W. (1971): (Über den Inhalt der Deviationsregel). S. 28 in *Schlee, D.*: Die Rekonstruktion der Phylogenese mit *Hennig*'s Prinzip. Aufs. Reden senckenberg. naturforsch. Ges. 20.

Hennig, W. (1974): Kritische Bemerkungen zur Frage „Cladistic analysis or cladistic classification?" Z. zool. Syst. Evolut.-forsch. 12, 279–294.

Hennig, W. (1982): Phylogenetische Systematik. 246 S., Berlin, Hamburg (deutsche Fassung von *Hennig, W.*, 1966: Phylogenetic Systematics).

Herre, W. (1961): Zur Problematik der Parallelbildungen bei Tieren. Zool. Anz. 166, 309–333.

Herre, W. (1964): Zur Problematik der innerartlichen Ausformung bei Tieren. Zool. Anz. 172, 403–425.

Herre, W. (1974): Gedanken über die Beziehungen zwischen Morphologie, Genetik und Evolution. – Zool. Jb. Anat. 22, 197–219.

Heslop-Harrison, J. (1963): Species Concepts: Theoretical and Practical Aspects. S. 17–40 in *Swain, T.* (ed.): Chemical Plant Taxonomy. 543 S., London, New York.

Hilgendorf, F. (1866): *Planorbis multiformis* im Steinheimer Süßwasserkalk. Ein Beispiel von Gestaltveränderung im Laufe der Zeit. Berlin.

Hilgendorf, F. (1867): Über *Planorbis multiformis* im Steinheimer Süßwasserkalk. Monatsber. Preuß. Akad. Wiss. 1866: 474–504.

Hiltermann, H. (1954): Zur Artfassung in der Paläontologie. Roemeriana 1 (Dahlgrün-Festschr.): 385–392, Clausthal-Zellerfeld.

Hölder, H. (1960): Geologie und Paläontologie in Texten und ihrer Geschichte. 566 S., Freiburg, München.

Hölder, H. (1975): Forschungsbericht über Ammoniten. Paläont. Z. 49: 493–511, Stuttgart.

Holmes, E.B. (1980): Reconsideration of some systematic concepts and terms. Evol. Theory 5, 35–87.

Hull, D.L. (1965): The Effect of Essentialism on Taxonomy – Two Thousand Years of Stasis (II). Brit. J. Phil. Sci. 16, 1–18.

Hull, D.L. (1970): Contemporary Systematic Philosophies. Ann. Rev. Ecol. System. 1, 19–54.

Hull, D.L. (1976): Are Species Really Individuals? Syst. Zool. 25, 174–191.

Hull, D.L. (1978): A matter of individuality. Phil. Sci. 45, 335–360.

Hull, D.L. (1980): Individuality and selection. Ann. Rev. Ecol. Syst. 11, 311–332.

Huxley, J.S. (1938): Species Formation and Geographical Isolation. – Proc. Linn. Soc. London 150, 253–265.

Huxley, J.S. (1940): Towards the New Systematics. S. 1–46 in *Huxley, J.S.* (ed.): The New Systematics. 583 S., London.

Huxley, J.S. (1942): Evolution – The Modern Synthesis. 645 S., London.

Imbrie, J. (1957): The species problem with fossil animals. In *Mayr, E.* (ed.): The Species Problem. – Am. Assoc. Adv. Sci. Publ. 50: 125–153, Washington.

Jeletzky, J.A. (1950): Some Nomenclatorial and Taxonomic Problems in Paleozoology. J. Paleontology 24, 19–38.

Jordan, D.S. (1905): The origin of species through isolation. Science 22, 545–562.

Kant, I. (1775): Von den verschiedenen Rassen der Menschen. S. 10—50 in *Weischedel, W.* (Hrsg.): Immanuel Kant Werkausgabe 11, Frankfurt 1977.

Kant, I. (1785): Bestimmung des Begriffs einer Menschenrasse. S. 65—82 in *Weischedel, W.* (Hrsg.): Immanuel Kant Werkausgabe 11, Frankfurt 1977.

Kant, I. (1785): Rezension zu Johann Gottfried Herder: Ideen zur Philosophie der Geschichte der Menschheit. In: *Weischedel, W.* (Hrsg.): Immanuel Kant Werkausgabe 12: 779—806, Frankfurt 1977.

Kant, I. (1789): Über den Gebrauch teleologischer Prinzipien in der Philosophie. S. 139—170 in *Weischedel, W.* (Hrsg.): Immanuel Kant Werkausgabe 9, Frankfurt 1977.

Kaufmann, R. (1933): Variationsstatistische Untersuchungen über die „Artabwandlung" und „Artumbildung" an der Oberkambrischen Trilobitengattung *Olenus* Dalm. Abh. Geol. Paläont. Inst. Univ. Greifswald, 55 S.

Kaufmann, R. (1934): Exakt nachgewiesene Stammesgeschichte. Naturwiss. 48, 803—807.

Kayser, E. (1871): Die Brachiopoden des Mittel- und Ober-Devon der Eifel. Z. d. geol. Ges. 23, 491—669.

Kennett, J.P. (1975): Phenotypic Variation in some Recent and Late Cenozoic Planktonic Foraminifera. Foraminifera 2 (eds.: *Hedley, R. & C. Adams*), 111—170, London.

Kennett, J.P. & M.S. Srinivasan (1980): Surface ultrastructural variation in Neogloboquadrina pachyderma (Ehrenberg): Phenotypic variation and phylogeny in the Late Cenozoic. Cushman Foundation Spec. Publ. 19, 134—162.

Kermack, K.A. (1954): A biometrical study of Micraster coranguinum and M. (Isomicraster) senonensis. Philos. Trans. Roy. Soc. B 237, 375—428.

Kermack, K.A. (1956): Species and Mutations. Syst. Assoc. Publ. 2 (The Species Concept in Palaeontology): 101—103, London.

Kerner, A. (1866): Gute und schlechte Arten. – 60 S., Innsbruck.

Key, K.H.L. (1981): Species, parapatry, and the morabine grashoppers. Syst. Zool. 30, 425—458.

Klausnitzer, B. & K. Richter (1979): Bemerkungen zum Artkonzept und zur Phylogenie der Arten. Z. zool. Syst. Evolut.-Forsch. 17, 236—241.

Kloss, K. (1964): Beitrag zum Artbegriff in der Biologie. Wiss. Z. E.-Moritz-Arndt-Univ. Greifswald, math.-nat. Reihe: 283—291.

Königsmann, E. (1975): Termini der phylogenetischen Systematik. Biol. Rdsch. 13: 99—115.

Kottler, M.J. (1978): Charles Darwin's Biological Species Concept and Theory of Geographic Speciation: the Transmutation Notebooks. Annals of Science 35, 275—297.

Kowalewsky, W. (1873—1874): Monographie der Gattung *Anthracotherium* Cuv. und Versuch einer natürlichen Classifikation der fossilen Hufthiere. – Palaeontographica 22, 131—290.

Krumbiegel, I. (1933): Artkenntnis und -erkenntnis in der Säugetierkunde, ein Beitrag zur Geschichte der zoologischen Systematik. Sitzber. Ges. Naturf. Freunde Berlin: 110—125.

Kuhn, E. (1948): Der Artbegriff in der Paläontologie. Eclogae Geol. Helvetiae 41, 389—421.

Lehman, H. (1967): Are biological species real? Phil. Sci. 34, 157—167.

Lehmann, U. (1976): Ammoniten. Ihr Leben und ihre Umwelt. Stuttgart.

Leibniz, G.W. von (1873): Neue Abhandlungen über den menschlichen Verstand. Übersetzt und herausgegeben von *C. Schaarschmidt*. 600 S., Berlin.

Leuschner, D. (1974): Einführung in die numerische Taxonomie. 139 S., Jena.

Levin, D.A. (1978): The Origin of Isolation Mechanisms in Flowering Plants. Evolutionary Biol. 11, 185—317.

Lévi-Strauss, C. (1968): Das wilde Denken. 334 S., Frankfurt.

Linné, C. (1736): Fundamenta Botanica. 36 S., Amsterdam.

Linné, C. (1751): Philosophia Botanica. 362 S., Stockholm.

Linné, C. (1753): Species plantarum I + II. 1200 S., Stockholm.

Littlejohn, M. (1981): Reproductive isolation: a critical review. In *Atchley, W. & Woodruff, D.* (eds.): Evolution and Speciation, 298–334.

Lorenzen, S. (1976): Zur Theorie der phylogenetischen Systematik. Verh. Dtsch. Zool. Ges., 220.

Lotsy, J.P. (1925): Species or Linneon? Genetica 7, 487–506.

Löve, A. (1960): Biosystematics and the Processes of Speciation. Royal Soc. Canada Stud. Varia 4, 115–122.

Löve, A. (1962): The biosystematic species concept. Preslia 34: 127–139.

Löve, A. (1964): The Biological Species Concept and its Evolutionary Structure. Taxon 13 (2), 33–45.

Løvtrup, S. (1979): The Evolutionary Species: Fact or Fiction? Syst. Zool. 28, 386–392.

Mägdefrau, K. (1973): Geschichte der Botanik. 314 S., Stuttgart.

Makowski, H. (1963): Problem of Sexual Dimorphism in Ammonites. Palaeontologica Polonica 12 (1962), 1–92.

Mansfeld, R. (1948): Über den Artbegriff in der systematischen Botanik. Biol. Zentralbl. 67, 320–331.

Mayr, E. (1931): Notes on *Halcyon chloris* and some of its subspecies. Amer. Mus. Novitates 469, 1–10.

Mayr, E. (1940): Speciation phenomena in birds. Amer. Natur. 74, 249–278.

Mayr, E. (1942): Systematics and the Origin of Species. 334 S., New York.

Mayr, E. (1957a): Difficulties and Importance of the Biological Species. In *Mayr, E.* (ed.): The Species Problem. – Am. Assoc. Adv. Sci. Publ. 50, 371–395, Washington.

Mayr, E. (1957b): Die denkmöglichen Formen der Artentstehung. Rev. Suisse Zool. 64, 219–235.

Mayr, E. (1967): Artbegriff und Evolution. 617 S. (dtsch. Übersetzung von: Animal Species and Evolution). Hamburg, Berlin.

Mayr, E. (1968): Illiger and the Biological Species Concept. J. Hist. Biol. 1, 163–178.

Mayr, E. (1969a): Principles of systematic zoology. 428 S., New York.

Mayr, E. (1969b): The biological meaning of species. Biol. J. Linn. Soc. 1, 311–320.

Mayr, E. (1970): Populations, Species and Evolution. An Abridgment of Animal Species and Evolution. – 453 S., Cambridge, Mass.

Mayr, E. (1974): Cladistic analysis or cladistic classification? Z. zool. Syst. Evolut.-forsch. 12, 94–128.

Mayr, E. (1976): Is the Species a Class or an Individual? Syst. Zool. 25, 192.

Mayr, E. (1978): Review of: Les Problèmes de l'Espèce dans le Règne Animal. Syst. Zool. 27, 250–252.

Mayr, E. (1980a): Some thoughts on the History of the Evolutionary Synthesis. S. 1–48 in: *Mayr, E. & W.B. Provine* (eds.): The Evolutionary Synthesis. Cambridge, Mass., London.

Mayr, E. (1980b): How I became a Darwinian. S. 413–429 in: *Mayr, E. & W.B. Provine* (eds.): The Evolutionary Synthesis. Cambridge Mass., London.

Mayr, E. (1982a): The Growth of Biological Thought. Diversity, Evolution, and Inheritance. – 974 S., Cambridge/Mass., London.

Mayr, E. (1982b): Processes of Speciation in Animals. In: Mechanisms of Speciation, 1–19, New York.

Mayr, E. (1982c) Speciation and Macroevolution. Evolution 36, 1119–1132.

Mayr, E., E. Linsley & R. Usinger (1953): Methods and Principles of Systematic Zoology. 336 S., New York, Toronto, London.

McAlester, A.L. (1962): Some Comments on the Species Problem. Journ. Paleont. 36, 1377–1381.

Meglitsch, P.A. (1954): On the Nature of the Species. Syst. Zool. 3, 49–65.

Mishler, B. & M. Donoghue (1982): Species Concepts. A Case for Pluralism. Syst. Zool. 31, 491–503.

Mohr, H. (1981): Biologische Erkenntnis. 222 S., Stuttgart.

Mollenhauer, D. (1976): Systemtheorie und botanische Systematik. Drei Betrachtungen. – Aufs. u. Reden senckenb. naturf. Ges. 28, 32–68.

Müller, A.H. (1976): Lehrbuch der Paläozoologie 1, Allgemeine Grundlagen. 3. Aufl., 423 S., Jena.

Müller, A.H. (1980): Lehrbuch der Paläozoologie 2 (Invertebraten 1), 3. Aufl. 628 S., Jena.

Naef, A. (1919): Idealistische Morphologie und Phylogenetik. 77 S., Jena.

Neumayr, M. (1871): Die Cephalopoden-Fauna der Oolithe von Balin bei Krakau. Abh. k. k. geol. Reichsanst. 5, 19–54.

Neumayr, M. (1871): Jurastudien. 3. Die Phylloceraten des Dogger und Malm; 4. Die Vertretung der Oxfordgruppe im östlichen Theile der mediterranen Provinz. Jb. k. k. geol. Reichsanst. 21, 297–378.

Neumayr, M. (1880): Die Mittelmeer-Conchylien und ihre jungtertiären Verwandten. Jahrbücher dtsch. Malakozool. Ges. 7, 201–224.

Neumayr, M. (1889): Die Stämme des Thierreiches 1. Wien, Prag.

Neumayr, M. & C. Paul (1875): Die Congerien- und Paludinenschichten Slavoniens und deren Faunen. Abh. k. k. geol. Reichsanst. 7,3, 1–111.

Nevesskaya, L.A. (1967): Problems of Species Differentiation in Light of Paleontological Data. Paleont. J.: 1–17.

Newell, N.D. (1947): Infraspecific categories in invertebrate paleontology. Evolution 1: 163–171.

Newell, N.D. (1949): Types and Hypodigms. Amer. J. Sci. 247, 134–142.

Newell, N.D. (1956): Fossil Populations. Syst. Assoc. Publ. 2 (The Species Concept in Palaeontology), 63–82, London.

Nichols, D. (1959a): Changes in the chalk heart-urchin *Micraster* interpreted in relation to living forms. Phil. Trans. Roy. Soc. London ser. B 242, 347–437.

Nichols, D. (1959b): Mode of Life and Taxonomy in Irregular Sea-urchins. System. Assoc. Publ. 3 (Function and Taxonomic Importance), 61–80, London.

Ornduff, R. (1969): Reproductive biology in relation to systematics. – Taxon 18, 121–244.

Palframan, D.F.B. (1969): Taxonomy of Sexual Dimorphism in Ammonites: Morphogenetic Evidence in Hectoceras brightii (Pratt). In *Westermann, C.* (Hrsg): Sexual Dimorphism in Fossil Metazoa and Taxonomic Implications – IUGS ser. A1: 126–154, Stuttgart.

Parker, F.L. & W.H. Berger (1971:) Faunal and solution patterns of planktonic Foraminifera in surface sediments of the South Pacific. Deep-Sea Res. 18, 73–107.

Peters, D.St. (1970): Über den Zusammenhang von biologischem Artbegriff und phylogenetischer Systematik. Aufsätze u. Reden senckenberg naturf. Gesellschaft 18, 1–39.

Petry, D. (1982): The pattern of phyletic speciation. Paleobiology 8, 56–66.

Plate, L. (1914): Prinzipien der Systematik mit besonderer Berücksichtigung des Systems der Tiere. S. 92–164 in *Hinneberg, P.* (Hrsg.): Die Kultur der Gegenwart. Teil 3, 4. Abtlg. 4, Leipzig, Berlin.

Platnick, N.I. (1977): Review of *C.N. Slobodchikoff* (ed.): Concepts of Species. Syst. Zool. 26, 96–98.

Plinius Secundus D. Ä., C. (1976): Naturalis Historia Buch VIII. Hrsg.: *R. König & G. Winkler.* 312 S., Kempten.

Powers, J.H. (1909): Are Species Realities or Concepts only? Amer. Naturalist 43, 598–610.

Ramsbottom, J. (1938): Linnaeus and the species concept. Proc. Linn. Soc. London 150, 192–219.

Raup, D.M. & R.E. Crick (1981): Evolution of single characters in the Jurassic ammonite *Kosmoceras*. Paleobiology 7, 200–215.

Raup, D.M. & S.M. Stanley (1971): Principles of Paleontology. 388 S., San Francisco.

Reif, W.-E. (1983): The Steinheim snails (Miocene, Schwäbische Alb) from a Neo-Darwinian point of view: A discussion. Paläont. Z. 57, 21–26.

Remane, A. (1927): Art und Rasse. Verh. Ges. phys. Anthropologie 2, 2–33.

Remane, A. (1968): System und Klassifikation in der Biologie. Studien z. Wissenschaftstheorie 2, 32–41.

Rensch, B. (1929): Das Prinzip geographischer Rassenkreise und das Problem der Artbildung. 206 S., Berlin.

Rensch, B. (1972): Neuere Probleme der Abstammungslehre. 3. Aufl., 468 S., Stuttgart (1. Aufl. 1947).

Rhodes, F.H.T. (1956): The Time Factor in Taxonomy. Syst. Assoc. Publ. 2 (The Species Concept in Palaeontology), 33–52, London.

Richter, R. (1943): Einführung in die zoologische Nomenklatur durch Erläuterung der Internationalen Regeln. 154 S., Frankfurt.

Riedl, R. (1981): Biologie der Erkenntnis. – 231 S., Berlin, Hamburg.

Rietz, G.E. du (1930): The Fundamental Units of Biological Taxonomy. Svensk Botanisk Tidskrift 24, 333–428.

Rowe, A.W. (1899): An Analysis of the Genus Micraster, as determined by rigid zonal collecting from the Zone of Rhynchonella Cuvieri to that of Micraster cor-anguinum. Quart. J. Geol. Soc. London 55, 494–547.

Ruse, M. (1969): Definitions of Species in Biology. Brit. J. Phil. Sci. 20, 97–119.

Samtleben, Ch. (1971): Zur Kenntis der Produktiden und Spiriferiden des bolivianischen Unterperms. Beih. geol. Jb. 111, 1–163, Hannover.

Schindel, D. (1982): Deme histories are not species' histories. Nature 299, 490.

Schindewolf, O.H. (1928): Prinzipienfragen der biologischen Systematik. Paläont. Z. 9, 122–169.

Schindewolf, O.H. (1944): Grundlagen und Methoden der paläontologischen Chronologie. 139 S., Berlin.

Schindewolf, O.H. (1948): Wesen und Geschichte der Paläontologie. 108 S., Berlin.

Schindewolf, O.H. (1950): Grundfragen der Paläontologie. 506 S., Stuttgart.

Schindewolf, O.H. (1954): Zur Taxonomie rezenter und fossiler Organismen. Comptes rend. Congr. géol. intern. 19, Algier 1952, Union paléont. intern.: 81–91.

Schindewolf, O.H. (1962): „Neue Systematik". Paläont. Z. 36, 59–78.

Schlee, D. (1971): Die Rekonstruktion der Phylogenese mit Hennig's Prinzip. Aufs. Red. senck. naturf. Ges. 20.

Schlegel, H. (1844): Kritische Übersicht über die Vögel Europas I. u. II. 135 + 116 S.

Schmidt, H. (1960): *Darwins* Erbe und die Paläontologie. In *Heberer, G. & F. Schwanitz,* Hundert Jahre Evolutionsforschung, 234–276, Stuttgart.

Schwarz, O. (1936): Monographie der Eichen Europas und des Mittelmeergebietes. 200 S. + Atlas, Berlin.

Senglaub, K. (1969): (Über den Artbegriff). Ber. deutsch. Ges. geol. Wiss. A – Geol. u. Paläontol. 14, 353–354.

Sewertzoff, A.N. (1931): Morphologische Gesetzmäßigkeiten der Evolution. – 371 S., Jena.

Simpson, G.G. (1940): Types in Modern Taxonomy. Amer. J. Sci. 238, 413–431.

Simpson, G.G. (1943): Criteria for genera, species and subspecies in zoology and paleozoology. Ann. New York Acad. Sci. 44, 145–178.

Simpson, G.G. (1945): The Principles of Classification and a Classification of Mammals. Bull. Amer. Mus. Nat. Hist. 86, 1–350, New York.

Simpson, G.G. (1951): The species concept. Evolution 5, 285–298.

Simpson, G.G. (1953): The Major Features of Evolution. 434 S., New York, London.

Simpson, G.G. (1961): Principles of Animal Taxonomy. 247 S., New York, London.

Sokal, R.R. (1974): The Species Problem Reconsidered. Syst. Zool. 22, 360–374.

Sokal, R.R. & Th.J. Crovello (1970): The Biological Species Concept: A Critical Evaluation. Amer. Natur. 104, 127–153.

Smith, H. (1965): More Evolutionary Terms. Syst. Zool. 14, 57–58.

Spratt, T.A.B. & E. Forbes (1847): Travels in Lycia, Milyas and the Cibyratis 2. London.

Srinivasan, M.S. & J.P. Kennett (1976): Evolution and phenotypic variation in the Late Cenozoic *Neogloboquadrina dutertrei* plexus. progress in micropaleontology: 329–

Standfuss, M. (1906): Die Resultate dreissigjähriger Experimente mit Bezug auf Artenbildung u. Umgestaltung in der Tierwelt. Verhandlungen schweiz. Naturforsch. Ges. 88 (1905), 263–286.

Stanley, S.M. (1979): Macroevolution – Pattern and Process. 332 S., San Francisco.

Stebbins, G.L. (1980): Botany and the Synthetic Theory of Evolution. – S. 139–152 in: *Mayr, E. & W.B. Provine* (eds.): The Evolutionary Synthesis. – Cambridge/Mass., London.

Stokes, R. (1976): Distinction between sympatric species of *Micraster* (Echinoidea) from the English Chalk. Palaeontology 19, 689–697.

Stokes, R. (1977): The Echinoids *Micraster* and *Epiaster* from the Turonian and Senonian of England. Palaeontology 20, 805–821.

Stresemann, E. (1919): Über die europäischen Baumläufer. Verh. ornith. Ges. Bayern 14: 39–74.

Stresemann, E. (1951): Die Entwicklung der Ornithologie von Aristoteles bis zur Gegenwart. Aachen.

Sucker, U. (1978): Philosophische Probleme der Arttheorie. 119 S., Jena.

Sylvester-Bradley, P. (1951): The Subspecies in Palaeontology. Geol. Mag. 88, 88–102.

Sylvester-Bradley, P. (1952) in *Eager, M.C.:* Some problems in invertebrate palaeontology; discussion. Proc. Leeds Philos. Lit. Soc. 6, 52–53.

Sylvester-Bradley, P. (1954): The Superspecies. Syst. Zool. 3, 145–146.

Sylvester-Bradley, P. (1956): The New Palaeontology. Syst. Assoc. Publ. 2 (The Species Concept in Palaeontology), 1–8, London.

Szyfman, L. (1977): Remarques sur l'ouvrage d'Ernst Mayr: „Lamarck revisited." Bull. Biol. France et Belgique 111, 209–229.

Thomas, G. (1956): The Species Conflict – Abstractions and their Applicability. Syst. Assoc. Publ. 2 (The Species Concept in Palaeontology), 17–31, London.

Thomas, H. (1971): Zur Abgrenzung der niederen taxonomischen Kategorien Rasse, Unterart und Art. Biol. Rdsch. 9, 143–154.

Tintant, H. (1969): L'Espèce et le Temps. Point de Vue du Paléontologiste. Bull. Soc. zool. France 94, 559–576.

Tintant, H. (1972): La conception biologique de l'espèce et son application en stratigraphie. Mém. B.R.G.M., Fr. 77, 77–87.

Tintant, H. (1980): Problématique de l'espèce en paléozoologie. Mém. Soc. Zool. France 40 (Les problèmes de l'espèce dans le règne animal 3), 321–372, Paris.

Treviranus, G.R. (1805): Biologie, oder Philosophie der lebenden Natur 3, 594 S., Göttingen.

Trueman, A.E. (1924): The Species-Concept in Palaeontology. Geol. Mag. 61, 355–360.

Trueman, A.E. & J. Weir (1946): A Monograph of British Carboniferous Non-Marine Lamellibranchia. I. XXXII und 18 S., London (Palaeontographical Soc. 1945).

Trueman, E.R. (1979): Species Concept. S. 764–767 in *Fairbridge, Rh.W. & D. Jablonski* (eds.): The Encyclopedia of Paleontology. Stroudsburg.

Trümper, E. (1965): Morphospezies – Chronospezies. Einige Bemerkungen zur Praxis der Artfassung in der Paläontologie. Ber. geol. Ges. DDR 10,4, 393–402.

Tschulok, S. (1922): Deszendenzlehre. 324 S., Jena.

Turesson, G. (1929): Zur Natur und Begrenzung der Arteinheiten. Hereditas 12, 323–334.

Uhlmann, E. (1923): Entwicklungsgedanke und Artbegriff. Jenaische Z. 59, 1–114.

van Valen, L. (1976): Ecological Species, Multispecies, and Oaks. Taxon 25, 233–239.

Vrba, E.S. (1980): Evolution, Species and Fossils: How Does Life Evolve? South African Journal of Science 76, 61–84.

Waagen, W. (1869): Die Formenreihe des *Ammonites subradiatus*. Versuch einer paläontologischen Monographie. Benecke's geognostisch-paläontologische Beiträge, 2/4, 181–256.

von Wahlert, G. (1973): Phylogenie als ökologischer Prozeß. Naturw. Rdsch. 6, 247–254.

von Wahlert, G. & H. von Wahlert (1981): Was Darwin noch nicht wissen konnte. 317 S., München.

Wedekind, R. (1916): Über die Grundlagen und Methoden der Biostratigraphie. 60 S., Berlin.

Weller, J.M. (1949): Paleontologic Classification. J. Paleont. 23, 680–690.

Weller, J.M. (1960): Development of Paleontology. J. Paleont. 34, 1001–1019.

Weller, J.M. (1961): The Species Problem. J. Paleont. 35, 1181–1192.

Wendt, H. (1965): Ehe die Sintflut kam. 392 S., Oldenburg und Hamburg.

Wepfer, E. (1913): Über den Zweck enger Artbegrenzung bei den Ammoniten. Z. dt. geol. Ges. 65 B, 410–440.

Wenz, W. (1928, 1929): Gastropoda extramarina tertiaria. Fossilium catalogus (I) 38, 40. Berlin.

Westermann, G.E.G. (1964): Sexual-Dimorphismus bei Ammonoideen und seine Bedeutung für die Taxionomie der Otoitidae (einschließlich Sphaeroceratinae; Ammonitina, M. Jura). Palaeontographica A 124, 33–73.

Westoll, S. (1956): The Nature of Fossil Species. Syst. Assoc. Publ. 2 (The Species Concept in Palaeontology), 53–62, London.

White, M.J.D. (1968): Models of Speciation. Science 159, 1065–1070.

White, M.J.D. (1978): Modes of Speciation. 455 S., San Francisco.

Wiley, E.O. (1978): The Evolutionary Species Concept Reconsidered. Syst. Zool. 27, 17–26.

Wiley, E.O. (1979): Ancestors, Species, and Cladograms. S. 211–225 in *Cracraft, J. & N. Eldredge* (eds.): Phylogenetic Analysis and Paleontology. New York, Guildford.

Wiley, E.O. (1981): Phylogenetics – The Theory and Practice of Phylogenetic Systematics. 439 S., New York, Chichester, Brisbane, Toronto.

Willmann, R. (1978): Die Formenreihen der pliozänen Süßwassergastropoden von Kos (Ägäis) und ihre Erforschungsgeschichte. Natur u. Museum 108, 230–237.

Willmann, R. (1981): Evolution, Systematik und stratigraphische Bedeutung der neogenen Süßwassergastropoden von Rhodos und Kos/Ägäis. Palaeontographica A 174, 10–235.

Willmann, R. (1983a): Neogen und jungtertiäre Entwicklung der Insel Kos (Ägäis, Griechenland). Geol. Rdsch. 72: 815–860.

Willmann, R. (1983b): Biospecies und Phylogenetische Systematik. Z. zool. Syst. Evolut.-forsch. 21, 241–249.

Wilson, E.O. (1979): The evolution of caste systems in social insects. Proc. Amer. Phil. Soc. 123, 204–210.

Woodger, J.H. (1952): From biology to mathematics. Brit. J. Phil. Sci. 3, 1–21.

Wright, C.W. (1950): Paleontologic Classification. J. Paleont. 24, 746–748.

Wright, S. (1940): The statistical consequences of Mendelian heredity in relation to speciation. S. 161–183 in *Huxley, J.S.* (ed.): The New Systematics. 583 S., London.

Würtenberger, L. (1880): Studien über die Stammesgeschichte der Ammoniten. 110 S., Leipzig.

Zacharias, O. (1882): *A.N. Duchesne,* Ein Geistesverwandter Charles Darwins im vorigen Jahrhundert. Die Gegenwart 37, 187–188.
Zeiss, A. (1969): Dimorphismus bei Ammoniten des Unter-Tithon. In *Westermann, G.* Sexual Dimorphism in Fossil Metazoa and Taxonomic Implications. – IUGS ser. A 1, 155–164.
Zeiss, A. (1969): Dimorphismus bei Ammoniten des Unter-Tithon. In *Westermann, G.* (Hrsg.): Sexual Dimorphism in Fossil Metazoa and Taxonomic Implications. – IUGS ser. A 1, 155–164, Stuttgart.
Zimmermann, W. (1953): Evolution. Die Geschichte ihrer Probleme und Erkenntnisse. 623 S., Freiburg–München.
Zirkle, C. (1959): Species before Darwin. Proc. Am. Philos. Soc. 103, 636–644.
Zittel, K.A. von (1899): Geschichte der Geologie und Paläontologie bis Ende des 19. Jahrhunderts. 868 S., München, Leipzig.

8.4 Autorenverzeichnis

8.5 Sachverzeichnis

Fettdruck verweist auf das Glossar

Physik und Evolution

Physikalische Ansätze zu einer Einheit der Naturwissenschaften auf evolutiver Grundlage. Von Dr. Franz R. Krueger, Darmstadt. 1984. 211 Seiten mit 9 Abbildungen und 10 Tabellen. Glanzkaschiert DM 46,-

Mit diesem Band leistet Franz R. Krueger einen weiteren Beitrag zu der von Rupert Riedl mit dem Titel „Biologie der Erkenntnis" begründeten Buchreihe zur evolutionären Erkenntnistheorie. Krueger macht physikalische Ansätze zu einer Einheit der Naturwissenschaften auf evolutiver Basis und begründet, inwiefern Physik als Grundlage der Biologie anzusehen ist. Er versucht ferner, die wichtigsten physikalischen Prinzipien der Evolution auch dem Nichtphysiker verständlich darzustellen und gelangt schließlich zu den neuen, wirklich evolutiven Erkenntnissen der Physik, aufgeteilt in die des Allerkleinsten, des Allergrößten und des Komplexen, wobei eine verallgemeinerte Evolutionstheorie zu einer Einheit wirklich aller Naturwissenschaften führen könnte und worin diese Einheit strukturell besteht. Mögliche Berührungspunkte mit Geisteswissenschaften werden andiskutiert. Evolution erscheint dann als kategorischer Imperativ der praktischen Vernunft.

Die Spaltung des Weltbildes

Die biologischen Grundlagen des Erklärens und Verstehens
Von Prof. Dr. Rupert Riedl, Wien. 1984. 320 Seiten mit 54 Abbildungen. Glanzkaschiert DM 39,-

Mit diesem Band leistet Rupert Riedl einen weiteren Beitrag zu der von ihm mit dem Buch „Biologie der Erkenntnis" begründeten Buchreihe zur evolutionären Erkenntnistheorie. Er unternimmt hier den Versuch einer Synthese unseres gespaltenen Weltbildes im Sinne einer wissenschaftlichen Methodenlehre, mit deren Hilfe er die Evolution des Erklärens und Verstehens entwickelt.

Biologie der Erkenntnis

Die stammesgeschichtlichen Grundlagen der Vernunft

Von Prof. Dr. Rupert Riedl, Wien unter Mitarbeit von Robert Kaspar, Wien. 3., durchgesehene Auflage. 1981. 231 Seiten mit 60 Abbildungen. Glanzkaschiert DM 29,80

Evolution und Gewalt

Ansätze zu einer bio-soziologischen Synthese

Von Dr. Peter Meyer, Neusäß. 1981. 115 Seiten. Glanzkaschiert DM 38,-

Biologie und Kausalität

Biologische Ansätze zur Kausalität, Determination und Freiheit

Von Dr. Franz M. Wuketits, Parndorf, Österreich. 1981. 166 Seiten mit 29 Abbildungen und 14 Tabellen. Glanzkaschiert DM 42,-

Kultur-Evolution bei Tieren

Von Prof. John Tyler Bonner, Princeton, New Jersey, USA. Aus dem Amerikanischen übersetzt von Dr. Ingrid Horn. 1983. 212 Seiten mit 52 Abbildungen. Glanzkaschiert DM 48,-

Preise Stand 30. 9. 1984

Berlin und Hamburg